Chung Ku
Publishing

퍼머넌트 총론

Permanent Master

청구문화사

머 리 말

기능만을 가지고 디자인을 한다는 것은 기초 없는 공사나 다름없을 뿐만 아니라 감성만으로 훌륭한 헤어디자이너가 될 수도 없습니다. 이론과 실기를 겸비한 실용적인 디자인이야말로 삶을 풍요롭게 만드는 대상이 되어줍니다.

현대의 미용은 과학적인 이론을 바탕으로 물리적, 화학적인 작용을 잘 파악하여 그 디자인에 접목시켜야 아름다운 헤어스타일의 조형예술이 창출됩니다. 특히 약제를 다루는 퍼머넌트 웨이브에서는 펌 시술시 화학 반응에 대해 민감한 부분이므로 도구를 사용하는 방법이라든지 그에 따른 테크닉, 시술 과정 등 이론을 바탕으로 한 실기 습득이 철저하게 요구되어지는 중요한 파트입니다.

그러므로 훌륭한 헤어 디자이너가 되기 위헤서는 우선 퍼머 약제의 차이점을 인식하고 약액 도포에서 다양한 테크닉까지 퍼머넌트의 모든 것을 마스터해야 합니다. 커트라인과 질감을 살리는 와인딩 기법이라든지, 원하는 디자인을 내기 위한 지식 등을 포괄적으로 숙지하고 있어야 합니다.

본 교재는 미용 기술을 익히고자 하는 모든 분들에게 퍼머넌트 웨이브의 기초와 응용편을 총망라하여 쉽게 풀어갈 수 있도록 퍼머넌트 개요부터 웨이브의 변형 싸롱스타일까지 심혈을 기울였습니다.

제1장 퍼머넌트의 개론, 제2장 모발 과학, 제3장 퍼머넌트의 원리, 제4장 펌 제의 종류와 특성, 제5장 퍼머넌트의 시술과정, 제6장 퍼머넌트 웨이브기본 테크닉, 제7장 살롱고객에 따른 응용 퍼머넌트 실제, 제8장 미용사 자격증 시험에 따른 퍼머넌트 웨이브, 제9장 미용기능장 시험에 응용된 펌 디자인 창작 실기편, 제10장에는 미용용어 정리를 끝으로 이론과 실기를 총정리 하였습니다.

본 교재의 완성도를 위하여 김명주, 이숙자, 손복심 본 저자들이 학교 교육 과정이나 싸롱 현장에서 쉽게 응용할 수 있도록 최선을 다하였으나 미흡한 점이 많습니다. 이점에 대해서는 앞으로 수정 보완해 갈 것을 약속드리며 본 교재가 미용에 관심 있는 모든 분들에게 미력하나마 도움이 되었으면 하는 바램입니다.

아울러 이 한권의 책이 출간될 수 있도록 도움을 주신 분들에게 깊은 감사를 표하며 미용에 대한 끊임없는 애정을 가지고 지원해주신 청구 문화사 이상태 사장님과 직원 여러분께 진심으로 감사를 드립니다.

2009년 저자일동

목 차

제 1장 퍼머넌트 개론

제 1 장 퍼머넌트 개론

1. 퍼머넌트(permanent)의 개요

미용(cosmetology)은 인류의 생활이 시작될 때부터 생활의 일부분이 되었고 , 그 중 인간의 아름다움을 추구하기 위한 수단이라는 중요한 기능을 갖고 시대의 흐름에 따라 변화와 발전을 계속해온 헤어스타일(hair style)은 의상(fashion), 메이크업(make-up)과 함께 패션경향을 결정하는 주요요소가 되고 개성의 강조와 유행의 물결 속에 새로운 머리 예술(藝術)을 선도해나가고 있다.

헤어스타일은 동서고금을 막론하고 민족과 풍토, 인종간의 차이와 특성, 관습, 지리와 기후조건, 신체구조, 피부색, 머리결의 모양과 색상(coloring), 개성과 유행 감각 등 다양한 미적요소로 시대문화와 직간접적인 연관을 맺으며 유행의 흐름 속에 재창조되고 생활양식의 변화와 함께 왔다.

인간의 일상 삶과 깊이 밀착된 머리표현은 다른 어떤 분야보다 변화 폭이 크고 자유롭다. 특히 헤어스타일은 의복 못지않은 개성의 무게와 함께 그 시대의 분위기와 문화의 변화를 적절히 반영하며, 물질적 사회적 정신적 산물들에 영향을 받으며 스스로 변화하고 있다.

또한 모발형태의 변화는 지난 세기의 예술작품 등을 통해서도 나타나듯이 어느 시대이든지 곱슬 거리거나 웨이브가 있는 모발이 가장 이상적인 아름다움으로 각광을 받았음 알 수 있는데 여성들은 여러 가지 방법을 이용해서 그들의 머리형태를 보다 유연하게 곱슬 거리도록 만들었는데 그중 하나가 퍼머넌트 웨이브(permanent wave)였다.

퍼머넌트(permanent)는 크게는 직모(straight)에 다양한 모양의 웨이브(wave)를 주어 부드러움과 우아함 ,여성스러운 분위기를 연출하거나, 곱슬머리(permanent wave)를 직모 (magic straight)로 매끄럽게 펴서 찰랑거리며 윤기 있는 젊은 분위기를 나타내어 주는 2가지 형태로 구분 할 수 있다. 특히 헤어 디자인의 3요소 형태(form), 질감(texture), 칼라(color) 중 질감을 변화시킴으로써 모발의 질감을 살릴 수 있는 감성기술로 커트(cut) 스타일에 따라 그에 어울리는 다양한 헤어스타일(hair style)을 연출할 수 있으며 두상의 형태에 따라 볼륨감을 나타낼 수도 있다. 또한 머리숱이 적거나 많은 경우에 웨이브와 스트레이트로 볼륨(volume)을 증가시키거나, 반대로 차분하고 이지적인 이미지로 변신할 수가 있다. 이것을 흔히 줄여서 펌(perm) 또는 퍼머(perma)라고도 한다.

이와 같이 퍼머넌트 종류와 각각의 특성 및 효과를 잘 파악하여 고객의 개성과 취향에 어울리는 퍼머넌트로 다양한 분위기 연출과 커트의 보완을 통해 아름다운 헤어스타일을 연출하는 것이 헤어 디자인(hair design)의 중요한 목적이라 할 수 있다.

1) 퍼머넌트 웨이브(permanent wave) 정의

"퍼머넌트 웨이브"란 자연 상태의 모발에 물리적 · 화학적인 방법을 가하여 모발의 구조나 형태를 변화시켜 웨이브(wave) 상태를 형성시켜 그 웨이브가 오랫동안 지속시켜주는 것을 의미한다. 또한 "영속적인 파도와 같은 움직임" 즉, 오랫동안 웨이브를 유지하는 것을 말한다.

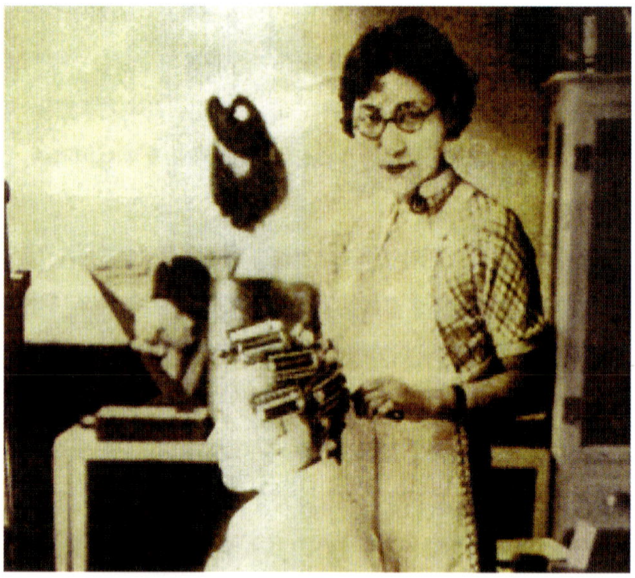

2) 퍼머넌트 웨이브(permanent wave) 역사

(1) 퍼머넌트 웨이브의 기원과 변천과정

① 고대 여성의 머리형태

고대(이집트, 그리스, 로마)여성의 머리형태는 기원전 3,000여 년 경 고대 이집트 여인들이 나일 강 유역의 진흙을 이용하여 모발에 바른 후 나무막대에 머리카락을 감고 진흙을 바른 뒤 태양에 말렸던 원시적인 컬(curl)에서 모발의 웨이브를 만든 것이 시초라고 할 수 있다. 즉, 진흙(알칼리 토양)과 열의 원리를 이용한 그들 나름대로의 방법으로 단순하고 개방적인 의복에 에로틱(erotic)한 여러 종류의 가발이 머리형태의 특징을 이루었으며 자연적인 웨이브를 이용한 머리빗질 방법과 특수한 장신구들이 등장하기도 하였다.

머리에 균형미와 자연적인 드레이프(drape)의 미를 특징으로 했던 그리스, 로마시대에는 불로 데운 철 막대기로 웨이브를 만들었으며 금발을 좋아하여 머리에 염색(coloring)을 하기도 하였다.

② 중세 및 근대 여성의 머리형태

동양풍이 이입되고 기독교가 문화의 모든 면을 지배하던 중세의 비잔틴이나 로마네스크 시대에는 로마시대의 컬과 웨이브는 없어졌다. 그러나 중세 영국에서는 가발을 알칼리에 장시간 쪄서 만든 컬의 형태를 애용하기도 하였다.

근대 르네상스 시기에는 16C 문예 부흥의 역사적 배경과 함께 귀족적 우아함과 세련된 감각이 주로 가미되었고 많은 장신구와 가발산업의 발전을 이루게 하는 계기를 만들었다. 특히 궁정취향과 귀족화가 뚜렷이 진행된 17C 바로크시대에는 레이스와 리본 등으로 부드럽고 화려한 형태의 의상과 깃털, 장식을 하였고 퐁땅쥬형(fontange)의 머리형태가 유행하였다. "몬테스팡(montespan)"이라 불리 운 프랑스 루이 14세의 유명한 애인 '마담 아테나이드 몬테스팡' 의 컬이 많은 머리에 진주를 감아서 꾸미는 스타일이 나타나기도 하였다.

또한 이 시기에서는 가발이 유행하였는데, 진흙으로 만든 작은 원기둥모양의 롤러에 젖은 가발을 감아 뜨겁게 달구어 말린 웨이브를 주로 사용하였다. 이어 로코코 시대에는 역사상 가장 거대한 머리를 연출하여 흥미를 집중시키는 스타일이 주류를 이루었으나 곧 과장된 머리형태는 사라지고, 시민 문화의 형성과 개방화가 진행되는 19C초에 고전적인 스타일을 동경하여 엠파이어 스타일(empire style)과 함께 자연적인 컬이 도입되었다. 특히 낭만주의 시대에는 앞 가리마를 이용한 낭만적인 컬이 나타났으며 19C에는 석유램프로서 열을 주어서 모발에 웨이브를 만들게 되었다고 한다.

③ 현대 여성의 퍼머넌트 웨이브 역사

- 1875년 : 프랑스 마셸 그라또우(佛 Marcel Grateau)에 의해서 아이론(iron)이라는 웨이브를 만드는 기구가 발명되었는데 이때부터 웨이브의 형태가 완성되기 시작하였다(일시적인 웨이브).
- 1905년 : 영국 런던에서 미용사였던 찰스 네슬러(charles nessler)가 전열 퍼머넌트 웨이브에 성공, 모델에게 처음으로 퍼머넌트를 시술하였으며 즉, 붕사와 같은 알칼리성 수용액(붕사)으로 적신 머리를 막대를 말고 전기를 이용하여 가열(105~110℃)하는

방법을 고안했다. 긴 머리에만 가능한 스파이럴 랩(spiral wrap)식 와인딩을 개발하여 최초의 퍼머넌트 웨이브로 간주되었다.

- 1925년 : 조셉 메이어(Joseph Mayer)는 막대 모양 또는 나사모양의 기구위에 모근부터 와인딩 하던 이전에 방식과는 다른 모선부분부터 와인딩 할 수 있는 납작한 모양의 기구를 발명하였다 그리고 발전을 거듭하여 긴 머리에 두피로부터 머리 끝 쪽으로 마는 스파이럴 식(spiral)과 그 후에 짧은 머리에 사용하는 크로키놀 식(croquignole) 등 단점을 보완한 각종 방법이 개발되었다.
- 1927년 : 최초의 핫 웨이빙 기구가 웰라사에 의해 발표되었다.
- 1936년 : 영국의 J.B 스피크먼(speakman)에 의해 아황산수소나트륨을 이용한 콜드 퍼머넌트 웨이브(cold permanent wave)원리가 발표되었다. 이것은 100℃ 전후의 가열이 필요했던 시술온도를 실온(40℃)에 가까운 온도에서도 충분한 웨이브가 가능하였다. 최초 콜드 웨이브이다.
- 1941년 : 미국의 맥도우(mcDonugh) 등이 티오글리콜산염(thioglycolic acid)을 주제로 하는 콜드 퍼머넌트 웨이브제의 연구에 성공하였다.

(2) 우리나라 여성의 퍼머넌트 변천 과정

시대적인 사건으로 갑오경장(甲午更張), 단발령(斷髮令, 1895년)은 한국여성의 머리형에 일대 혁신을 가져오게 했다. 신체발부수지부모(*身體髮膚受之父母*)라 하는 당시의 유교 사상의 진통을 거치면서 서구문화유입과 함께 일제에 의해 문호개방이 계기가 되어 해외 유학생과 신여성 및 기생 등 일부 계층을 중심으로 여성의식이 깨어지기 시작하였는데 이는 한국의 헤어스타일의 선구자적인 역할을 하였다.

① 1910년대 : 미국 유학파 하란사(河欄史), 고순영이 양장차림에 풍파두르 스타일 모자를 유행시켰으며, 일본 유학파 최활란이 트레머리의 전신인 팜프도어(일면 하사시가미, 챙머리)와 검정 통치마를 유행시켰다.

② 1920년대 : 여성복의 근대화와 함께 머리 형태도 간소화되었고, 이숙중의 높은머리(일명 다까머리)와 김활란의 단발머리(moden girl)가 유행되었다. 당시 유행을 주도하던 사람들은 주로 외국 유학생이나 신여성들이었다.

③ 1930년대 : 1933년 일본에서 유학생활을 끝내고 돌아온 오엽주 여사가 우리나라 최초로 한국인이 경영하는 "화신미용실"을 종로 화신 백화점내에 개설하였다. 이후 핀컬퍼머, 숙발(叔髮)이라는 퍼머가 등장(개당 40와트짜리 전기를 20개 남짓 설치한 뒤 머리를 말아서 20분~30분간 암모니아수 퍼머액을 스며들게 했다가 푸는 방식)하였다.

④ 1940년대 : 8.15 광복과 더불어 패션의 풍속사가 크게 바뀌게 되는 시기이다. 서양의 문물이 많이 유입되었고 카본퍼머와 불퍼머, 세팅의 윈 롤 웨이브, 아이론으로 멋을 부렸던 아이론 지라시, 잘게 웨이브를 만드는 아라이 아이론 스타일 등이 유행되었다.

⑤ 1950년대 : 6.25 전쟁의 영향을 받아 외국으로부터 영화나 잡지 등이 수입되면서 영화 속 배우들 스타일이 도입되어 졌는데, 오드리 헵번의 헵번 스타일과 진 세바크의 짧은 커트(일명 세실 커트)가 대표적인 예이다.

특히 아이론을 이용한 단발형의 안말음(우찌마끼)과 바깥말음(소도마끼)이 대부분의 여성들에게 선호되었고 로맨스스타일(romance style)은 S자형 웨이브를 만들어 덮으면서 양감을 주는 스타일로 인기가 있었다.

⑥ 1960년대 : 미니스커트와 함께 정수리에 볼륨을 준 보브 스타일, 일명 바가지 머리 또는 트위스트 스타일이라 부른 '크라운 봄베이(crown bombege)' 와 재클린 여사의 바깥말음 스타일이 널리 선호하였다. 또한 콜드 웨이브의 보급으로 전기나 열을 이용한 퍼머가 점차 사라졌으며, 헤어스타일도 다양하게 연출하기 시작하였다. 프린세스 스타일(princess style)이 너무 짧지 않고 부드러운 웨이브에 환영을 받았고 사이드와 후두부에 풍만하고 온화한 유연미를 주는 백조라인 등 약간의 변형을 주는 스타일도 있었다.

⑦ 1970년대 : 경제성장과 TV 등 전파매체의 보급으로 많은 여성들의 미에 대한 관심이 훨씬 높아지고 개성을 추구하는 시기로 다양한 커트기법 즉, 쉐기 커트(일명 거지커트), 머쉬룸 커트(일명 바가지 머리), 비달 사순의 각도를 이용한 기하학적 커트 등 커트의 전성기와 블로우 드라이(blow dry)라는 새로운 미용기구와 기법이 전해지면서 점차 자연스럽고 움직임이 가벼운 웨이브를 선호하게 되었다. 전반적인 내추럴 추세와 함께 커트와 퍼머를 함께 곁들이는 콤비네이션 경향이 주를 이루었으며 짚시 스타일과 파라솔을 펴는 모양의 실루엣으로 머리끝이 바깥쪽으로 향하게 컬을 한 엄블렐러 스타일(uberella style)이 유행하였고 젊은 세대의 반항적 성향을 알 수 있는 펑크스타일(punk style)이 등장하기도 하였다.

⑧ 1980년대 : 1980년대에는 퍼머넌트 웨이브시대였다. 퍼머를 세트나 아이론을 위한 중간단계로 생각하던 이전 단계에서 벗어나 퍼머 그 자체가 하나의 헤어스타일로 정착되었는데 바디 퍼머(bood permanent)가 그 대표적인 예이다. 패션의 다양화와 개성화의 물결은 헤어스타일에 많은 영향을 주었다. 고객의 안목은 날로 높아지고 개성을 창조하려는 욕구 때문에 다양한 스타일이 연출되었다. 불균형한 커트가 기초를 이룬 반항적인 펑크스타일이 70년대 후반부터 유행하면서 디스코머리 "와플(waffle) 퍼머" 일명 아코디언 머리(가수 윤시내 스타일)이 젊은 여성들 사이에서 인기를 누렸고, 오늘날에도 복고풍의 하나로 차세대에 자리를 잡은 스타일이다.

블로우 드라이어와 아이론을 사용하지 않고도 원하는 형태로 자연스럽게 볼륨감과 풍성한 모양을 낼 수 있는 다양한 형태의 디자인로드가 개발되어 앞머리, 옆머리, 뒷머리 등 각 부분별로 나누어 서로 다른 크기의 로드를 수평 수직 대각선의 방향대로 배합하여 자연스럽게 멋을 낸 디자인 퍼머(design permanent)가 등장하였다. 머리말기의 무게를 줄여서 가볍게 퍼머 할 수 있는 클립 스타일 퍼머와 고무줄에 모발이 손상되고 곱슬거림의 결을 끊는 결점 때문에 고정시킬 때 고무줄을 사용하지 않는 노밴드 퍼머도 생겨났다. 또한 특수 퍼머 기구와 도구가 스타일과 기법에 맞게 개발되어 여러 퍼머 기구를 이용한 콤비네이션으로 다양한 분위기를 연출하였다. 르네상스, 부메랑, 올림픽, 세비지, 아메리칸, 제트, 루트퍼머 등 머리를 감아올리는 기구의 이름과 퍼머 후의 머리모양을 본떠서 각가지 이름의 퍼머패션으로 머리모양의 다양화가 이루어졌다.

아울러 바리캉의 도입으로 긴 솜털이나 모류의 방향으로 밀어올리고 앞쪽에는 파도가 치는 듯한 자연스런 퍼머 웨이브가 있는 2단층 보브(상고단발) 스타일과 컬즈 스타일이 풀어 헤친 듯한 웨이브 퍼머스타일과 함께 유행하였다.

이 시기에 등장하여 지금도 인기를 얻고 있는 스트레이트 퍼머는 머리카락을 직선형으로 유지시키는 것으로 그 때 당시에는 둥근 머리말기 대신 긴 플라스틱 패널에 고정시켜 직모 상태를 만들어 자칫 생머리가 처지고 달라붙어 초라해질 수 있는 머리형태에 볼륨감을 주어 패션감각을 곁들이기도 하였다. 여기에 생머리 느낌만 없앤 퍼머넌트로 패널과 롤을 이용해서 짧은 머리에 도입할 수 있는 롤 스트레이트가 함께 등장하였다. 이 무렵 웨이브에 탄력과 윤기를 더해주는 무스, 젤, 스프레이, 글레이즈, 엣센스 등 모발화장품의 생산과 보급으로 여성들의 미에 대한 의식이 달라지고 단조로울 수 있는 스타일에 변화를 주면서 잦은 퍼머와 염색 탈색으로 손상된 모발을 손질하게 되었다. 1980년대는 당시 세계적으로 퍼머 붐이 일어나면서 국내 여성들에게 매우 폭넓은 인기를 누렸던 이른 바 전성기였다.

⑨ 1990년대 : 패션의 세계가 토탈(total)감각이 두드러지고 의상(fashion)은 물론 헤어스타일(hair style), 메이크업(make-up)까지 하나의 종합적인 흐름을 이루어 일반에까지 강한 영향을 미쳤다. 1960년대의 유행이 주가 되고, 복고주의가 성행하면서 '자연으로 돌아가자'는 공감대 아래 건강모발미인이라는 개념으로 자연의 이미지를 담은 에콜로지(ecologe) 경향이 뚜렷하였다.

활기차고 섹시한 매력의 스타일이 유행의 주류가 되었고 이른바 크라운 부위에 양감을 살리면서 현대적인 복고풍 퍼머넌트도 성행하였다. 질감의 시대에 걸 맞는 핀 퍼머가 다시 등장하여 큰 몫을 하였고 주로 젊은 여성들로부터 모발을 조금씩 엮어 꼬아가며 가늘게 로드에 말아주는 레게(reggae)퍼머는 카리브해 연안의 자마이카에서 유래된 것으로서 1968년 레게라는 이름으로 활동한 자마이카출신 팝가수를 통하여 전 세계적으로 소개되었다.

다른 사람과의 유사이미지를 거부하는 X세대 취향과 인디안 풍의 히피 헤어스타일(hippie style)은 패션부분 뿐만 아니라 악세사리(accessory)에도 영향을 미치고 있었다. 이른바 폭탄머리라 불리는 다이렉트(direct perm) 퍼머는 이국적인 분위기로 강열하고 독특한 웨이브를 만들며 다이렉트 패널사이에 머리를 넣어 눌러주는 방법으로서 지그재그모양의 웨이브로 다른 로드와 조화를 이루어 화려하고 세련된 분위기를 주었다.

싫증을 느낀 퍼머 약제 대신에 무스(mousse)와 로드 크기에 따라 웨이브가 달라지는 무스퍼머도 간편하면서 샴푸를 하면 풀리는 1회용으로서 새로운 아이디어 상품으로 자주 이용되었다. 또한 속눈썹에 퍼머를 하여 보다 균형 있는 눈화장이 될 수 있게 하는 속눈썹퍼머 등 기발한 미용술까지 출현하기도 했다.

또한 미용실의 고객 중 남성의 이용비중도 날로 높아가고 있었으며 새로운 수요층인 그들의 욕구를 충족시켜주는 새로운 매뉴얼로 짧은 머리로도 자연스런 웨이브를 연출할 수 있는 아이론 퍼머(iron perm)가 등장하였다. 한편으로는 영상시대를 대변하듯 시기마다 높은 인기를 누리는 주요 탤런트나 배우들의 헤어스타일이 유행에 많은 영향을 주었는데, 짧은 머리에 내추럴한 퍼머를 하면서 앞머리는 자연스러운 생머리로 하되 뒷머리는 약간의 웨이브를 주는 볼륨퍼머와 일명 아톰머리라 하는 스타일은 째즈퍼머의 일종으로 전체적으로 짧은 커트스타일로 겉마름을 주어 귀여운 인상을 주었다. 이글루퍼머 또는 뽀구리퍼머라 하는 트위스트퍼머는 심한 웨이브를 주어 부풀린 약간 토속적이고 코믹한 느낌을 주기도 하였다.

그밖에 뿌리퍼머, 다데퍼머, 르네상스퍼머, 부메랑퍼머, 퍼펙트퍼머, 위빙퍼머, 핀컬퍼머, 셋팅퍼머, 마카레나퍼머 등 여러 퍼머넌트 기구들에 의한 다양한 분위기의 퍼머들이 계속 개발 되었고, 모발클리닉에 도움을 주는 퍼머로드도 등장하였다. 퍼머넌트의 시장변화가 손상모발을 치료해주는 클리닉퍼머(엠플퍼머) 이외에 산소퍼머, 코팅퍼머 등의 고객모발관리 차원으로 모발의 건강과 미적 형태의 아름다움을 함께 추구하는 경향이었다. 인위적인 머리형태보다는 모발 그 자체의 아름다움을 그대로 유지하면서 고유한 스타일을 만들어주는 시대였다. 크게 보면 특정한 스타일보다는 다양함과 개성을 강조하는 다원화의 시기였다.

⑩ 2000년대 : 매직 스트레이트(magic straight)의 출현으로 긴 머리를 찰랑거리고 윤기 나게 하는 생머리스타일, 열 펌의 등장과 더불어 세팅 펌(setting perm), 디지털 펌,(digital perm), 아이론 펌(iron perm), 직 · 펌 등 다양한 큰 퍼머 기구 보급으로 인한 내츄럴 한 펌 스타일이 유행하였다. 건강과 미를 동시에 추구하는 시대로 모발손상(damage)을 막는 헤어클리닉 흐름에 맞는 영양 펌, 세라믹 펌 등 여전히 짧은 머리 커트에 일반 디자인 퍼머와 내추럴 롱 펌 헤어스타일이 주를 이루었다. 또한 땋는 헤어 브레인딩 스타일(braiding style)과 샤기 컷(shaggy cut)의 유행과 함께 그에 맞는 퍼머넌트도 유행하였다.

최근, 모든 헤어디자인이 다양화 되는 시기로 컬러와 더불어 펌의 시장이 확산되어 개성 연출이 더욱더 뚜렷하여졌으며 긴 머리인 경우 볼륨감이 없는 매직 스트레이트 대신 모근에 볼륨을 주는 볼륨매직 스트레이트가 성행하고 있다. 앞머리는 생머리로 내리고 탑 부분에 볼륨웨이브를 풍성하게 연출된 미디움(medium) 복고풍 펌 역시 주류를 이루고 있으며 보통 웨이브의 크기는 굵은 웨이브를 선호하고 있는 경향으로 머리끝이 말려들어가지 않은 단발머리형 퍼머가 등장하여 부드럽고 자연스러움을 강조해주고 있다.

무엇보다도 2000년대 초 퍼머넌트 특징은 아이론(iron) 펌의 기술 개선으로 이는 모발이 가늘거나 숱이 없는 사람들에게 볼륨을 살려 일반 펌 보다 손상도가 적게 하며 웨이브 지속력을 더하여 머리숱이 많아보이게 하기 때문에 무엇보다도 각광을 받는 것 같다.

한편, 남성 헤어스타일도 머리 길이가 길어짐에 따라 웨이브의 선호도가 보편화 되어 70년대 유니섹스의 변형을 이루고 있으며, 미시족(missy)이라 일컫는 젊은층과 30, 40대 커리어우먼(career woman) 스타일에는 굵은 웨이브에 세팅을 하여 손질하기 쉬운 간편한 스타일을 원하고 있다. 젊은층은 주로 샤기 컷 펌과 세팅 펌, 디지털 펌 등 내추럴 한 웨이브를 여전히 선호하는 추세이며 일반적으로 개성 있는 연출법에 의해 각자 나름대로 멋을 추구하고 있는 흐름이다.

볼륨업 펌, 원샷 펌, 콜라겐 펌, 직 펌, 아이론 펌, 매직 펌, 웰빙 펌 등 퍼머 약제의 종류도 시술에 맞게 적용하도록 분류되어서 다양하게 출시되는 등 폭넓게 활용되고 있다.

3) 퍼머넌트 웨이브 종류

퍼머넌트 웨이브의 종류에는 열을 이용하여 웨이브를 형성하는 히트 퍼머넌트 웨이브와 약액을 처리하여 웨이브를 형성하는 콜드 퍼머넌트 웨이브 두 가지가 있다.

(1) 전열 펌(heat-wave perm)

지금은 거의 쓰이지 않는 방법.

① 머신웨이브(machin wave) : 전기나 증기 등의 열을 기계적으로 응용해서 하는 방법
② 프리 히트 웨이브(free-heat wave) : 전기를 사용하지 않고 특수한 금속으로 만들어진 히팅 클립(heating clip)을 사용하여 가열하는 방법.
③ 케미컬 웨이브(chemical wave) : 특수약품의 화학작용에 의한 발열을 이용하는 방법
④ 머신리스 웨이브(machineless wave) : 석회의 수화열을 이용하여 약품의 화학반응열을 아용해서 하는 방법.

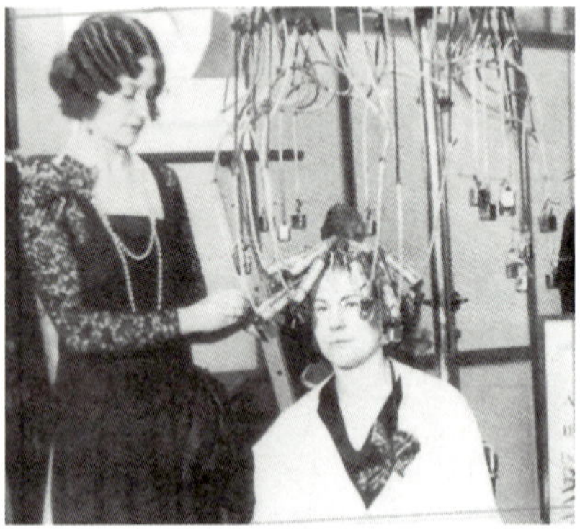
머신리스 웨이브 기구

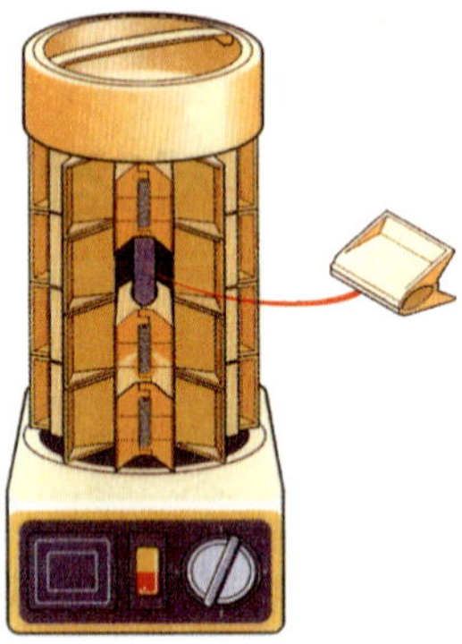
프리히트 웨이브 기구

(2) 콜드퍼머넌트 웨이브(cold permanent wave)

현재의 사용방법.

과거의 히트 퍼머가 열을 이용하는 것에 대해 가열하지 않고 약액을 처리하여 웨이브를 형성하는 방법.

퍼머넌트의 시대적 변천스타일

고대(이집트, 그리스, 로마) 시대

중세~근세시대

근대시대

1920년대 1930년대 1940년대 1950년대

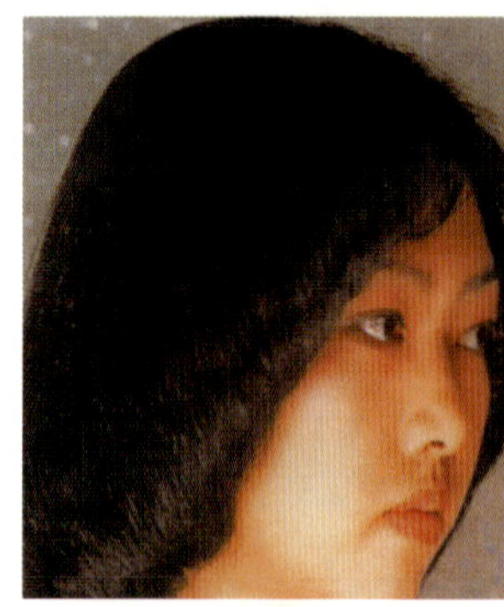

1960년대 1970년대

1980년대 1990년대

2000년대

현대시대

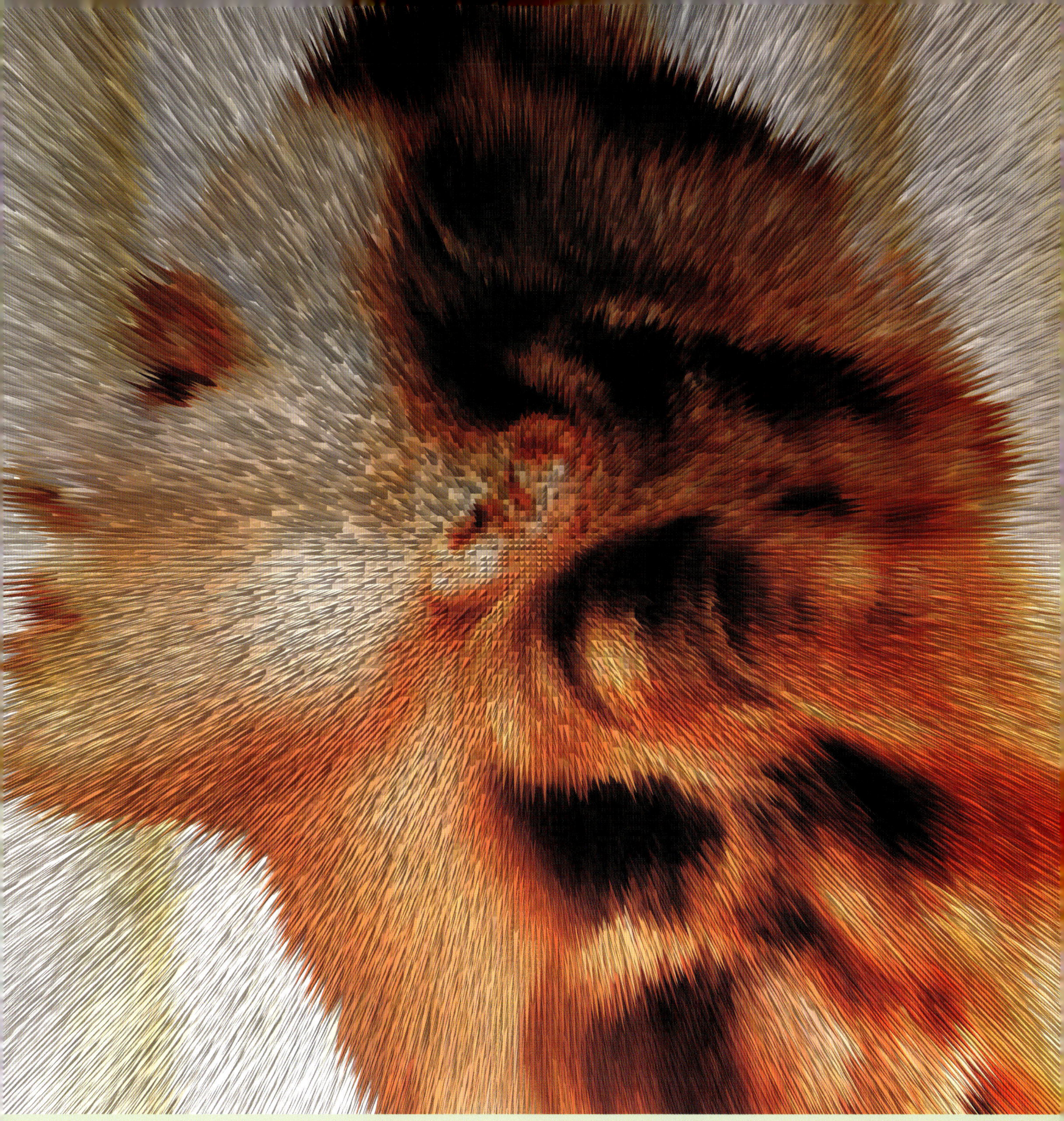

제 2장 모발과학

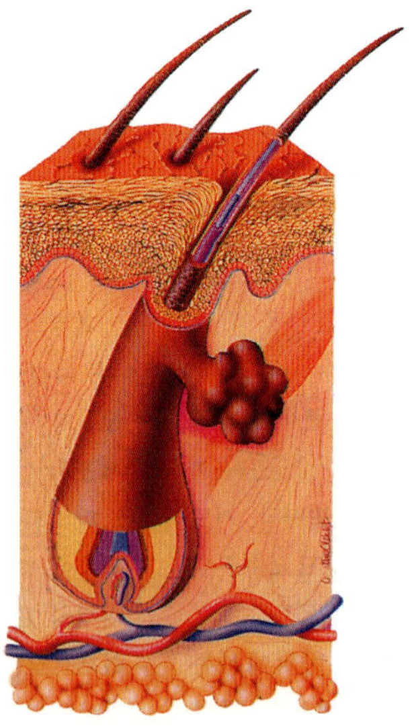

제 2 장 모발 과학

1. 모발(Hair)의 기능과 발생

1) 모발의 기능

모발(毛髮)은 피부의 부속기관(附屬器官)으로서 피부의 일부가 변화되어 생긴 탄력성 있는 각질물질로 더위, 취위로부터 보온작용과 외상(外傷) 등 외부의 자극(cushion)에 따른 머리를 보호해주는 보호작용과 유해한 비소, 수은, 아연 등의 중금속을 체외로 배출하는 배출작용과 지각(촉각)작용을 하고 미(美)에 대한 욕구를 가지고 있는 외모의 장식(fashion)의 작용 등도 가지고 있다.

2) 모발의 발생

사람의 경우 모발은 피부의 표피에서 생긴 것으로 모발의 발생은 태생 9~12주부터 시작되고, 신생아는 이미 연약한 모발을 가지고 태어난다. 모발의 생성은 모낭의 하부구조인 모구(bulb)의 모모세포((某某細胞)에서 시작된다. 모발은 표피 속 모낭(hair follicle)이라고 하는 작은 주머니의 발달로 표피에서 움푹 패이기 시작하여 점차 진피로 깊어져서 모낭을 형성하는 것으로 시작되어, 다음으로는 진피(dermis)에서 성숙한 모낭의 형태로 발달한 모발상태의 유지를 위해 필수적인 유분을 분비해주는 피지선(sebaceous gland)이 형성되고 나서 표피층과 모낭벽에 붙어 있는 기모근(= 입모근, arrector pilimuscle)이 생성된다.

마지막으로 모발의 유일한 진피부분인 모유두(hair papilla)가 모낭하부(interior segment) 에 형성된다. 모유두는 유방의 유두 같은 모양을 하고 있으며, 그 밑에 모세혈관(capillary vessel)과 자율신경(autonomic nervous system)이 분포되어 있는데 모세혈관은 모발의 원료인 아미노산을 모유두에 운반하는 수송로 역할을 하고 자율신경은 단백질 합성효소에 작업명령을 전달하는 통신망 역할을 한다. 자율신경의 작업명령을 전달받은 단백질 합성효소는 아미노산을 합성해서 케라틴 단백질을 만들며, 이 케라틴 단백질이 커지면서 모모세포(某某細胞)는 모세혈관에 접하고 있어 많은 영양분을 공급받아 성장해서 세포분열을 시작해 모수질(medulla), 모피질(cortex), 모표피(cuticle)로 분열하여 위로 밀려 올라감으로써 모발을 형성하게 된다. 모발은 모유두가 없으면 생성되지 않고 모유두의 수는 태어날 때 결정되므로 그 수가 감소하면 모발 수도 감소하게 된다.

모발손상의 요인으로는 단백질 합성요소의 비정상적 공급, 모세혈관의 장애, 자율신경의 기능이상, 그리고 모유두가 외상, 염증 등에 의해 크게 손상을 입는 경우 등이다. 이 밖에도 유전적인 요인과 병적인요인, 물리적, 환경적인 요인, 연령, 영양상태, 체질, 기후, 스트레스 등의 요소에 따라 모발성장에 영향을 줄 수 있다.

2. 모발의 구조

모발은 피부(皮膚)를 경계로 두피바깥으로 나온 부위를 모간부(hair shaft)와 두피 아래에 속한 부분을 모근부(hair root)로 나눈다.

모근부(毛根部)는 피부안에 위치하는 부분으로 모낭(hair folicle), 모구(hair bulb), 모유두(hair papilla), 피지선(sdbeceous gland), 입모근(arrector pilo muscle) 등이 있으며, 모간부(毛幹部)는 눈으로 보여지는 부분으로 모표피(cuticle), 모피질(cortex), 모수질(medulla) 3가지 층으로 구성되어 있다.

1) 모근(hair shaft)의 구조

(1) 모구(hair bulb)

모낭의 밑 부분에 둥글게 부풀어 있는 부분으로 내부는 모모세포와 멜라닌 세포로 구성되어 있으며 아래 부분은 오목하게 되어 있고 움푹 패인 부분에는 진피 세포층에서 나온 모유두가 들어 있다.

(2) 모유두(hair papilla)

모구의 아랫부분에 위치하는 모유두는 모세혈관과 자율신경이 연결되어 모구에 산소와 영양을 공급하고 모발의 성장을 돕는다.

(3) 모모(hair matrix)세포

모발을 형성할 수 있도록 하는 주세포로 모모세포가 모유두를 덮고 있으며 모유두에서 영양을 받아 분열, 증식하여 모발 생성한다.

(4) 색소세포(melanocytes)

모발의 색을 결정하는 멜라닌(melanin) 색소 형성세포로서 멜라닌의 입자가 크고 많은 경우에는 흑색 또는 갈색의 모발이 되고 멜라닌 입자가 작거나 아주 적은 경우에는 황금색

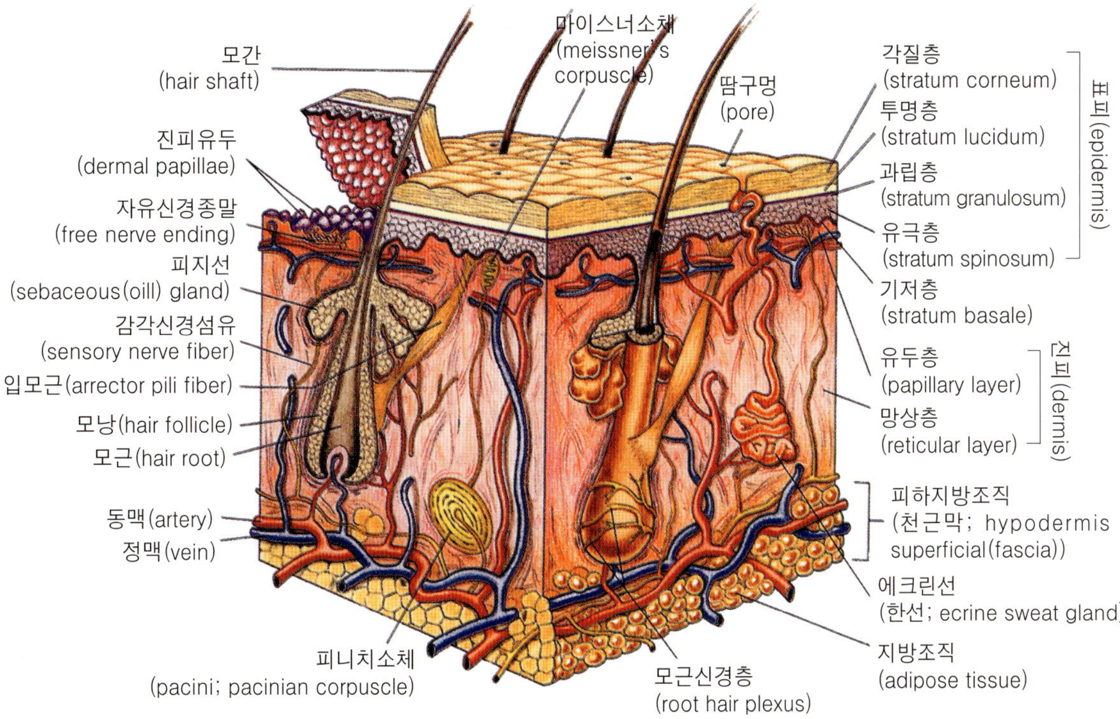

그림 2-1. 모발의 구조

의 모발이 된다. 동양인의 입자형인 유멜라닌(eumelanin)과 서양의 분사형인 페오멜라닌(pheomelanin) 등이 있다.

(5) 피지선(sebaceous gland)

모낭 벽에 붙어 있으며 피지를 분비하여 수분과 함께 엷은 막을 만들어 건조를 막고 모발에 윤기와 부드러움을 준다.

(6) 기모근(입모근 ; arrector pili muscle)

자신의 의지에 따라 움직이지 않고 교감신경에 의하여 근육이 자율적으로 조절하여 수축 시 털을 세우게 되며 속눈썹, 눈썹, 코, 뺨, 입술에는 입모근이 없다.

(7) 아포크린선(대한선 ; apocrine sweat)

모낭에 부착된 작은 나선형의 구조이며 피지선의 구멍을 통해 땀을 분비한다. 겨드랑이 털이나 음모 등 한정된 부위에서만 부속되어 있는 것으로 점액질인 땀이 분비되는데 이것이 액취증(암내)나 겨드랑이 냄새의 주범이 된다.

2) 모간(Hair shaft)의 구조

(1) 모표피(hair cuticle)

모발의 가장 바깥층으로 케라틴((keratin)이라는 경(硬)단백질로 구성되어 있으며 인종과 개인에 따라 5~15층으로 겹쳐 있는데 투명하고 얇은 세포가 마치 물고기의 비늘모양을 하고 있다.

모표피는 3개 층으로 형성되는데 가장 외측으로부터 에피큐티클(epicuticle), 엑소큐티클(exocuticle), 엔도큐티클(endocuticle)로 이루어져 있다.

화학적 저항성이 크기 때문에 펌 용액 도포 시 모발이 유화되는 시간이 필요하며 헤어샴푸(hair shampoo), 헤어드라이(hair dry), 백콤(back coming) 등의 물리적 자극에 의해 쉽게 손상되며 한 번 손상되면 모표피는 스스로 재생되지 못한다. 기름과 친화력이 강한 친유성(親油性)으로 물과 약제의 침투와 작용에 대한 저항력이 있고 외적인 영향으로부터 모피질을 보호하고 수분 증발을 억제한다.

(2) 모피질(hair cortex)

모피질은 모발에서 85~90% 차지하며 모발의 색상을 결정하는 멜라닌 색소가 들어 있으며, 모발의 성질을 좌우하는 중요한 부분이다. 각화된 피질세포와 피질세포 사이는 세포간 결합물질인 간충물질(matrix, C-케라틴)이 서로 강하게 연결하고 있는데 펌 시술 시 물에 녹아 유출되어 피질세포끼리의 결합을 약하게 만들어 모발이 손상된다. 물과 쉽게 친화하는 친수성(親水性)부분으로 약제의 작용을 쉽게 받기 때문에 펌과 가장 관련이 있는 층이다.

(3) 모수질(hair medulla)

모발의 중심 부위로 구멍이 많은 벌집 상태의 다각형의 세포로 이루어져 있으며 멜라닌 색소를 함유하고 있으며 시스틴 함량은 모피질보다 작다. 0.07mm 이상의 굵은 모발은 모수질이 있고 가는 모발(0.07mm 이하)은 모수질이 없으며 모수질이 많은 모발은 펌이 강하게 나오고 모수질이 적은 모발은 펌 형성이 어렵다.

피질세포(cortex cell)

- 매크로 피브릴(macro fibrile) : 마이크로피브릴 + 간충물질
- 마이크로 피브릴(micro fibrile) : 프로토피브릴 5~11개
- 프로토 피브릴(proto fibrile) : 폴리펩타이드 2~3개
- 폴리펩타이드(polypeptide chains) : 펩티드, 시스틴, 염, 수소결합을 가지고 있다.

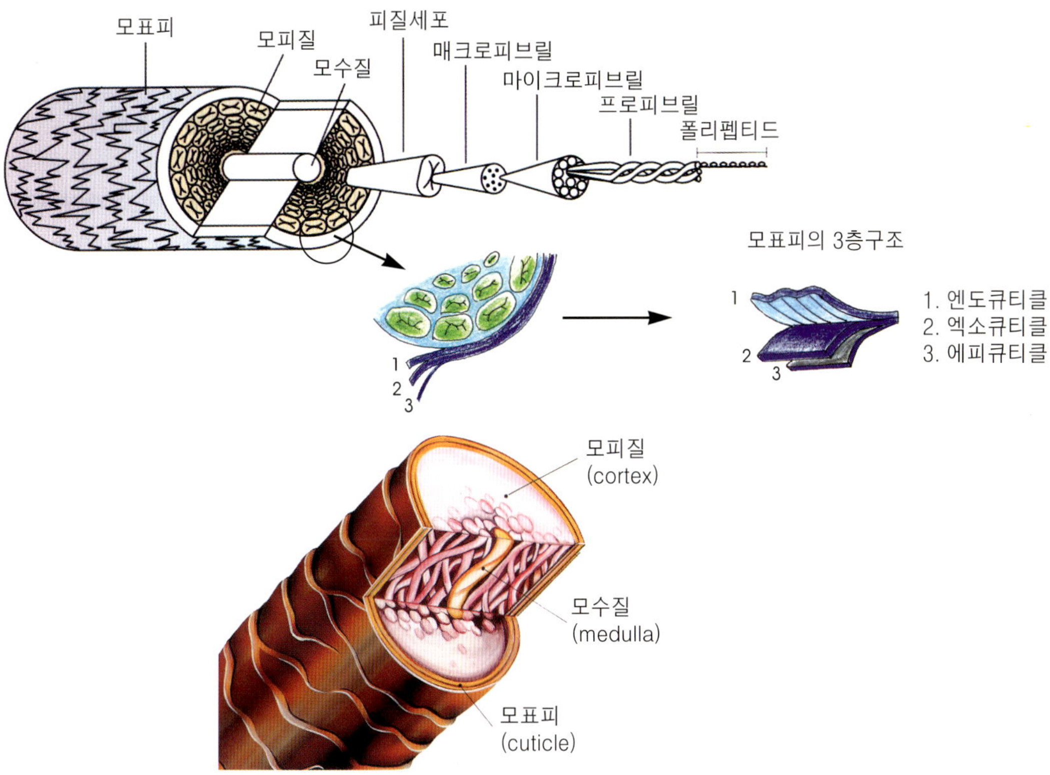

그림 2-2. 모간의 구조

3. 모발의 종류와 형태

모발은 크기와 모양에 따라 여러 가지 종류로 나누어지며 발생 부위와 시기 등에 따라서도 이름이 달라지는데 굵기와 길이에 따라 경모(硬毛)와 연모(軟毛)로 나눌 수 있다.

1) 경모와 연모

(1) 경모(teminal hair)

털이 굵으면서 긴 것을 경모라고 하는데 모수질과 멜라닌 색소를 지니고 있으며 머리카락이나 수염, 음모 등이 이에 포함된다.

① 길이에 따라

- 장모(長毛) : 길이가 1cm 이상으로 머리카락, 수염, 음모가 해당된다.
- 단모(短毛) : 길이가 1cm 이하로 눈썹과 코 털, 귀 털 등이 해당된다.

② 성호르몬의 영향

대다수의 체모는 잔털에서 굵은 털로 변모하는데 이것을 경모화(硬毛化)라 하고 사춘기의 성호르몬의 영향에 의해 성모(性毛)와 무성모로 구별된다.

성모는 수염이나 겨드랑이 털, 음모 등을 말하며 남성모는 남성에게만 나타나는 수염, 가슴 털 등이 있다.

(2) 연모(lanugo hair)

털이 뱃속에 있을 때는 '생모' 또는 '태모'라고 하고 출생 후에는 '배냇머리'라 하는데 털이 짧고 가늘어 모수질이 없으며 멜라닌 색소가 적어 갈색의 색상으로 눈에 잘 띄지 않는다. 자라는 동안 연모는 이마와 얼굴 등에 주로 분포하고 사춘기 이후 겨드랑이 털, 음모, 수염 등이 경모로 변한다.

2) 모발 형태에 따른 종류

모발은 인종에 따라 달라지는데 모발 단면에 따라 직모(= 생머리, straigt), 파상모(= 반곱슬머리, wave), 축모(= 곱슬머리, curly)로 나누어진다. 모발의 곱슬거리는 정도를 나타내는 수치를 모경지수라고 하며 동양인의 모경지수는 75~85로서 원형에 가깝고 흑인의 모경지수는 50~60으로 타원형에 가깝다.

(1) 직모(straight hair)

일반적으로 굵고 웨이브가 거의 없이 직선으로 자라 나온 모발이며 대부분 동양인에 많고 모발의 단면이 원형에 가깝다.

(2) 파상모(wave hair)

웨이브가 있는 모발로 주로 서양인에 많고 모발의 단면이 타원형이다.

(3) 축모(curly hair)

곱슬머리로 주로 흑인종에게 많고 모발의 단면이 편평한 형태로 납작형에 가깝다.

그림 2-3. 모낭의 형태

3) 모발 형태에 영향을 미치는 원인

(1) 유 전

우리나라의 경우 곱슬머리는 선천성 곱슬모 25%, 후천성 곱슬모 28%로 전체 인구의 53%가 곱슬머리로 나타났다. 주원인은 유전적인 요인이었으며 곱슬머리의 유전자는 우성으로 양쪽 부모가 다 흑인인 경우 아이들은 거의가 곱슬머리인 반면 동양인의 경우 곱슬머리의 부모 사이에서 직모가 태어나는 것으로 보아 열성으로 추측된다.

(2) 모낭 형태의 차이

모발의 형태 차이에 따라 모근을 감싸는 모낭의 형태가 다른데 직모는 모낭이 정상적인 형태를 하고 있으며, 파상모는 모낭이 약간 구부러져 있고, 축모는 완전히 구부러져 있어 모발이 성장하면서 직모, 곱슬머리, 반곱슬 머리로 나타난다.

(3) 세포분열의 차이

모모세포에서 세포분열이 일어나 모발이 생성할 때 그 세포분열 속도 차이에 의해 형태가 변한다. 직모일 경우 세포분열 속도가 일정한 반면 곱슬머리가 될 수록 한쪽 세포의 성장속도가 다른 쪽보다 빨리 진행되어 모발은 굽은 구조가 나온다. 이 불규칙적인 세포 성장속도가 빠를수록 모발은 더욱 심한 곱슬머리가 된다.

4. 모발의 성장주기(hair cycle)

털(毛)은 몸의 부위별로 사람처럼 각기 다른 수명과 성장기간을 가지는데 다른 모주기를 모자이크타입(mosaic type)이라 한다. 또한 동물처럼 털 전체의 모주기가 일치하는 것을 싱크로 나이즈 타입(synchronistic type)이라 한다.

모발 성장 3단계는 모발을 성장시키는 성장기(anagen stage), 성장을 종료하고 모구부가 축소되는 시기인 퇴화기(catagen stage), 모유두가 활동을 멈추고 모발을 두피에 머무르게 하는 시기인 휴지기(talogen stage)로 나눌 수 있다. 이것을 모발 주기(hair cycle)라 한다.

각 개인에 따라 몸의 부위별로 수명과 성장기간이 다르며 특히 1년 중 5, 6월에 가장 많이 성장하는데 성장 속도는 신체의 부위, 연령, 건강 상태에 따라서 차이가 있으며 20대 전후가 가장 활발하고, 65세 이상이 되면 아주 완만한 성장이 나타난다.

1) 1단계 : 성장기(anagen)

모유두 조직 주위에 접해 있는 모모세포가 영양을 공급받아 활발한 세포분열, 증식을 통해 새로운 모발이 생성되어 빠르게 성장하는 단계로 전체 모발의 80~90%가 해당된다. 평균 성장기간은 남성은 3~5년, 여성은 4~6년 정도이며 일반적으로 성장기에 있는 모발은 하루에 0.03~0.04 ㎜, 한 달에 약 1~1.5cm 정도 자라는데 성장기에 섭취하는 음식물이나 비타민의 영양소, 호르몬, 연령, 질병 등의 영향을 받아 모발 성장에 차이가 나타날 수 있다. 여자가 남자보다 성장률이 높으며, 하루 중에는 낮보다 밤에, 그리고 계절적으로는 가을, 겨울보다 봄, 여름에 빠른 성장률을 보인다.

2) 2단계 : 퇴화기(catagen)

성장기가 끝나고 휴지기로 넘어가는 중간 단계로서, 모모세포 분열이 저조해져 아주 천천히 성장하지만 더 이상 모발 케라틴(keratin)을 만들어내지 않는 단계이다. 모구부가 수축되어 모유두와 분리되며, 모발이 모낭에 둘러싸여 위쪽으로 올라간다. 전체 모발의 1% 정도가 퇴화기 단계에 해당되며, 기간은 약 1~1.5개월 정도로 짧다. 전체 모발의 1%를 차지하며 퇴하기의 수명은 약 1~1.5개월이다.

3) 3단계 : 휴지기(telogen)

모낭과 모유두가 완전히 분리되어 성장이 멈추고 모유두의 활동이 일시 정지되면서 모낭은 더욱 위축되고 쪼그라들게 되어 모근은 더 위쪽으로 밀려 올라가 머리카락이 빠지게 되는 시기이다. 기간은 3~4개월 정도 걸리고 전체 모발의 14~15%를 차지하는데 산후 탈모증인 경우는 호르몬의 영향으로 30% 정도 차지한다. 또한 샴푸잉, 브러싱, 미용시술 등과 같은 물리적 자극에 의해서 자연스럽게 탈모되는 경우가 있다. 이후 기존의 모발이 탈모됨과 동시에 다시 모낭이 성장하여 새로운 모발이 생성되는 발생기(new anagen stage)로 시작되는데 모발의 성장주기 단계를 약 15~20회 정도를 거듭하면서 모발의 일생을 마친다.

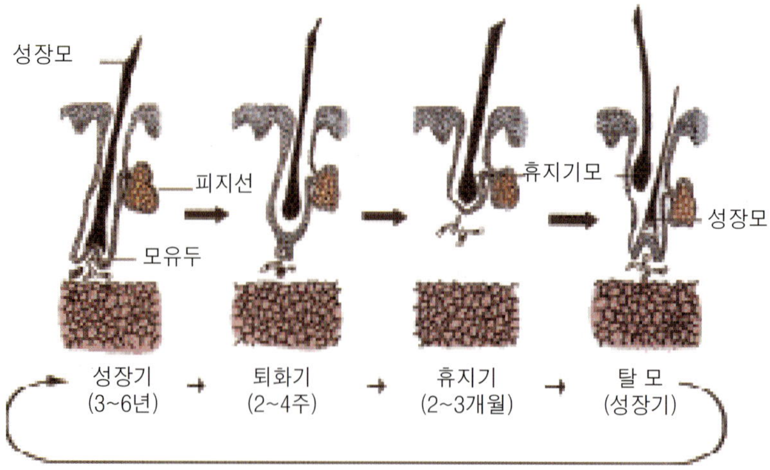

그림 2-4. 모발의 성장주기

5. 모발의 특성

인간의 모발, 손톱, 발톱 등과 같은 보호조직은 케라틴(keratin)이라는 경(硬)단백질로 이루어져 있다. 이 중 모발을 구성하는 케라틴의 주성분은 아미노산(amino acid)이며 아미노산은 탄소(carbon) 50~60%, 산소(oxygen) 25~30%, 질소(nitrogen) 8~12%, 수소(hydrogen) 4~5%, 황(sulfur) 2~4%로 구성되어 있다. 모발에는 이런 원소로 구성된 약 18여 종의 아미노산이 길게 연결되어 폴리펩티드(polypeptide)구조를 이룬다.

1) 모발의 화학적 특징

모발은 약 18 종류의 아미노산으로 구성되어 있으며 특히 시스틴(cystine)을 14~18% 함유하고 있는 케라틴이라는 경단백질로 되어 있으며 아미노산은 단백질의 구성단위로 아미노산이 가지는 독특한 성질에 의하여 단백질의 구조와 기능이 결정된다.

아미노산의 일반 구조식은 산성을 띠는 이온의 카르복실기(-COOH)와 알칼리를 띠는 이온의 아미노기($-NH_2$)가 공통된 구조의 형태로 결합되어 있고 서로 공통되지 않은 R(알킬기)에 붙는 작용기에 따라 아미노산의 종류에 달라진다.

표 2-1. 아미노산의 종류

	아미노산의 종류	함유량(%)
산성 아미노산	글루타민산(glutamic acid) 아스파라긴산(aspartic acid)	15.00 7.27
중성 아미노산	트립토판(truptophan) 티로신(tyrosine) 페닐알라닌(phenylalanine) 발린(valine) 트레오닌(threonine) 세린(serine) 알라닌(alanine) 글리신(glycine) 이소루이신(isoleucine) 메티오닌(methionine) 루이신(leucine) 시스틴(cystine)	0.70 5.80 3.70 4.72 6.76 9.41 4.40 6.50 4.80 0.71 11.30 13.72-16.00
염기성 아미노산	리신(lysine) 아르기닌(arginine) 히스티딘(histidine)	3.30 10.40 0.70
환상아미노산	프롤린(proline)	6.75

2) 모발의 물리적 특징

(1) 모발의 질감(texture)

모발의 표면의 느낌을 말하며, 모발의 질감은 모발의 직경과 관계가 있으며 그 직경에 따라 굵은 모발, 중간모발, 가는 모발로 구분한다. 또한 각 개인마다 다르고 영양 상태나 신체의 건강상태에 따라 달라진다. 일반적으로 모발이 가늘수록 모발의 염색, 탈색, 퍼머넌트 시술시간이 단축된다.

(2) 모발의 밀도(density)

두상의 일정넓이에 모발의 성김 정도를 말하는데 각 개인이 가지고 있는 모발의 수에 의해 결정되며, 모발의 수는 인종, 색상, 모질 등에 따라 다르다. 대체적으로 우리나라 사람의 검은색 모발의 밀도는 약 10만개 정도, 금발은 약 15만개 정도, 갈색 모발은 약 11만개 정도, 붉은 모발은 약 9만개 정도이다. 정상적인 사람이 하루에 빠지는 모발의 수는 약 55~100개 정도이며, 100개 이상이면 탈모증으로 간주한다. 일반적으로 모발의 수가 많은 경우는 조금 큰 로드, 모발의 수가 적은 경우 작은 로드가 적당하며 슬라이스관계와 퍼머넌트 스타일에 따라 달라 질 수 있다.

(3) 모발의 탄력성(elasticity)

모발의 탄력성이란 머리카락이 끊어지지 않을 정도까지 잡아당겼다가 놓았을 때 원래 상태로 다시 되돌아가는 성질을 말한다. 원래 모발의 케라틴은 코일모양의 스프링 구조로 되어 있어서 모발을 당겼다가 놓으면, 모발은 늘어났다가 다시 제자리로 되돌아간다. 이 성질을 모발의 탄력성(彈力性)이라 한다. 모피질의 폴리펩티드는 보통상태에서 나선형(α-helix)구조를 띠고 있다가 잡아당기면 사선(β-keratin) 구조가 되며 길이가 2배까지 늘어난다. 탄력성은 모발이 젖었을 때 더욱 증가되며 만약 과도하게 늘려 모발이 탄력성의 한계에 도달하면 다시 제자리로 돌아갈 능력을 잃어버린다. 이때 모발을 끊어지게 하는 힘을 인장강도라고 한다. 모발이 젖었을 때 탄성은 크지만 인장장도는 낮아진다.

탄력성은 마른 모발에서 20~30%, 젖은 모발에서 50~60%, 퍼머액에 젖은 모발에서 70% 정도로 나타난다. 그러므로 퍼머 와인딩(winding)시 너무 강한 텐션은 모발을 끊어지게 하는 원인이 된다.

(4) 모발의 강도(intensity)와 신도

모발의 강도는 모발을 당겼을 때 가늘게 되다가 결국 끊어지는데, 이때 모발에 걸린 하중(g)을 말하며, 이때의 신장률을 신도(%)라 한다. 신장률은 개인차, 모발의 상태 특히 모발의 굵기에 따라서도 다르다. 모발의 강도와 신도의 평균적인 수치는 건강모의 신장률은 40~50%, 이때 신장강도는 140~150g 정도 된다. 건강한 모발일수록 강도도 강해지나, 손상모일 경우와 염색(coloring), 탈색(bleach) 등을 한 모발의 강도는 저하된다. 한 가닥의 머리카락을 두피에서 뽑아내는 데 필요한 힘 즉, 고착력(固着力)은 약 50~80g 정도로, 평균 강도보다 낮으므로 모발을 잡아당기면 끊어지기 전에 뽑히는 것이다.

(5) 모발의 다공성(porosity)

모발의 다공성(多孔性)이란 모발의 내부에 존재하는 공기층이 수분을 흡수하는 성질로 염색이나 탈색, 퍼머넌트 등의 화학처리로 인해 모발 속을 채우고 있는 단백질이 소실되어 모발조직 중에 빈 공간이 많아지는 것으로 수분 흡수도 빠르고 반대로 건조도 빨라진다. 또한 모표피의 상태에 따라 다공성의 정도를 결정짓기도 하는데 건강한 모발일 경우 모표피가 규칙적으로 겹쳐져 있어 약제를 과다하게 흡수하지 않으나, 손상모의 경우 모표피가 열려 있어 염색제, 탈색제, 펌제 등을 과다하게 흡수하여 방치시간이 단축되나 모발은 심하게 손상된다.

(6) 모발의 습윤성(moisture)

모발은 공기 중의 습도가 높으면 수분을 흡수하고, 건조하면 수분을 빼앗기게 되는 성질이 있는데 이를 모발의 습윤성이라 한다. 모발의 수분 함유량에 따라 모발상태 가 달라지는데 심하게 건조할 경우 헤어크림(hair cream)이나 헤어트리트먼트(hair treatment), 각종 모발보습제 등을 사용하여 모발의 수분 함유량을 유지시켜 줄 필요가 있다. 모발의 수분 함유량이 10~15%일 때 가장 이상적이고 손상모일 경우는 10% 이하로 떨어지게 된다.

(7) 모발의 열변성(熱變性)

모발에 높은 열을 가하면 타면서 분해가 되며 특히 습도가 높은 경우는 낮은 온도에서도 쉽게 손상된다. 열이 모발에 미치는 영향은 건열(乾熱 :건조한 열)과 습열(濕熱 : 습한 열)에 따라 다르다. 건열에서 외관적으로는 120℃ 전후에서 팽창되고, 130~150℃에서 변색이 시작되어 270~300℃가 되면 타서 분해되기 시작하지만 기계적인 강도는 80~100℃가 되면 α-케라틴이 β-케라틴으로 변한다. 반면 습열에서 시스틴의 감소는 100℃ 전후에서 볼 수 있고 130℃에서 10분간 두면 α-케라틴이 β-케라틴으로 변화한다.

60℃전후는 변성이 시작된다. 80~100℃는 모발 안의 수분이 증발하고 감촉이 나쁘다. 130~150℃는 부풀면서 변성하고 다갈색으로 변색한다. 모피질 안에 기포가 생기며 탄력이 없어지고 물러진다. 200~300℃는 큐티클(cuticlc)이 녹고 탄화된다.

(8) 모발의 광변성(光變性)

태양광선은 파장이 긴 방향부터 적외선(infrared), 가시광선(visib light), 자외선(ultraviolet)으로 구분되는데, 이 중에서 모발에 영향을 미치는 것은 적외선과 자외선이다. 적외선은 열선으로서 물체에 닿으면 열을 발생시키며 모발 케라틴은 그 열에 의해 어느 정도 측쇄결합이 파괴되어 손상을 받는다. 모발에 가장 영향을 미치는 자외선은 모발의 손상과 탈색을 유발시킨다. 실외 근무자들, 고원 또는 농촌이나 해안지대의 사람들에게서 퍼머넌트가 잘 형성되지 않거나 쉽게 풀어지는 현상이 나타나는 것은 바로 자외선에 의한 모발 케라틴의 변성에서 오는 것이다.

6. 모발의 pH

1) pH의 정의

pH(power of hydrogen ions, 페하, 피에이치)는 용액이 산성, 알칼리성의 강도를 표시하는 수치이다. 물 가운데 수소이온이 어느 정도 들어 있는가를 수치로 나타낸 것이다. 즉, 물의 화학구조를 살펴보면 H_2O로 수소 2개와 산소 1개가 결합하여 만들어진 안정된 화합물로 한 방울의 물분자를 수소이온 (H^+)과 수산이온(OH^-)으로 전리(음이나 양이온 즉 전기적인 성질을 갖도록 분해시키는 것) 시킬 수 있는 비율은 $1/10^7$이다. 그러므로 물분자 하나가 전리되어 똑같은 수의 수소이온과 수산이온이 된 경우를 pH 7을 중성으로 본다.

pH 측정은 보통 pH meter기를 이용하여 측정하고, 7을 중심으로 0에서 14까지의 숫자로 7 이하는 산성, 7 이상은 알칼리성을 나타낸다. 눈금자는 대수(對數)로 숫자의 10의 배수로 증가한다. 수소 이온 또는 수산화이온(H)의 농도가 10배 변할 때마다 pH는 1씩 변한다. 즉, pH 7과 pH 8에 있어서 수소이온농도는 10배의 차이가 난다.

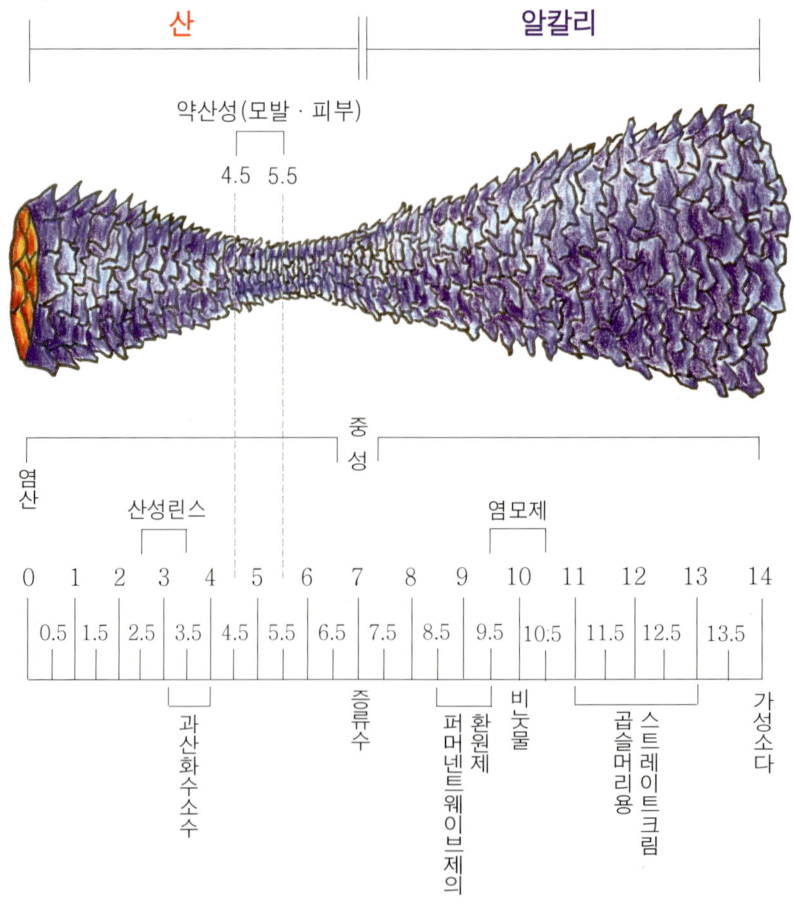

그림 2-5. 모발과 pH

2) 이온 · 산성 · 중성 · 알칼리성

음이온, 양이온, 수소이온(H^+) 또는 수산이온(OH^-)이라고 말하는데 즉, 이온이란 전기를 띈 원자 또는 원자의 집합체이다. 원자는 세 개의 작은 미립자 즉 양성자, 중성자, 전자로 구성되어 있다. 양성자는 양전하 미립자이고, 중성자는 전하가 없고, 전자는 음전하 미립자이다. 수소 이온은 양전하이므로 H^+로 표시하고 수산이온은 음전하이므로 OH^-로 표시한다. 어떤 용액에 수소이온을 더 많이 포함하고 있으면 그 용액은 산성이 되고 반대로 수산이온을 더 많이 포함하면 알칼리성이 된다. 그리고 물처럼 양과 음의 이온이 똑같이 포함되어 있으면 중성이 된다.

3) 모발과 pH관계

모발 및 두피, 피부의 pH는 4.5~5.5 로 표면에 있는 땀과 피지의 혼합물인 피지막(산성막)에 의하여 측정이 가능하다. 피지막은 피부를 최적의 상태로 유지시키는 역할을 하며 산성과 알칼리에 모발의 반응 또한 다르다.

알칼리 퍼머넌트 약제, 스트레이트 약제, 염 · 탈색제와 같이 pH가 높은 제품을 모발에 사용했을 때 손상아 증가되고 따라서 모발에 알칼리성 약제로 시술했을 경우 과정이 끝나면 약산성으로 회복시켜주는 것이 모발손상을 줄여준다. 산성일 경우는 모발의 저항력이 비교적 강하나 강산성 또는 강알칼리성 용액 속의 모발은 팽창분해될 수 있다.

7. 모발의 결합

1) 모발의 화학적 세계

(1) 물질(matter)

물질이란 사물이 만들어지는 재질 즉 물체를 이루는 실제적인 본 바탕을 말하는 것으로 자연계의 한 요소로서 일정한 공간을 점유하고 질량을 갖는 것을 의미한다. 혼합물과 구별되는 균일한 조성을 가진 순수물질이라는 개념을 갖고 있으며 물질의 특성은 고체, 액체, 기체 세 가지의 형태로 존재한다. 또한 모든 물질은 원자로 이루어져 있으며 고체를 가열하면 액체로, 액체를 가열하면 기체로 변한다. 모발도 물질에 속한다.

(2) 원자(atom)

물질의 기본적인 최소입자로 가운데 원자핵과 그 주위에 존재하는 전자 군에 의하여 구성되어 있다. 원자핵은 양성자와 중성자로 이루어져있으며 양성자는 양전(+)하를 가지고 있고 중성자는 전하를 가지고 있지 않기 때문에 중성이다. 궤도를 도는 전자는 음전하(-)를 가지고 있어서 양전하는 음전하를 끌어당기고 음전하는 양전하를 끌어당긴다.

(3) 원소(element)

약 106가지 종류가 있으며 원자번호에 의해서 구별되는 한 종류만의 원자로 만들어진 물질 요소를 원소라고 한다. 이 가운데 수소(H), 산소(O), 질소(N), 탄소(C), 황(S) 다섯 가지 원소는 생명체를 이루고 있으며 모발 역시 생물체 구성 요소에 5가지의 원소로 이루어져 있으며 결합하여 모발의 단백질을 형성한다.

(4) 분자(molecule)

원자나 이온이 화학결합에 의하여 몇 개가 모여 만든 물질의 특성을 가진 최소단위를 말하는 것으로 원자의 바깥 부분에서 전자를 잃으면 원자는 다른 원자들과 결합하여 분자라고 불리는 더 복잡한 단위를 형성하려고 한다.

(5) 아미노산(amino acid)

한 분자 안에 산성인 카르복실기($-COOH^-$)1개와 염기성인 아미노기($-NH_2^+$)1개를 가지고 있는 유기 화합물을 말한다. 모발은 탄소(C), 질소(N), 산소(O), 수소(H) 원소의 혼합으로 구성 되어 있으며 시스테인이라고 하는 아미노산은 황(S)원소를 포함한다. 아미노산은 약 20가지 종류로 그 중 18종류의 아미노산이 모발을 이루고 있다. 모든 아미노산의 공통 구조는 중앙의 탄소 원자를 중심으로 아미노기와 카르복실기, 그리고 수소원자가 결합되어 있다. 나머지 한쪽 사슬에 결합되어 있는 잔기(R)의 특성에 따라서 각각의 아미노산이 결정된다.

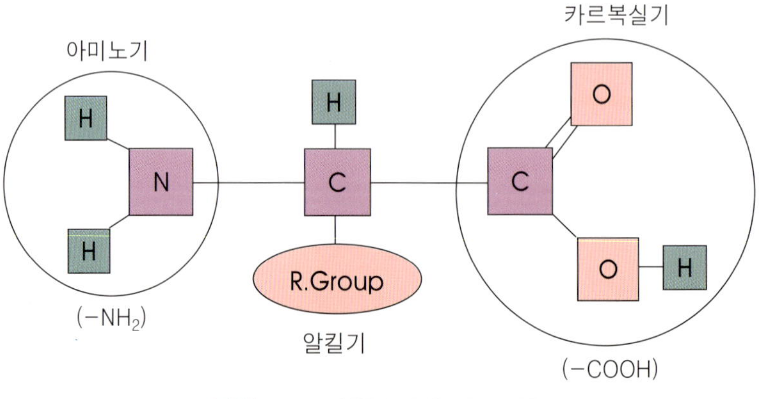

그림 2-6. 아미노산의 기본 구조

2) 모발 결합의 종류

(1) 모발의 화학 결합

모발 길이를 이루는 세로결합인 주쇄결합(main chain bond)과 모발 단면을 가로로 이루는 측쇄 결합(side chain bond)이 교차되어 이루어진다. 이러한 화학적 결합은 자연 형태의 모발을 유지하고 놀라운 강도와 탄력을 가진다.

① 주쇄 결합(폴리펩티드 결합)

모발 내부의 결합 중 가장 강한 결합으로 18종 아미노산의 중합반응으로 형성된 펩티드 결합이 순차적으로 반복되어 긴 쇄상을 이루는 결합으로 펩티드 결합에 의해 연결된 아미노산의 긴 연쇄(chains)는 폴리펩티드라고 불린다. 단백질은 매우 다른 아미노산으로 만들어지고 복잡한 폴리펩티드가 길게 고리를 이룬다.

비록 다른 아미노산들은 다른 구조를 가지고 있지만, 모든 아미노산은 아미노기의 말단과 산기의 말단을 가지고 있다. 아미노기 말단은 암모니아(NH_2)와 같은 알칼리의 아미노 그룹(_NH_2)를 포함하고 산기의 말단은 산성의 카르복실산(COOH)을 포함한다. 그리고 펩티트 결합은 폴리펩티드 연쇄를 형성하기 위하여 아미노산의 산기 말단과 다른 아미노산의 아미노기 말단이 연결된다. 두 개 또는 더 많은 아미노산이 화학적으로 연결됐을 때를 펩티드라고 부른다. 즉 폴리펩티드는 펩티드의 긴 연결이다. 펩티드 결합은 모발에서 가장 강한 화학적 결합이지만 만일 약간 파괴된다면 모발은 약해지고 손상을 입는다. 만일 더 많은 펩티드 결합이 파괴되고 파괴된 채로 남아 있다면 모발은 완전히 끊어지면서 손상으로 이어지는 것이다.

② 측쇄 결합(Side bonds)

수소 결합, 이온 결합, 시스틴 결합, 펩티드 결합 등이 있다. 모표피는 시스틴 결합, 이온 결합, 그리고 수소 결합과 같은 3가지 다른 형태의 측쇄 결합에 의하여 교차해서 연결된 수백만 개 폴리펩티드 결합으로 구성되어 있다. 변경된 이러한 결합들은 웨트 세팅(Wet set), 열을 이용한 스타일링, 퍼머넌트 웨이브와 관련이 있다.

㉠ 시스틴(cystine) 결합(= 황결합)

황(S)을 함유하고 있는 아미노산의 결합으로 이황화결합이라고도 한다. 기계적인 힘으로는 간단히 끊어지지 않지만 화학적 반응, 특히 환원제의 작용을 받으면 쉽게 절단된다. 퍼머넌트 웨이브는 이 시스틴 결합에 의해 형성되는데 1제인 환원제가 시스틴 결합을 끊고 웨이브를 형성시킨 다음 웨이브 형태를 유지하기 위하여 2제인 산화제가 끊어진 결합을 다시 재결합함으로서 웨이브가 고정되는 것이다.

시스틴 결합은 측쇄 중에서도 강한 결합으로 측쇄 중앙의 황(S)과 황(S)이 결합해서 모발에 강도와 탄성을 주는 결합으로 강하고 열이나 물에 의하여 파괴되지 않는 공유결합(covalent bonds)이다. 시스틴 결합은 펩티드 결합보다 약하지만 수소나 이온 결합보다 더 강하다.

㉡ 염결합(= 이온결합)

양이온과 음이온 간의 정전기적인 결합으로서 pH 4.5~5.5(모발 등전점)일 때 결합력은 최대가 된다. 하지만 산이나 알칼리에서 쉽게 파괴되는 약한 결합이기도 하다. 인접한 주쇄 간의 아미노기(NH_2)와 카르복실기(COOH)가 전기적으로 결합된 것으로 양쪽의 전위차가 없을 때 강하게 결합한다. 그리고 이 등전점 이상 또는 이하의 강산이나 강알칼리에서는 결합이 끊어지므로, 등전점을 변화시킴으로 이온 결합의 절단과 재결합이 가능하다. 염 결합은 상대적으로 약한 결합이다. 모발의 구조 내에 하나의 폴리펩티드 연쇄에 아미노산이 (−)으로 충전되고 이웃하는 폴리펩티드 연쇄에 아미노산이 (+)으로 충전되어 이끌릴 때 발생한다. 물에 의하여 약해지고 알칼리 용액에 의하여 쉽게 파괴된다. 시스틴 결합보다 매우 약하지만 모발에는 많은 염 결합이 있어서 모발 전체의 약 1/3의 강도를 책임진다. 또한 pH의 변화에 의하여 크게 영향을 받는다.

㉢ 수소 결합

측쇄 중에 가장 약한 결합으로 주쇄의 산소(O)와 수소(H) 사이에 잡아당기는 힘에 의해 결합한 것으로 가장 많이 존재 하며 모발성질에 영향을 준다.

모발이 물에 젖으면 건조한 상태일 때보다 쉽게 늘어나게 되는데 이것은 수분에 의해 모발 케라틴의 수소결합이 쉽게 끊어지며 건조시키면 다시 재결합 된다. 모발을 젖은 상태에서 와인딩하여 건조시키면 일시적인 웨이브가 형성되는데 이것이 바로 수소결합에 의한 것이다. 이와 같은 원리를 이용한 것이 드라이와 세팅이다.

㉣ 펩타이드 결합

주쇄(세로결합)와 같은 결합으로 그 수는 적으나 가장 강한 결합으로 아미노산의 카르복실기(-COOH)와 아미노산의 아미노기($-NH_3$)에서 H_2O 가 제거되어 -CO-NH가 결합된 것으로 강산, 강알칼리에 절단된다. 대부분 주쇄결합을 이루고 있지만 측쇄결합에도 약간 존재한다. 측쇄는 주쇄에 비해 결합력이 약하기 때문에 모발은 수직(vertical)으로 갈라지기 쉽고 수평(horizontal)으로는 잘 갈라지지 않는다.

(2) 측쇄결합의 절단 · 재결합과 미용과의 관계

결합	작용		
	절단	재결합	미용과의 관계
수소결합	수분, 텐션	건조시키거나 텐션을 제거해서	오리지널 세팅, 블로우 드라이 등
염결합	산 · 알칼리의 pH에 의해	산 · 린스 등으로 pH를 5.5로 되돌림	헤어세팅, 염색, 퍼머넌트 웨이브 등
시스틴 결합	환원제	산화제	퍼머넌트 웨이브

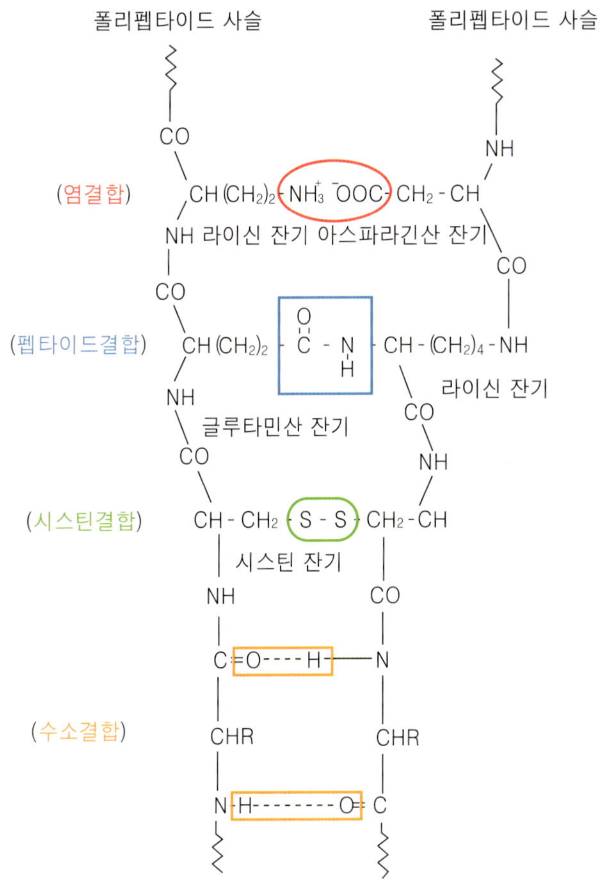

그림 2-7. 모발내의 화학결합

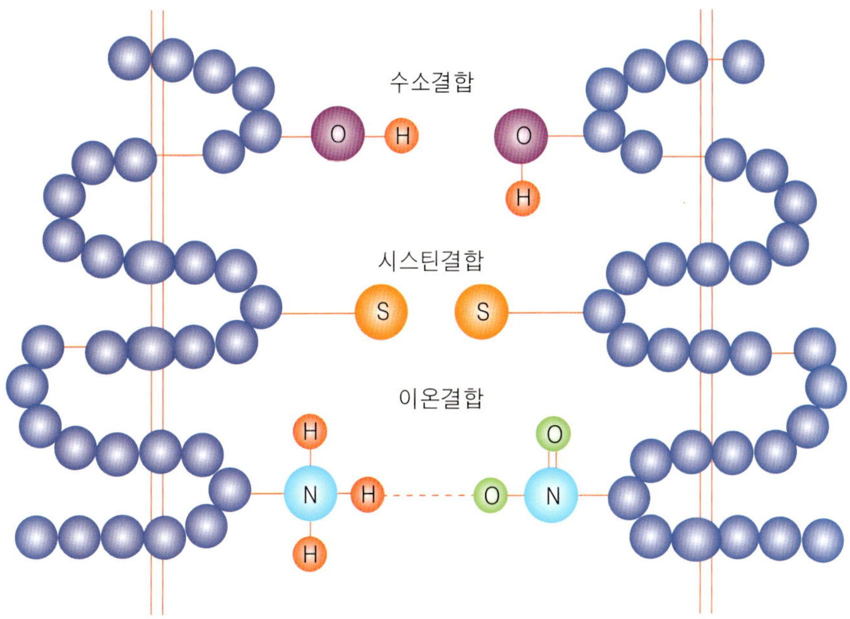

그림 2-8. 모발 결합

제 3장 퍼머넌트의 원리

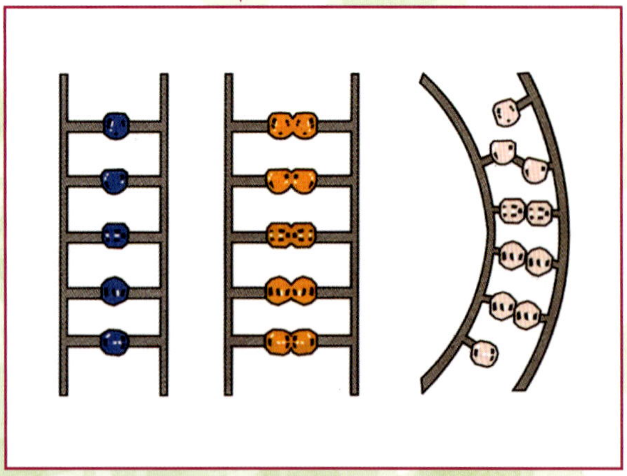

제 3 장 퍼머넌트의 원리

1. 퍼머넌트 메카니즘(mechanim)

1) 퍼머넌트 목적

(1) 새로운 헤어스타일 추구
(2) 볼륨을 얻기 위한 작업
(3) 가는 모발에 힘을 실어주기 위한 작업
(4) 굵고 강한 모발에 유연성 부여
(5) S컬의 자연스런 연결
(6) 세팅을 하기 위한 작업
(7) 웨이브 된 머리를 매끄러운 직모로 만들어 내는 작업
(8) 개성 미학에 따른 얼굴형 보완 작업
(9) 곱슬머리 교정술
(10) 모근 흐름 교정

2) 퍼머넌트의 기본적인 3요소

펌 형성에는 기본적인 요소로서 3가지가 있는데 모발과 약제와 기술(technique)이다. 사람의 모발에는 다양한 모질이 있으며 또 각각의 모발에 따른 펌 약제의 선택과 여러 가지 기술이 필요한 사항이다.

3) 웨이브(wave)

보통 'S자의 흐름'을 말하는 것으로 높낮이가 다르게 움직여지는 연속적인 방향의 나선형의 흐름(direction)으로 대각선, 수직선, 수평선으로 웨이브 방향을 형성할 수 있다.

모발의 끝(모간)에서부터 가로로 이어져 원형으로 감는 법(크로키놀식 : croquignole winding)과 머리뿌리(모근)에서부터 원형이 이루어지는 나선형으로 감는 법(스파이럴식 : spiral winding)으로 구분할 수 있다.

와인딩 하는 방식과 흐름의 진행 방향 등은 펌 스타일을 형성시키는 기초적인 이론으로 즉, 웨이브의 형태는 사용하는 펌 제와 로드선정, 기타 펌 기구에 의해 달라질 수 있다.

4) 퍼머넌트 웨이브 형성 메카니즘(mechanism)

모발의 주성분인 케라틴의 폴리펩타이드(Polypeptide)는 여러개의 측쇄결합으로 연결된 그물구조를 가지고 있으며 그 중 펌 웨이브를 형성하는 데에 중요한 결합은 가장 견고한 이황화결합(S-S결합)이다. 이황화결합은 환원제에 의하여 절단되어 시스테인으로 되며 산화제에 의하여 다시 새로운 이황화결합을 생성한다.

$$\text{Keratin} - \text{S} - \text{S} - \text{Keratin} \underset{(\text{산화제})}{\overset{(\text{환원제})}{\Longleftrightarrow}} \text{Keratin} - \text{SH} \cdot \text{HS} - \text{Keratin}$$

모발의 미세구조에서 케라틴은 결정영역과 비 결정영역으로 되어 있으며, 결정영역은 모발의 종 방향으로 병렬하여 미세한 섬유구조를 형성하고, 비 결정영역은 무작위 코일(coil) 구조로 미세한 섬유구조로 고정시키는 역할을 하고 있다.

결정영역의 주위인 비결정영역이 이황화결합(disulfide bond)의 환원과 절단에 의해 연화하고 비결정영역의 섬유구조 배열이 컬(curl)의 형태에 따라 변화한다. 그리고 수소결합, 염 결합 등의 측쇄결합의 절단과 재결합도 동시에 진행되어진다.

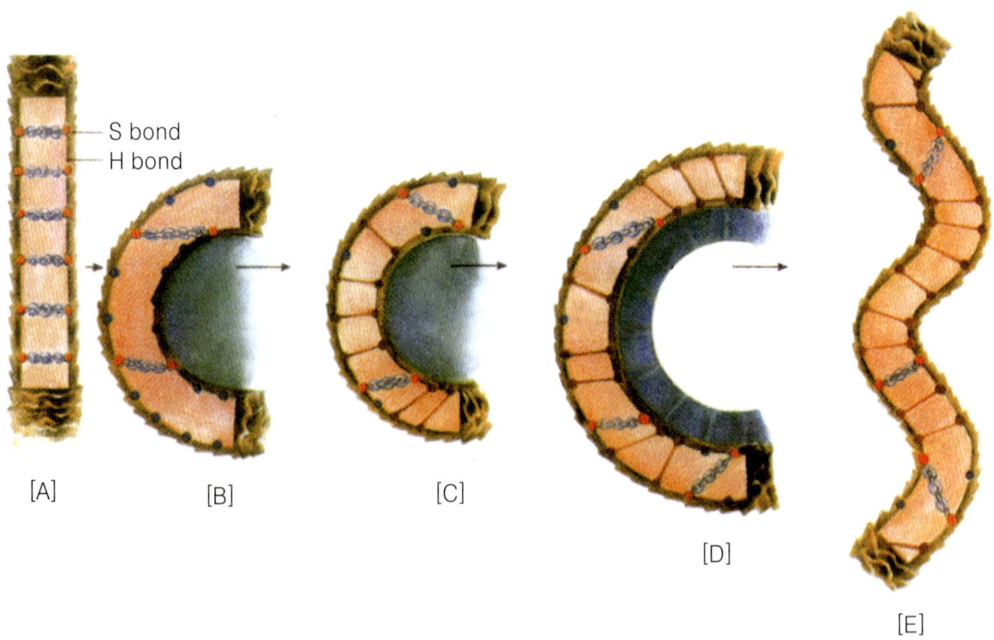

그림 3-1. 콜드 펌 웨이브의 형성

(1) 측쇄결합의 종류

결합형성 모발결합	결합이 풀림(Open)	재결합시킴(Close)
시스틴결합	환원제	산화제
염결합	알칼리 또는 pH 2 이하의 산	등전점으로 되돌림
수소결합	물	탈수 또는 건조

2. 퍼머넌트 웨이브의 원리

1) 퍼머넌트 웨이브의 일반적 원리

모발의 80% 이상 구성하고 있는 모피질(cortex)은 주로 케라틴(keratin)이라고 하는 탄력성이 풍부한 섬유상의 경단백질로 되어 있다. 이 케라틴은 각종 아미노산이 결합하여 이루어진 주쇄 결합인 폴리펩티드(polypeptide)쇄상이 연결 지어져 있고 케라틴을 이루고 있는 아미노산중에서 가장 함유량이 많은 시스틴(cystine) 분자에 황(S) 분자가 함유되어 있다.

모발 내부에는 측쇄결합인 수소결합, 염결합, 시스틴 결합 등이 연결되어 있는데 이 측쇄결합 중 가장 강한 시스틴 결합(S-S)이 퍼머넌트 웨이브를 형성시키는데 중요한 역할을 한다. 그리고 알칼리성 물질에 대해 작용을 받게 되면 모발은 팽윤되며 연화가 된다.

모발은 탄력성에 의해 잡아당길 경우 쇠사슬을 만들고 있는 결합의 일부가 잘라져서 폴리펩티드가 장축방향으로 늘어나 다시 가했던 모발은 평상시 α-케라틴이 β-케라틴으로 변하며 케라틴의 시스틴 결합 |S-S|이 부분적으로 절단되고 각각 수소원자와 결합되어 2분자의 시스테인 |-HS SH-|을 만든다. 또한 시스테인은 매우 불안정한 물질이기 때문에 공기 중의 산소(O)에 의해서 산화되어 원래의 시스틴의 상태 |-S-S- …… H_2O|로 되돌아와 α-케라틴의 상태로 변화된다. 이것이 퍼머넌트 웨이브 원리이다.

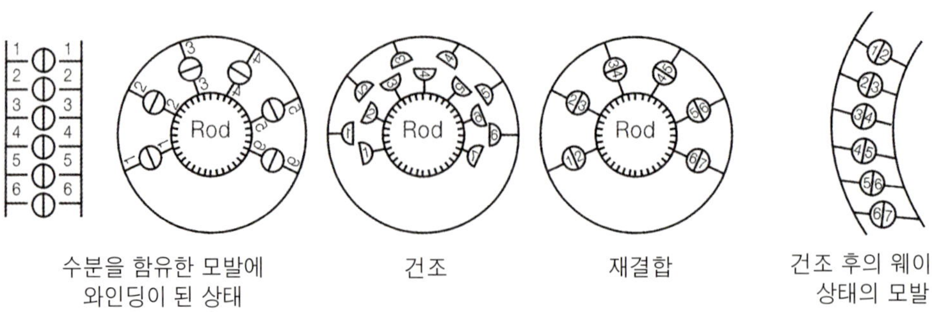

그림 3-2. 퍼머넌트 웨이브의 원리

2) 환원 · 산화

퍼머넌트 1제의 작용은 환원작용이고 2제의 작용은 산화작용이다.

제1제의 환원작용에 의해 매우 불안정한 시스테인을 형성하고, 다시 제2제의 산화작용에 의하여 새로운 시스틴 결합을 형성하는 것이 퍼머넌트 웨이브의 화학적 원리이다.

화학적인 현상의 환원과 산화는 다음과 같다.

환 원	산 화
1. 물질이 산소를 잃는다. 2. 물질이 수소와 화합한다. 3. 원자나 이온이 전자를 얻는다.	1. 물질이 수소를 잃는다. 2. 물질이 산소와 화합한다. 3. 원자나 이온이 전자를 잃는다.

제 1제의 환원반응과 제2제의 산화반응

① 환원반응

{-S-S-}	+	HS · CH_2COOH	->	{-SH
(모발속의 시스틴결합)		(제1제)		(시스틴(cystine)이 thioglycolic acid의 H와 결합으로 시스테인(cysteine)이 된다)

② 산화반응

-SH	+	$NaBrO_3$ (H_2O_2)}	->	{-S-S-}
제1제중의 thioglycolic acid 환원된 시스테인		제2제의 취소산나트륨 또는 과산화수소		시스테인이 취소산나트륨에 의한 과산화수소의 산소와 화합해서 시스틴이 된다

3) 퍼머넌트 웨이브제의 화학적 작용

(1) 제 1제의 환원작용

제1제는 티(치)오글리콜산(thioglycolic acid)과 암모늄을 주성분으로 하는 환원제로. 알칼리성분인 암모늄염은 모발을 팽윤 · 연화시키고 티오글리콜산은 모발의 시스틴 결합을 환원시켜 절단시키는 작용을 한다. 즉 모발에 1제를 작용시키면 티(치)오글리콜산 또는 시스테인(cysteine)의 환원작용에 의해 시스틴 결합은 2개의 시스테인으로 절단되고 티오글리콜산 또는 시스테인은 디티오글리콜산(dithioglycolic acid) 또는 시스틴(cystine)이 된다.

|-S-S-|	+	2$HSCH_2COOH$	→	|-SH SH-|	+	S-CH_2COOH	
시스틴결합(모발)		티오글리콜산(제1제)		시스테인		|	① 환원작용
(cystine link)		(thiogtycolic acid)		(cystenine)		S-CH_2COOH 디티오글리콜산 (dithioglycolic acid)	

(2) 제 2제의 산화작용

|-SH HS-| + O → |-S-S-| + H_2O

제2제는 산소를 방출하는 약제로 산화제, 중화제, 뉴트라이져 라고 불리 운다.산화란 산소(O)를 공급해주는 반응(수소를 빼내는 반응)으로 취소산염(과산화수소)의 산화작용에 의해 2개의 시스테인(-SH)에서 수소가 물이 되어 없어지고 다시 시스틴 결합으로 돌아간다.

|-SH HS-|	+	$NaBrO_3$(H_2O_2)	→	|-S-S-|	+	H_2O	②산화작용
환원된 시스테인		취소산 나트륨(과산화수소수)		시스틴			

콜드 퍼머넌트 웨이브(cold permanent wave)의 원리는 제1제가 케라틴의 시스틴 결합을 환원, 절단하고 제2제로 산화하는 것에 의해 다시 시스틴 결합으로 돌아가 웨이브가 형성된다. 즉 '시스틴'(cystine) 결합의 절단과 재결합으로서 이루어진다.

이와 같은 모발의 성질을 이용하여 영구적인 웨이브를 만드는 것이 퍼머넌트 웨이브이다. 하나의 식으로 요약하면 다음과 같다.

	+2H(환원)	
ǀ S-S ǀ	⇔	ǀ -SH HS- ǀ
시스틴	+O(산화)	시스테인

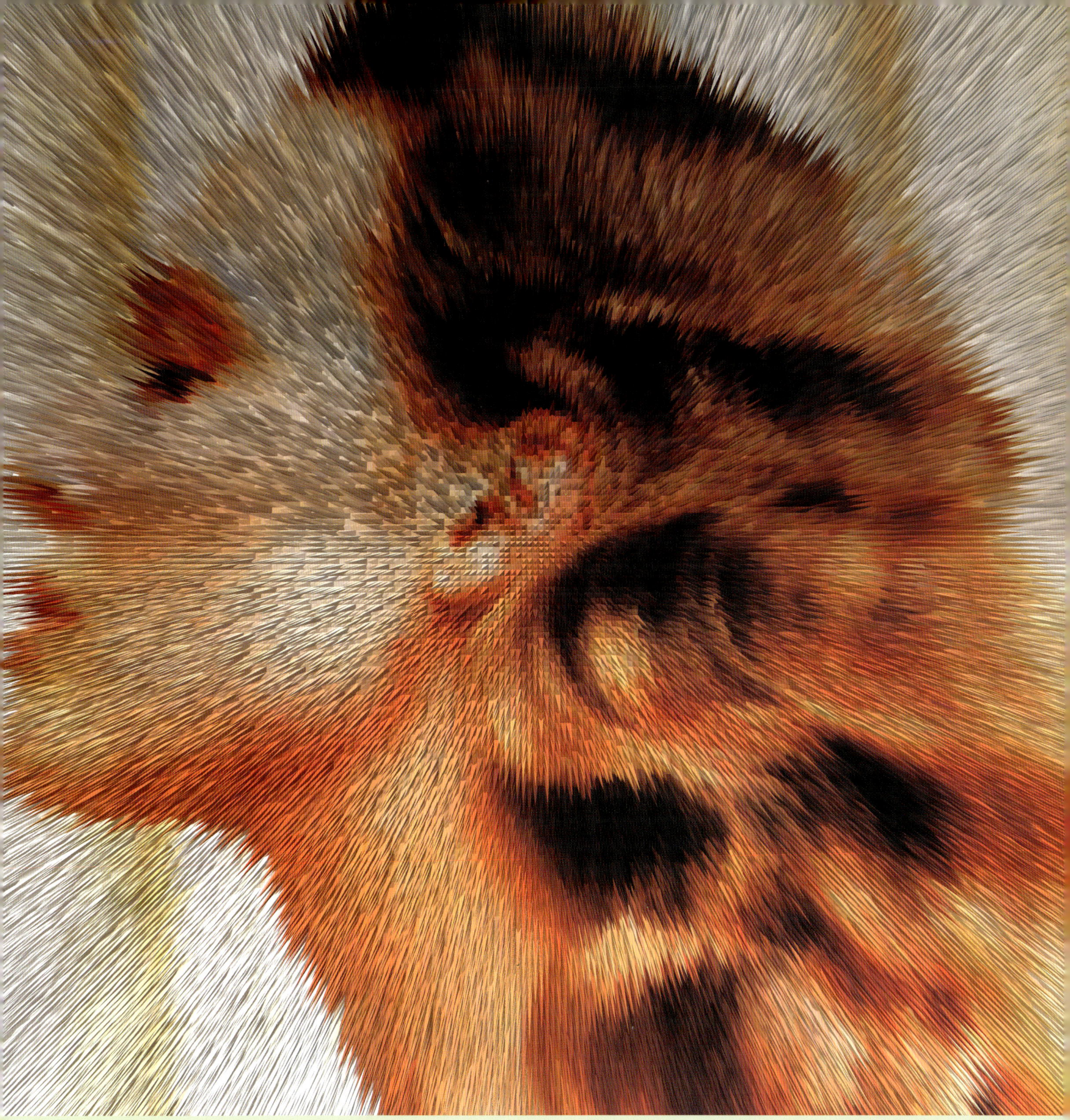

제 4장 퍼머넌트제의 종류와 특성

제 4 장 퍼머넌트제의 종류와 특성

1. 콜드 퍼머넌트 웨이브제

1) 욕 법

(1) 1욕법(one step wave)

1욕법은 1제만을 사용하여 공기 중의 산소에 의해 약 8시간 이상을 자연 산화시켜 웨이브를 형성시키는 방법으로, 티오글리콜산 암모늄을 주 원료로 한 1제 속에는 망간(Mn), 구리(Cu), 철(Fe) 등의 금속제가 들어있다. 용액 상태일 때는 금속 염류의 작용은 일어나지 않고 티오글리콜산 암모늄만이 작용해서 시스틴 결합을 절단시키고 환원된 모발이 서서히 건조해짐에 따라 공기 중의 산소와 접촉하여 자연적으로 산화작용이 이루어지는 방법이다.

(2) 2욕법(two step wave)

현재 가장 많이 사용하는 방법으로 1제는 환원제, 2제는 산화제로 2가지의 용액을 가지고 시술 하는 방법을 말한다. 일상온도에서의 상온(常溫)식과 60℃ 이하까지 가온시켜서 사용하는 가온(加溫)식 등이 있다.

(3) 3욕법(three step wave)

2욕법에 연화제나 보호제를 추가하여 사용하는 방법으로, 1제는 모발을 팽윤, 연화시키기 위한 용액이며 2제는 환원작용, 3제는 산화작용을 한다. 저항모나 발수성모는 퍼머하기 전에 연화제를 사용, 손상모나 다공성모는 퍼머 전에 보호제를 사용할 수 있다.

2) 퍼머넌트 약제 타입에 의한 분류

(1) 티(치)오글리콜산을 주원료로 하는 펌 제

환원제로 티(치)오글리콜산 또는 그 염류가 사용되고 그 밖의 알칼리제, 계면활성제 첨가제, 안정제 등으로 배합된다. 암모니아계 알칼리성 웨이브제, 염기성 암모니아계 약알칼리성 웨이브제, 아민계 알칼리성 웨이브제 등이 사용된다. 비교적 환원력이 강하며 pH에 따라서 모발손상을 막을 수 있다. 건강모, 손상모 등에 고루 사용할 수 있다.

티오글리콜산 및 그 염류를 주성분으로 하는 콜드1욕법, 콜드2욕법과 가온2욕법 또는 콜드2욕법 축모교정용, 가온2욕법 축모교정용 등이 있다.

(2) 시스테인을 주원료로 하는 펌 제

모발을 분해시켜 원료로 사용한 시스테인이 환원제로 사용되며 티(치)오글리콜산에 비하여 환원력이 낮아 웨이브 형성력이 약한 단점이 있으며 반응을 촉진시키기 위해서는 가온이 필요하다. 냄새와 자극이 적으나 가격이 비싸다.

시스테인 및 그 염류를 주성분으로 하는 콜드 2욕법 축모교정용 등이 있다.

(3) 산성 펌 제

모발의 pH는 약 4.5~5.5의 약산성으로, 산성 퍼머넌트 웨이브제는 모발의 pH와 유사한 성분으로서 웨이브의 형성력이 매우 약하다. 시술방법으로는 환원력이 약하기 때문에 와인딩 시술 시 비교적 가는 로드를 사용하는 것이 좋으며 슬라이스는 작게 잡고 텐션을 강하게 와인딩 한다. 티(치)오글리콜산을 원료로 암모니아수 등의 알칼리제를 사용하지 않는 대신 계면활성제를 첨가하여 모발 본래의 pH 4~6에서 펌을 한다. 주로 손상모, 염·탈색 모발 등에 사용한다.

펌 용제 품질규격

화장품 법 제9조의 규정에 의한 화장품 기준 및 시험방법으로 고시된 퍼머넌트 웨이브용 및 헤어스트레이트너 제품 용제 품질 규격은 8 종류로 분류하고 있다.

(1) 치오글라이콜릭애씨드 또는 그 염류를 주성분으로 하는 냉2욕식 퍼머넌트 웨이브용 제품
(2) 시스테인, 시스테인의 염류 또는 아세틸시스테인을 주성분으로 하는 냉2욕식 퍼머넌트 웨이브용 제품
(3) 치오글라이콜릭애씨드 또는 그 염류를 주성분으로 하는 냉2욕식 헤어스트레이트너용 제품
(4) 치오글라이콜릭애씨드 또는 그 염류를 주성분으로 하는 가온2욕식 퍼머넌트 웨이브용 제품
(5) 시스테인, 시스테인의 염류 또는 아세틸 시스테인을 주성분으로 하는 가온2욕식퍼머넌트 웨이브용 제품
(6) 치오글라이콜릭애씨드 또는 그 염류를 주성분으로 하는 가온2욕식 헤어스트레이너용 제품
(7) 치오글라이콜릭애씨드 또는 그 염류를 주성분으로 하는 고온 정발용 열기구를 사용하는 가온 2욕식 헤어스트레이트너용 제품
(8) 치오글라이콜릭애씨드 또는 그 염류를 주성분으로 하는 냉1욕식퍼머넌트 웨이브용 제품

표 4-1. 퍼머넌트 웨이브 및 헤어 스트레이트용 제품 기준

기준 \ 분류			1.티오글리콜산또는 그 염류가 주성분인 콜드2욕식펌제	2.시스테인이 주성분인 콜드 2욕식 펌제	3.티오글리콜산 또는 그 염류가 주성분인 가온 2욕식 펌제	4.티오글리콜산 또는 그 염류가 주성분인 콜드 1욕식 펌제	5.티오글리콜산 또는 그 염류가 주성분인 제1제 사용시 조제발열 2욕식 펌제			6.티오글리콜산 또는 그 염류가 주성분인 콜드 2욕식 축모교정제	7.티오글리콜산 또는 그 염류가 주성분인 가온 2욕식 축모교정제
							제1제의1	제2제의2	제1제의 1,2혼합액		
제1제	pH		4.5~9.6	8.0~9.5	4.5~9.3	9.4~9.6	4.5~9.5	2.8~3.8	4.5~9.4	4.5~9.6	4.5~9.3
제1제	알칼리도 (ml)		7ml 이하	12ml 이하비휘발성 알칼리 무함유	5ml 이하	3.5~4.6ml 이하	10ml 이하		2.7~3.0%	7ml 이하	5ml 이하
제1제	환원성 물질의 함량		2.0~7.0%	3.0~7.5% 시스틴 농도	1.0~5.0%	3.0~3.3%	8~19%	과산화수소 농도	2~11%	2.0~7.0%	1.0~5.0%
제1제	환원 후의 환원성 물질 (%, 티오글리콜산농도)		4.0% 이하	0.65% 이하, 시스틴 함량	4.0% 이하	0.5% 이하	0.5% 이하		3.2~4.0 이하	4.0% 이하	4.0% 이하
제1제	점도		–	–	–	–	–			40,000 cps 이하	40,000 cps 이하
제2제	주제가 브롬산나트륨, 칼륨, 과붕산나트륨	산화력	3.5 이상	1과 동일	1과 동일	–				1과 동일	1과 동일
제2제	주제가 브롬산나트륨, 칼륨, 과붕산나트륨	pH	4.5~10.5								
제2제	주제가 과산화수소	산화력	0.8~3.0	–	1과 동일		1과동일			–	–
제2제	주제가 과산화수소	pH	2.5~4.5								
제2제	주제가 과산화수소	과산화수소농도	2.5% 이하								
1.2제 사용시 온도조건			실온(1~30℃)	실온(1~30℃)		실온(1~30℃)	제1제 : 40 ℃ 전후 제2제 : 실온(1~30℃)			실온(1~30℃)	60℃ 이하

2. 제1제(환원제)와 제2제(산화제)의 구성 성분

1) 제 1제(환원제)

웨이브를 만들기 위한 가장 기본이 되는 성분이다.

(1) 티오글리콜산(thioglycolicacid) 또는 그 염류

제1의 주성분으로서 사용되고 있는 원료로는 티오글리콜산 암모늄 액 과 티오글리콜산 모노에탄올아민 액이 있는데 그 중 티오글리콜산 암모늄 액(ammonium thioglycolate, ATG), 이 가장 많이 사용되고 있다. 일반적으로 '티(치)오' 의 농도는 2~7%(퍼머 약 100 ㎖당 6~7%)이며 pH는 4.5~9.6이다.

티오글리콜산의 화학식은 $HSCH_2COOH$이며, 티오글리콜산은 원래 산성물질로서 약 pH 2 정도의 강산으로 그 용액은 피부 자극이 심하고 염증을 일으키기 때문에 주로 알칼리로 중화하여 사용 한다. 메트캅토산, 메르캅토 초산이라고 하는 무색의 액체로서 특이한 냄새가 있으며 시스틴 결합을 환원시키는 주원료로서 사용된다. 산성에는 환원력이 약하나 알칼리에는 환원력이 강해지는 성질을 가지고 있으며 또한 산화되기 쉬운 것으로서 티오글리콜산이 공기 중의 산소에 의해 디티오글리콜산으로 산화되어 환원작용을 쉽게 잃어버린다. 따라서 보존 시에는 용기를 잘 밀봉하고 냉암소에 보관하되 개봉된 약액은 빠른 시간 내에 사용하는 것이 좋다. 특히 티오글리콜산은 철이나 구리 등의 금속과 반응하면 약제의 효과가 없어지므로 금속제의 용기나 기구는 사용하지 않는 것이 좋다.

(2) 시스테인

제1제의 주성분으로 사용되는 원료인 시스테인은 모발이나 새의 날개를 원료로 가수분해해서 얻어낸 시스틴을 환원한 후 수소(H)를 첨가한 환원제로 그 가격이 비싸다. 또한 티오글리콜산류에 비해 환원력이 낮고 자극적인 냄새가 적으며 pH가 낮아서 모발의 팽윤도도 작아 특히 손상된 모발에 적합하다.

시스테인 펌 제는 pH를 약 알칼리성으로 조성한 것으로 티오글리콜산에 비해 환원력이 약하여 그 반응을 촉진하기 위해 가온할 필요가 있다. 안정성이 부족하여 시스테인이 산화되기 쉽기 때문에 산화방지의 안정제가 필요하며 모발에 대한 친유성이 강해 잔류하기 쉬우므로 시술 후 깨끗이 씻는 것이 좋다.

(3) 알칼리제

알칼리제는 환원제의 역할을 도와서 웨이브의 강도를 조정하는 성분이다.

① 유기 알칼리

유기알칼리에는 에타놀아민이나 프로테놀아민이 사용된다. 에타놀아민에는 모노에타놀아민, 디에타놀아민, 폴리에타놀아민 등 3종류가 있다. 프로판을 아민류에는 2-아미노-2-메칠-1-프로판올과 2-아미노산-2-메칠1.3-프로판디올, 트리이소프로판아민 등이 있다.

에타놀아민은 점성이 있는 액체이고 프로페놀아민은 백색의 결정성 분말로서 냄새가 거의 없다. 이 유기 알칼리들은 비 휘발성이며, 모발이나 손가락 사이에 남기 쉽기 때문에 퍼머넌트 웨이브 시술 후에는 잘 헹구어 주거나 중간 린스를 해야 한다.

② 무기 알칼리

무기 알칼리에는 암모니아와 같이 휘발성이 있어 시술 중에 휘발되어 알칼리가 적어지는 것과 수산화나트륨(양잿물)과 같이 휘발되지 않는 것이 있다.

휘발성 알칼리로는 암모니아, 탄산암모늄, 중탄산암모늄 등의 암모니아염이 사용된다. 암모니아는 자극적인 냄새가 강하나 그 양의 조절에 따라서 웨이브가 강도를 자유롭게 조절할 수 있고, 탄산염과의 함께 폭 넓게 사용되고 있다.

비휘발성 무기 알칼리로는 수산화나트륨, 수산화칼륨, 탄산나트륨 등 강한 알칼리제가 있다. 그 배합량은 티오글리콜산을 주성분으로 하는 퍼머넌트 웨이브제나 축모 교정제에는 티오글리콜산의 대응량 이하로 제한되어 있다.

표 4-2. 알칼리 종류

알칼리제	종류		장점	단점
유기 알칼리	에탄올 아민류	모노에탄올아민 디에탄올아민	냄새가 거의 없다	휘발성이 없어서 모발이나 손가락에 잔류함. 잘 헹구어주거나 중간린스가 필요함
	프로페놀 아민류	2-아미노-2-메틸-1프로페놀 2-아미노-2-메틸-1프로페놀 3-프로페놀아민 트리프로페놀아민		
	트리에탄올 아민류			
무기 알칼리	휘발성 무기알칼리	암모니아 탄산 암모늄, 중탄산암모늄	암모니아 비율에 따라 강, 약을 자유롭게 조정	암모니아 자극취가 강함
	비휘발성 무기알칼리	수산화나트륨(NaoH) 수산화칼륨(KoH) 탄산나트륨(Na_2CO_3)		

표 4-3. 알칼리제 종류에 따른 특징

알칼리제	사용하는 원료	특 징
암모니아	암모니아수	· 자극취가 강하다. · 휘발성이며 1제의 오버타임(over time)으로 인한 모발 손상과 피부에 대한 자극이 적다. · 강한 웨이브 형성효과를 낼 수 있다.
아민	모노에탄올아민 트리에탄올아민 디에탄올아민 이소프로판아올아민 등	· 모노에탄올아민을 가장 일반적으로 사용한다. · 자극취가 적다. · 불휘발성이며 모발과의 친화성, 잔류성이 높아 모발 손상과 피부에 대한 자극이 많다. · 강한 웨이브 형성효과를 낼 수 있다.
중성염	탄산수소암모늄 탄산수소나트륨 인산수소 암모늄 등	· 탄산수소암모늄을 가장 일반적으로 사용한다. · 자극취가 적다. · 오버타임 시 자극이 적다. · 웨이브 형성효과는 약한 편이다.

2) 제 2제(산화제)의 구성 성분

(1) 산화제

산화제는 웨이브를 고정시키기 위해서 사용되는 제2제의 주성분으로 역할은 제1제(환원제)로 환원 절단된 시스틴 결합을 원래의 상태로 되돌려 주기 위해 산화작용을 하는 것이다.

① 브롬산염

브롬산나트륨, 브롬산칼륨이 있으며, 백색의 결정성 분말로서 무취이다. 브롬산나트륨염이 용해도가 크기 때문에 주로 사용되며, pH는 6~7로서 중성이지만 보관 중에 점차로 pH가 낮아지는 경향이 있다.

분말상의 브롬산염과 가연성 물질이 섞이면 발화되어 화재의 위험이 있으며 특히 제1제가 혼합된 상태에서 건조되면 발화가 쉽기 때문에 보관에 주의해야 한다. 브롬산나트륨의 원료가 되는 브롬은 해수 중에 많이 포함되어 있어 공업적으로는 주로 암염에서 정제시켜 이를 원로로 하여 브롬산염으로 합성한 것이다.

② 과붕산나트륨

백색의 분말로서 무취이며 현재 많이 사용되지 않고 있다. 수용액은 알칼리성으로 보관 시 조금씩 산소를 방출하며 분해하기 때문에 장기간 보존할 경우 분말 상태로 있어야 한다.

③ 과산화수소(H_2O_2)

$$H_2O_2 \rightarrow H_2O + O$$

과산화수소를 분해하면 물(H_2O)과 산소(O_2)를 생성하며, 퍼머넌트 웨이브의 산화제로서 역할을 끝내면 물밖에 남지 않은 단순한 화합물이 된다.

산성에는 안정되고 알칼리에는 불안정하므로 pH가 낮게 설정되어 있고 햇빛이나 미량의 중금속에 쉽게 분해되기 때문에 주의가 필요하다.

또한 과산화수소는 강력한 산화력 이외에 표백작용이나 살균작용이 있어서 피부에 닿으면 화상을 입는 경우도 있다. 3% 수용액은 상처의 살균, 소독에 사용되고, 모발 염 · 탈색에 사용되는 농도는 6~10%, 서양에서는 9~12%까지도 사용하고 있다. 과산화수소를 제2제에 사용하는 경우는 빠르고 부드럽게 정착되어 웨이브의 감촉이 부드럽기 때문이다.

표 4-3. 산화제 구성성분

브롬산나트륨 = $NaBrO_3$	· 사용농도 5~10% · 산성 상태에서 활성화된다. · 모발에 브롬성분이 잔류한다.
과산화수소 = H_2O_2	· 사용농도 1~1.5% · 알칼리성 상태에서 활성화된다. · 산 린스와 혼합하여 보존이 가능하다.

3) 첨가제

(1) 침투제

약액의 침투를 좋게 하기 위해서 계면활성제가 사용된다. 계면활성제는 약액의 표면장력을 작게 하는 작용이 있고 분자 중에는 친수기와 친유기가 있다. 계면활성제가 물에 용해되어 이온성에 따라 음이온계면활성제, 비이온계면활성제, 양이온계면활성제, 양성계면활성제 등 4종류로 분류된다.

① 음이온 계면활성제

친유기 부분이 음이온성으로 해리되는 것으로 지방산 고급 알코올, 아황산에스텔, 인산에스텔, 구루타민산나트륨 등 종류가 다양하다. 기포력, 세정력이 우수하여 화장비누, 샴푸, 세제 등의 원료로 사용되고 있다.

② 양이온 계면활성제

친유기 부분이 양이온성으로 해리되는 것으로 제 4암모늄염이 사용된다. 침투제, 유화제, 전기 방지제, 살균제, 유연제 등으로도 사용되고 헤어트리트먼트제와 헤어 린스제, 헤어 컨디셔너 등의 원료로 사용되고 있다.

③ 양성계면활성제

양이온성과 음이온성의 두 기능을 한 개의 분자구조 내에 함께 갖고 있는 계면활성제로 산성에서는 양이온성, 알칼리에서는 음이온성의 계면활성제로 작용한다. 세정력이 적당하고 자극성이 적고 안전성이 높아서 살균작용과 피부나 눈에 대한 자극이 약하여 샴푸, 유아용 샴푸, 섬유처리제 등의 원료로 사용되고 있다.

④ 비이온계면활성제

이온으로 해리되지 않는 계면활성제로서 종류가 많다. 대표적인 것으로 고급지방산, 알코올, 폴리에틸렌글리콜, 에스텔, 지방산 디에탄올아미드 등이 있다. 물에 잘 녹는 것과 물에 잘 녹지 않은 것, 상온에서 액체인 것 등 여러 가지가 있다.

(2) 습윤제

피부나 모발의 적당한 수분 함유를 위해 첨가한 물질로 글리세린, 솔비톨, 프로필렌글리콜, 피롤리돈카르본산나트륨액 외에 히아루론산과 같은 바이오성분, 동식물 추출 성분 등에 있다. 이들은 모발의 손상 부위에 잘 흡착되는 성질이 있기 때문에 모발 보호를 위해서 사용되고 있다.

(3) 유화제, 가용화제

물에 녹지 않는 것이나 녹기 어려운 성분을 용해, 분산시키기 위해 사용하는 성분이 유화제, 가용화제로 피부나 모발을 보호하고 감촉을 좋게 하기위해 유지, 왁스 등의 성분이 첨가된다.

유화된 물질은 에멀젼(emulsion)이라 하고 유액상이나 크림상이 되지만 입자가 미세하게 되면 투명한 용액상이 변화되는데 이를 가용화라 하며 역시 계면활성제가 사용된다.

(4) 유성성분

모발에 유분, 영양을 공급하고 약제에서 보호하기 위해 첨가하는 성분으로 동 · 식물유, 왁스, 광물유, 피마자유, 면실유, 카카오류 등이 있다.

이러한 동 · 식물유에서 얻어지는 올레인산, 스테아린산, 에탄올, 스테아린알코올 등이 사용되고 있으며 동식물유의 대부분은 고급 지방산이나 고급 알코올 혹은 에스테르이다. 상어의 간유에서 얻어지는 스쿠알렌이나 수소가 추가된 스쿠알렌은 탄화수소이고 광물류에는 유동 파라핀, 세레신 등의 천연 탄화수소가 사용되었지만, 최근에는 합성 혹은 질이 개선된 탄화수소의 종류가 늘고 있으며 이들은 물에 녹지 않은 액상이다.

(5) 착색제

화장품이나 펌 제에 사용할 수 있는 색소로서 법정 색소라고도 하며 착색제는 햇빛, 열, 산, 알칼리 산화제, 환원제 등의 약품에 약한 것이 많고 퍼머넌트제의 제1제나 제2제 등은 강한 환원제나 산화제를 포함하기 때문에 안정된 색소는 한정되어지고 변색과 퇴색되는 색소가 많이 있다. 특히 직사광선이나 온도가 높은 장소에서는 색이 변화되기 쉽다.

(6) 향 료

천연의 향료로는 식물의 꽃, 잎 등에서 얻어지는 정유와 동물의 분비물을 사용하고 천연의 향료에 가깝게 배합해서 사용되고 있다.

(7) 금속봉쇄제

티오글리콜산이나 시스테인, 과산화수소 등은 철, 구리, 약간의 금속이 들어가도 안전성이 나빠진다. 미량의 금속이라도 결합시키는 금속봉쇄제를 안정제로 첨가한다.

금속봉쇄제 작용을 하는 성분에는 에데도산염이나 구연산, 인산 등이 있다. 피부의 염증을 막는 목적으로 함영증제를 첨가하는 것도 있다.

(8) 첨가물

최근 펌 제의 첨가물에는 호박, 인삼, 헤나, 오이, 오징어, 올리브, 검은콩, 녹차, 아주까리, 허브, 다시마, 클로렐라, 검은깨, 쑥, 참숯, 석류 등을 사용한다.

표 4-4. 펌 용제의 구성성분들

	제1제	제2제
환원제	티오글리콜산 암모늄염, 모노에타놀아민염, 나트륨염, 티오글리콜산 에타놀아민, L-시스테인, L-시스테인 인산염, DL-시스테인	
산화제		취소산나트륨, 취소산칼륨, 과산화수소, 과붕산나트륨
알칼리제	휘발성 무기알칼리→암모니아, 탄산암모늄, 중탄산암모늄, 암모니아염 불휘발성 무기알칼리→수산화나트륨, 수산화칼륨, 탄산나트륨 유기알칼리→엘카놀아민, 프로페놀아민, 알라닌 등	
pH조정제	알칼리제	구연산, 구연산 나트륨
안정제	에데도산염, 구연산, 린산	에데도산, 인산
유화제	양이온, 음이온, 양쪽성, 비이온성 계면활성제	
보습제	글리세린, 프로필렌글리콜, 폴리올, 아미노산, 무기염, 전산염, 하이루론산염, 콘도로이친, 황산염	
유성성분	올리브유, 아몬드유, 야자유, 피마자유, 로즈힙오일, 스쿠알란, 밍크오일, 유동파라핀, 바셀린	
착색제	수용성염료, 유용성염료, 무기안료, 유기안료 등 법정색소	
향료 및 기타	화학합성 향료, 항염증제, 방부제, 코팅제 등	

3. 모질과 퍼머넌트 약제

모질	퍼머넌트 약제
펌이 잘 안나오는 모발 (virgin hair, 경모 등)	pH 9.0~9.6의 티오글리콜산을 성분으로 하는 약제를 사용, 강한 웨이브가 형성됨
보통모발	pH 7.5~9.0의 티오글리콜산을 성분으로 하는 약제를 사용, 웨이브 형성이 약함
펌이 잘 나오는 모발 (연모, 손상모 등)	시스테인을 주성분으로 하는 약제를 사용, 웨이브 형성은 약함
극 손상모발	pH 4.5~7.0 미만의 티오글리콜산을 주성분으로 하는 약제사용, 웨이브가 약함

4. 스트레이트(straight) 펌제

1) 스트레이트의 종류와 원리

스트레이트 펌 은 컬이나 웨이브를 적게 또는 완전히 없애주는 방법으로 퍼머넌트 웨이브가 강한 경우나 곱슬이 심한 경우, 찰랑거리는 직모를 원할 경우 스트레이트 펌 을 하게 된다. 일반적인 모발의 웨이브 펌 이나 스트레이트 펌은 쉽게 할 수 있으나 곱슬머리의 스트레이트 퍼머 시술하는 데 많은 어려움이 있다. 그러므로 펌 시술 전에 곱슬머리의 특징을 먼저 파악한다.

2) 일반적인 스트레이트 펌제

암모니아, 치오글리콜산을 함유한 알칼리 펌 제를 사용한다.

(1) 조제 스트레이트 펌제

영양가루+알칼리 티오글리콜산 펌 제 혼합

주의할 사항은 밀가루 혼합은 시간이 지나면서 굳어지는 성질이 있으므로 매끄럽게 빗질이 되도록 걸죽하게 혼합하고 필요 이상의 텐션이 가해지지 않도록 한다(손상모에 사용 시 특히 조심해야 한다). 영양가루가가 마를 때까지 방치시간을 두면 모발이 손상될 수 있으므로 시간을 잘 조절해야 한다.

또한, 대부분의 스트레이트 펌은 1제 도포 후 캡을 씌우지 않으므로 펌 제의 알칼리 성분은 휘발성이 암모니아보다는 비 휘발성인 모노에탄올계의 펌제를 사용한다.

(2) 제품 스트레이트 크림제

일반적인 스트레이트 펌 제로 점도와 부착력 때문에 사용하기 편리하게 되어있다. 주의할 사항으로는 제조회사의 지시에 따라 방치시간을 잘 지키고 마지막 헹굼은 깨끗하게 씻어내 주어야 모발에 손상이 없다.

(3) 스트레이트용 특수 크림제

수산화나트륨을 함유한 제품으로 pH는 10~14 정도로 모발의 상태와 특성에 따라 펌 진행 시간을 결정한다. 펌, 염색모발인 경우에는 시술 전에 모발의 손상을 막기 위해서 모발 테스트를 하는 것이 무엇보다 중요하다.

피부와 두피에 보호용 크림을 헤어라인 주변에 발라주고 스트레이트 퍼머넌트 후에는 반드시 산성린스나 트리트먼트를 사용하여 모발의 등전점을 회복시켜 준다.

5. 여러 종류의 펌제

웨이브용제 기준에 따라 펌 제를 만드는 제조회사에 따른 제품들이 그동안 많이 출시되어 왔다. 펌 제에 있어서 모발과 시술에 맞게 용도와 사용방법이 달라질 수 있으며 시대적 변화와 욕구에 의한 업그레이드 된 다양한 제품들이 지속적으로 출시되고 있으며 현재의 펌 제로서는 다음과 같다.

1) 일반적인 펌제

(1) 티오글리콜산 염류

- 티(치)오타입의 펌 제로 주로 건강모에 사용한다.
- 황토 펌 웨이브로션, 무취 웨이브로션, 라스틴 치오시스, 프리미엄 아쿠아 웨이브로션, 퍼펙트퓨전 아로마 실키 플러스 펌, 바이오 무취 파마액, SS 웨이브로션, 루트 펌 등.

(2) 시스테인류

- 주로 손상모에 사용되어지는 펌제이다.
- 그린니스 야채 시스테인 파마로션, 엘바 클라시코 씨리얼 시스테인 퍼머넌트 웨이브로션, 스텔스 CY, 맵시나 레티놀 시스테인 웨이브로션, 현대 멋들 야채 시스테인, 케라틴 시스테인, 아로마 시스테인, 엘라스틱 시스테인 웨이브로션, LPP(엘피피) 시스테인 등.

2) 특수 펌제

(1) 아이론 펌제

- 모발을 잡아당겨 연화도를 체크하고 1액을 헹구어낸 후 아이론 작업을 한다.
- 뚜라비 클리닉 아이론펌, 피톤테라피 퀵 아이론 웰빙 펌, 그로스 클리닉 아이론 펌, 쎄라펌 2001 아이론 스트레이트 크림, 요거트 아이론 랩 등.

(2) 세팅 펌제, 디지털 펌제

- 전기 세팅기의 고열을 이용하여 자연스런 웨이브를 만들어 주며 굵고 탄력 있는 웨이브 스타일로 주로 롱 헤어에 사용된다.
- 히트 액티브 멀티 웨이브 솔루션 등.

(3) 직펌, 옥 펌, 멀티 펌제

- 빠른 연화와 탄력 있는 컬을 원할 때 연화하지 않고 열 펌을 바로 시술할 수 있는 펌제이다.
- 웰빙 단백질 멀티 펌, 스피드 앤 볼륨 업 펌, 멀티 아세틸 시스테인, 프로 멀티 펌 등.

(4) 텍스처 펌 제

- 뚜렷한 펌 질감을 원할 때 사용된다.
- 웰빙 스피드 텍스처 펌, 스타세라 실크 텍스처 펌 등.

(5) 볼륨 업 펌제

- 풍성한 볼륨을 원할 때 사용된다.
- 스피드 앤 볼륨 업 펌, E 간편한 볼륨 매직 등.

(6) 스트레이트 펌제

- 약간의 웨이브와 매끈한 직모를 원할 때 사용된다.
- 콤비네이션 다이렉트 pH 7.5, 로얄 스트레이트 크림 등.

(7) 매직 스트레이트 펌제

- 윤기있고, 찰랑거리는 직모를 원할 때 사용된다.
- 럭셔리 엑스트라 볼륨 업 매직스트레이트 크림, 럭셔리 웰빙 플러스 이온 실크 단백질 매직 스트레이트(손상모), 칼라 웰빙 매직 스트레이트 크림, 스트레이트 스윙라인, 실바 헤나 매직 스트레이트.

(8) 1욕식 펌제

- 중화제 없이 수분 속 산소가 완성하는 펌 제이다.
- 이지펌 프로페셔널 웨이브 등.

(9) 산성 펌제

- 손상 요인 물질인 알칼리를 함유하지 않아 간충 물질의 유출을 막아주고 또한 세라마이드 물질이 모발을 보수하고 손상된 큐티클을 탄력 있고 건강하게 가꾸어줌으로써 손상모, 염색모, 블리치모에 사용하면 부드러운 컬을 얻을 수 있다.
- 마이스 세라 미드 웜 pH 6 등.

(10) 중성 펌제

- 미 알칼리로 모발에 부드럽게 작용하여 간충 물질의 유출을 막아주고 또한 세라마이드 물질이 모발을 보수해주며 손상된 큐티클을 보다 건강하게 가꾸어 줌으로써 탄력 있고 윤기 있는 웨이브를 얻을 수 있다. 건강모와 손상모 등에 사용할 수 있다.
- 마이스 세라 미드 웜 pH 7 등.

(11) 무 알칼리 펌제

- 무향이며 알칼리제가 함유되지 않은 신 개념의 시스테인으로 손상을 막아주는 제품이다.
- 넥스트 펌 제 등.

(12) 콜라겐 펌제

- 단백질 펌제와 같다.
- 스타일W, 큐닉 등이 있다.

제 5장 퍼머넌트 시술과정

제 5장 퍼머넌트 시술과정

1. 퍼머넌트 시술에 필요한 준비물

1) 펌 시술에 필요한 도구 및 제품

(1) 고객 가운

퍼머넌트에 사용되는 제품 등이나 염 · 탈색제 등 여러 가지 시술로부터 고객의 의류나 피부에 영향을 미치는 것을 방지.

(2) 타올(towel)

면 소재의 것을 사용하는 것이 좋고, 탈색이나 변색이 되지 않는 1~2가지의 색상으로 대 · 중 · 소 타올을 갖추는 것이 편리하다.

(3) 약액 및 시술도구

① 로드(rod) : 일반로드와 특수로드

② 퍼머넌트(permanent)용제 : 1제와 2제, 기타

③ 시술 장갑 : 시술자의 손을 화학제품으로부터 보호하기 위해 사용한다.

④ 꼬리빗(rat tail comb) : 주로 와인딩 할 때 사용한다. 재질은 부드럽고, 표면이 매끈해야 하며, 빗살이 고른 것이 좋다. 꼬리빗 끝이 너무 뾰족하거나 날카로운 것의 사용은 두피를 상하게 하며 자극 할 수 있다.

⑤ 고무줄(replacement rubber) : 와인딩 된 로드를 두피에 고정시키는 역할을 한다.

⑥ 엔드 페이퍼(end Paper) : 와인딩하기 쉽게 해주며, 모발에 환원제가 지나치게 흡수되어 모발의 손상을 초래하는 것을 방지하는 역할을 한다.

⑦ 비닐 캡(vinyl cap) : 펌 1제의 도포가 끝나면 비닐캡을 씌워 환원제의 작용을 촉진시켜준다.

⑧ 스틱(stick), 타이머(timer), 헤어밴드(hair band), 핀셋, 핀컬핀, 탈지면, 헤어샴푸, 린스, 어깨보, 도끼빗이나 브러시, 헤어드라이기, 드라이롤, 헤어 스티머기, 퍼머 이동식 정리대(wagon), 어프리케이터(applycator), 히팅캡, 중화제 받침대, 그 밖의 열펌기구 등.

2) 펌 시술에 필요한 기구 및 제품

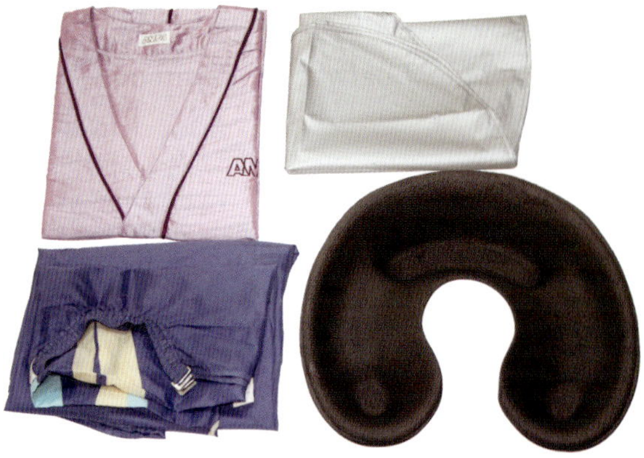

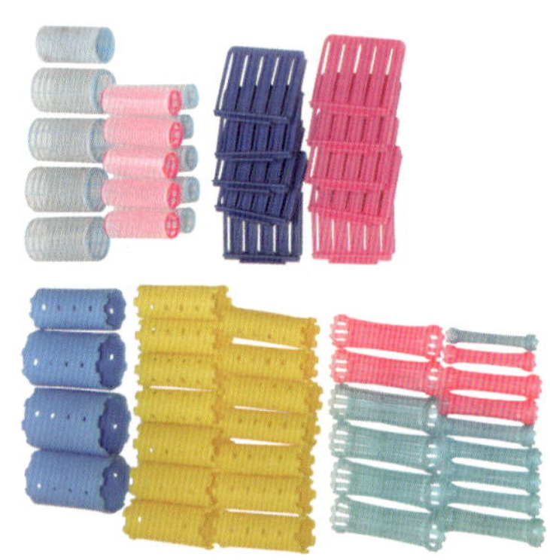

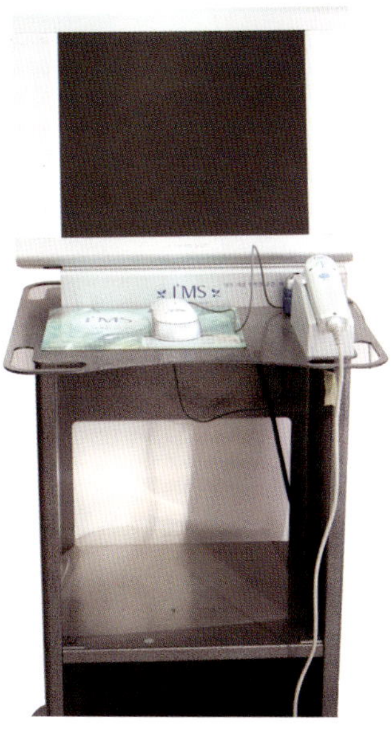
모발진단기

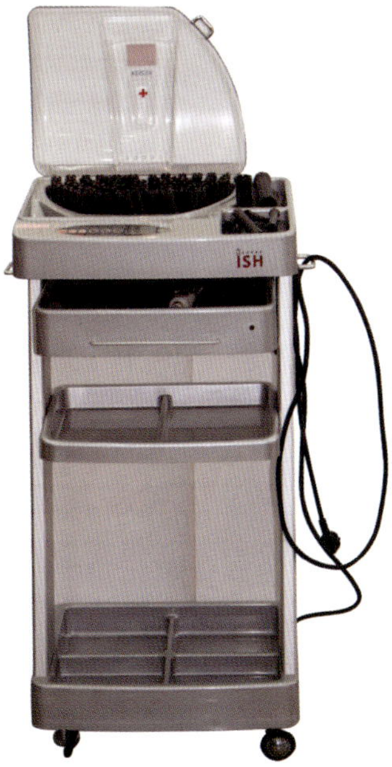
레스큐히트컬 펌

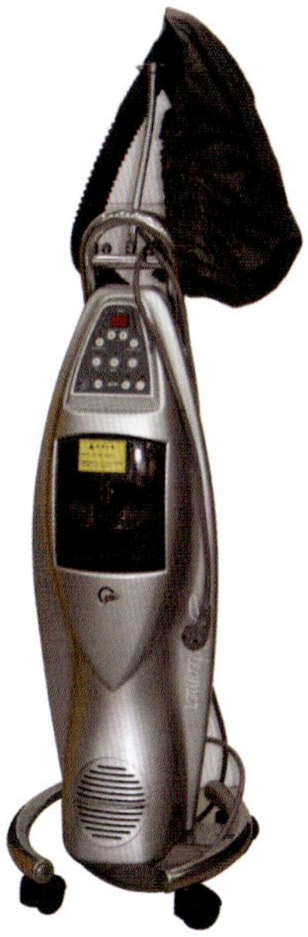
미스트기

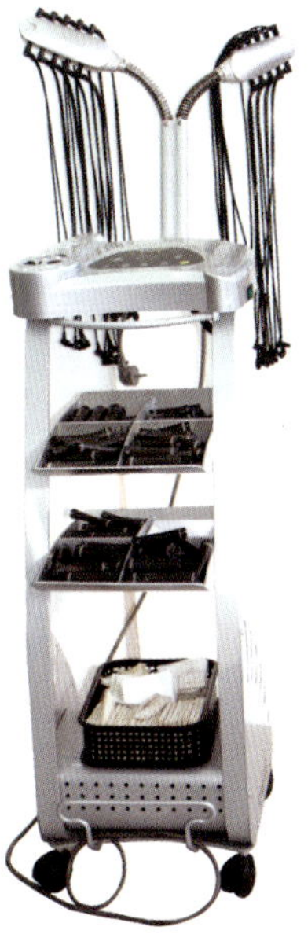
디지털 펌

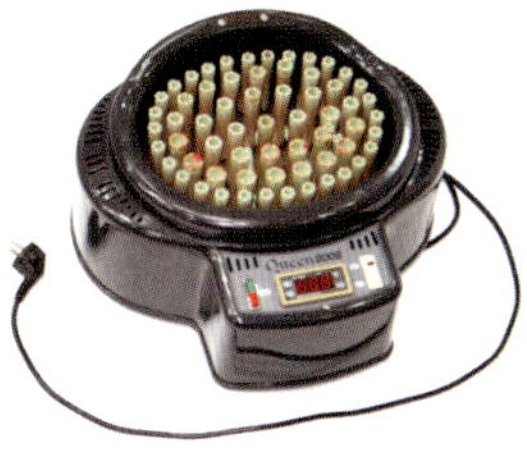
옥 펌

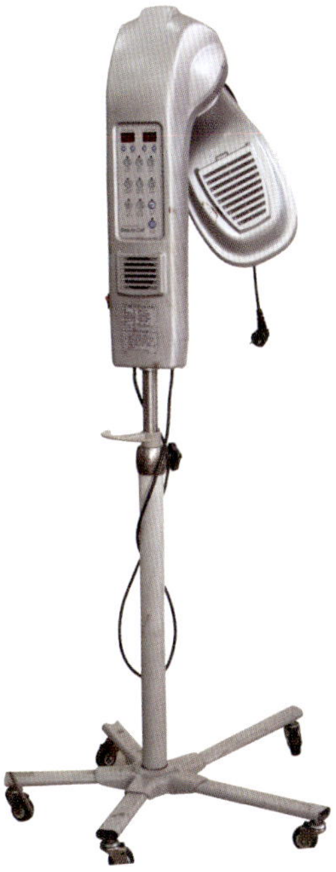
열기구

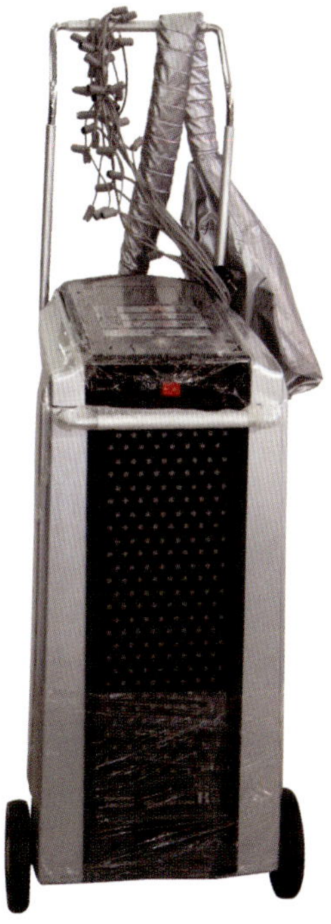
에너지 진동 펌

쭈 펌

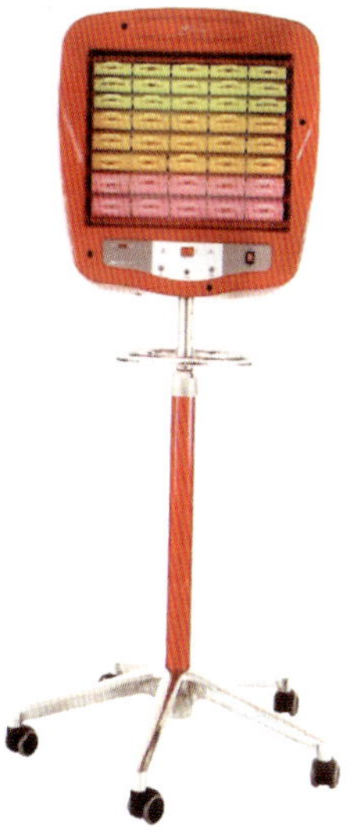
핫 클립 펌

세팅 펌

2. 퍼머넌트 시술 전 준비과정

1) 모발 및 두피진단

(1) 상 담

고객과의 상담을 통해 스타일을 결정하기에 앞서 가장 중요한 것은 모발 및 두피의 진단이다. 펌을 시술하기 전에 두피 및 모발진단이 이루어져야 그 모발상태에 맞는 헤어클리닉과 펌 제 및 로드의 선정이 이루어진다.

(2) 두피진단

두피의 상처, 염증, 질환의 유무를 정확히 파악하여 시술 여부를 판단하는 작업으로 피지의 상태, 비듬의 여부 등을 확인하고 두피에 염증, 상처가 있을 때는 두피의 상태가 호전될 때까지 시술을 해서는 안 된다. 특히 퍼머넌트 시술 전 샴푸 시에는 약알칼리샴푸로 두피에 상처가 생기지 않도록 세정해주고, 출산 전후나 질병 후에는 시술을 피하도록 권유한다.

(3) 모발진단

모발의 상태를 꼭 확인해야 하는데 시진, 문진, 촉진, 또는 모발진단기 등을 통해 모발의 굵기, 손상 여부, 모질, 탄력성, 밀도, 길이 등을 파악한 다음 모발에 맞는 퍼머넌트 용제 및 로드를 선택하여야 원하는 웨이브를 얻을 수 있다.

모발진단방법으로는

① 시진 : 눈으로 모발 상태나 두피를 파악한다.

② 촉진 : 손으로 모발결을 분석한다.

③ 문진 : 이전에 했던 펌 방법이나 염색 시기등 클리닉 상태나 홈케어 내용들을 묻는다.

④ 모발진단기 : 두피와 모발 손상도를 체크한다.

고객 펌 디자인 카드(perm design card)

<table>
<tr><td colspan="2">이름 :</td><td colspan="3">연락처 :</td></tr>
<tr><td colspan="5">주소 :</td></tr>
<tr><td colspan="5">헤어분류(description)</td></tr>
<tr><td>길이(Length)</td><td>질감(Texture)</td><td colspan="2">타입(Type)</td><td>흡습성(porosity)</td></tr>
<tr><td>□짧다</td><td>□굵다(coarse)</td><td>□보통모(nomal)</td><td>□손상모</td><td>□약간</td></tr>
<tr><td>□중간</td><td>□보통(nomal)</td><td>□발수성모</td><td>□다공성모</td><td>□거의 없음</td></tr>
<tr><td>□길다</td><td>□가늘다(fine)</td><td>□ 염색모</td><td></td><td></td></tr>
<tr><td></td><td></td><td>□블리치모(bleach)</td><td></td><td></td></tr>
<tr><td colspan="5">헤어상태(hair condition)</td></tr>
<tr><td colspan="2">□건강</td><td colspan="2">□보통</td><td>□손상</td></tr>
<tr><td colspan="5">두피상태(scalp condition)</td></tr>
<tr><td>□민감성 (sensitive)</td><td>□건성(dry)</td><td>□정상(plain)</td><td>□지성(oily)</td><td>□비듬 (dandruff)</td></tr>
<tr><td colspan="3">기존의 염색 정도 (tinted) :</td><td colspan="2">펌종류 : □ 유화펌 □ 직열펌 □ 일반펌</td></tr>
<tr><td colspan="5">사용된 로드 크기 (rod)</td></tr>
<tr><td colspan="2">사용된 펌 제(lotion)</td><td colspan="3">웨이브 형태(type of perm), 스트레이트(straight)</td></tr>
<tr><td colspan="2">□알칼리(alkali)</td><td colspan="2">□굵은 웨이브</td><td>□곱슬모</td></tr>
<tr><td colspan="2">□산성(acid)</td><td colspan="2">□가는 웨이브</td><td>□일반 웨이브모</td></tr>
<tr><td colspan="5">결과 : □ 좋음 □ 강함 □ 느슨함 □ 보통 □기타</td></tr>
<tr><td>날짜</td><td colspan="2">사용제품</td><td colspan="2">시술자</td></tr>
</table>

2) 모발의 상태

(1) 모발의 손상여부

① 다공성모

다공성모란 모피질 층에 있는 간충 물질(matrix)이 유출되면서 모발 내부에 생긴 빈 공간으로 인해 샴푸 시술 전 건조한 상태에서 스트랜드(strand)를 작게 잡아 빗으로 빗은 다음 엄지와 검지 손가락으로 모발 끝을 빠지지 않게 꼭 잡고 다른 손의 손가락으로 모발 끝에서 두피쪽으로 향해 밀어나간다. 이때 밀려서 일어나는 모발의 양이 많을수록 다공성의 정도가 큰 모발이며 자연 탈색된 모발도 약간의 다공성모라고 할 수 있다.

다공성모는 펌 제를 흡수하는 속도에 따라 그 정도를 결정짓는데, 다공성의 정도에 따라 펌 제의 종류, 방치 시간 등을 결정한다. 모발의 다공성 정도가 클수록 진행 시간이 짧아져야하며 염색모, 탈색모, 자연스럽게 변색된 모발, 펌을 자주할 경우에 볼 수 있다. 모발이 다공성 정도가 클수록 펌의 진행 시간을 짧게 보고 보다 순한 시스테인계의 펌 제를 사용해야 모발의 손상이 적다.

② 저항성모

퍼머넌트 약액의 흡수력이 아주 적어 펌의 진행시간을 길게 두어야 한다. 저항성모의 펌 시술 시 전처리 방법으로 연화를 하거나 강한 티오글리콜산을 사용하여 시술하면 웨이브의 효과가 높아진다. 진단방법은 물을 묻혔을 때 물이 스며들지 않고 방울져 있거나 흘러내리는 것은 발수성의 모발이고 모발을 적신 후 모발로부터 물이 떨어지는 정도가 클수록 저항성모라고 볼 수 있다.

퍼머넌트 시술시 먼저 환원제를 도포하고 약 5~10분간 헤어 스티머나 히팅캡을 씌운 후 시술하면 웨이브의 효과가 높아진다.

(2) 모발의 질

모발의 질은 펌의 진행시간을 결정짓는 요소로 모발의 감촉과 직경으로 구분되는데 크게 건강모, 손상모(다공성모), 발수성모, 흡수성모, 굵은모, 가는모 등으로 나눌 수가 있다.

일반적으로 가는 모발이 굵은 모발보다 용액의 흡수속도가 빠르다. 또한 건강모이면서도 발수성모, 굵은 모발인 경우는 펌의 시술이 힘든 모질로 pH가 높은 1제를 선택하는 것이 좋으며 염색 또는 탈색모이면서 흡수성모이고 모발이 가는 경우는 웨이브 시술 시 pH가 낮은 1제를 선택해야 한다.

다공성이 심한 굵은 모발의 경우는 정상상태의 가는 모발보다 1제의 진행시간이 빨라진다. 손상도, 모발의 질에 따라 펌 제의 선정이 달라져야 하며 헤어트리트먼트를 해주면 효과적이다. 같은 약제를 사용하여도 짧은 시간 내에 팽윤, 연화되지 않는 모발이 있다.

(3) 모발의 밀도

모발의 수와 직경이 굵은 경우 슬라이스(slice) 폭을 크게 하고 로드의 직경을 큰 것으로 사용하여 와인딩 한다. 또는 슬라이스 폭을 작게하고 로드는 큰 것으로 사용할 수 있다. 모발이 가늘고 머리숱이 없을 때는 적당한 로드로 너무 큰 슬라이스를 뜨지 않는 것이 좋다.

(4) 모발의 탄력성

일정한 힘에 의해 늘어났다가 다시 원래대로 돌아가는 성질을 탄력성이라 한다. 탄력성이 좋을수록 오랫동안 웨이브를 지속시킬 수 있으며 탄력성이 적은 모발은 다소 직경이 작은 로드를 사용하는 것이 좋다. 그리고 다공성모는 탄력이 저하되어 웨이브가 빨리 풀어진다. 모발의 탄력성에 일시적으로 영향을 끼치는 경우는 습도와 기후, 샴푸제, 헤어스프레이 등 모발제품의 사용량 등이 있다.

3. 시술 단계

1) 사전처리

(1) 시술 전 샴푸(pre-shampooing)

펌 제를 도포했을 때 두피가 자극되는 것을 막기 위해 강한 브러싱이나 지나친 샴푸마사지는 피하며, 모발표면에 부착되어 있는 먼지, 헤어스프레이, 무스 등 모발 제품의 잔여물, 오일류와 같은 발수성유분을 제거시키기 위해 가볍게 씻어낸다.

일반적으로 퍼머넌트를 시술하기 위해서는 약알칼리성의 샴푸제를 사용하는데 강한 알칼리성 샴푸제나 산성 샴푸제는 펌 제의 pH를 높이거나 반대로 저하시켜 웨이브 형성에 영향을 미치기 때문이다.

세정력이 강한 샴푸제는 건성비듬과 모발손상의 원인이 되며, 펌 제가 강하게 작용해서 강한 컬을 형성하는 원인이 된다. 또한 두피와 모발이 더러워져 있지 않을 경우 샴푸제 대신 따뜻한 물에 모발을 깨끗이 헹구어내는 것이 좋다.

(2) 모발의 건조(towel drying)

샴푸한 후 모발에 수분이 너무 많이 남아있는 상태에서 시술 하게 되면, 환원제가 희석되어 웨이브 형성에 영향을 미치므로 타올로 모발과 두피의 수분을 닦아내는 것을 타올드라잉(towel drying)이라고 한다.

(3) 헤어 세이핑(hair shaping)

퍼머넌트 시술 전 모질을 고려하여 약간의 테이퍼링(tapering), 블런트(blunt) 커트 등의 방법을 사용하는데 모질이 굵은 경우 탄력 있고 강한 컬을 형성하기 위해 모발 끝을 커트한다. 이때 지나친 테이퍼링은 와인딩하기 어려우며 모발 끝이 지나치게 곱슬거리게 될 수 있으며, 모질이 가늘고 모발의 밀도가 적은 사람에게는 삼가는 것이 좋다. 또한 모발의 숱이 없고 푸석거리는 경우는 마른상태에서 가위를 이용하여 블런트 커트 방법으로 형을 만들어 주는 것이 효과적이다. 주의사항으로 슬리더링(slithering), 테이퍼링하게 되면 모표피에 손상을 입히는 원인이 되므로 퍼머넌트 시술 후에 행하는 것이 좋다.

(4) 전처리

① 전처리제

개인의 모발 상태를 진단하여 펌 1제 도포하기 전 전처리를 하여 모발이 손상되는 것을 막거나 원하는 컬의 형성을 위해 즉 웨이브가 균일하게 나올 수 있도록 모질을 개선해 주는 역할을 한다.

웨이브 형성력을 약화시키는 요인들은 샴푸제로 제거되지 않는 더러움, 모발에 부착된 금속, 금속성염모제 등이 있는데 이들을 전처리로서 제거하는 것이 좋다. 또한 손상 모발은 퍼머넌트 시술 전에 모발 및 두피 트리트먼트(hair& scalp treatment) 등으로 전처리하여 모발의 손상을 방지하도록 준비한 후 시술해야 한다.

㉠ 헤어트리트먼트 크림의 도포

건조모발이나 손상모발 특히 염색이나 탈색모발에 헤어트리트먼트 크림을 도포하면서 가볍게 마사지한 후 헤어스티머(steamer), 적외선, 스팀타올 등으로 따뜻하게 하여 충분한 흡수를 도운 다음 와인딩한다. 중간손상모발에는 모발끝부분에 수분을 30~40% 분무하고 트리트먼트 크림을 소량도포한 후 샴푸하지 않고 5~10분 후에 와인딩을 시작한다. 전체적으로 모질을 균일화시켜 탄력 있는 웨이브를 얻을 수 있는 방법이기도 하다.

㉡ PPT 제품의 도포

다공성 모발일 경우 경단백질을 분해하여 만든 PPT용액을 흡수시켜 퍼머넌트 웨이브 시술 후 모발의 손상을 덜 하게 해주면서 탄력 있는 웨이브를 얻도록 해준다.

㉢ 특수 활성제의 도포

저항성 모발, 발수성모발, 경모, 버진 헤어는 모표피에 지방성분이 많고 모표피가 밀착되어 있어 틈새가 거의 없기 때문에 수분을 밀어내는 성향이 있으므로 퍼머넌트 웨이브제의 흡수력도 매우 낮다. 이런 모발에 특수활성제를 도포함으로써 퍼머넌트 웨이브제의 흡수를 돕고 웨이브의 형성 또한 용이하게 한다.

특수 활성제나 1제를 모발에 도포하여 가온처리 후 헹궈낸다. 특수 활성제나 1제를 도포함으로써 펌 제의 흡수를 돕고 웨이브 형성을 용이하게 한다.

② 전처리제의 종류

㉠ PPT의 종류

폴리펩타이드(polypeptide)의 약자. 다수의 아미노산 결합체를 말하며 모발의 주성분은 약 20종류의 아미노산이 결합된 케라틴 PPT 단백질로 되어있다(약 90%).

- 케라틴 PPT : 모발의 주요 구성 성분인 케라틴과 비슷한 조성을 가지며 시스틴을 다량 함유하고 있어서 모발손상에 효과적이다.
- 콜라겐 PPT : 피부의 신진대사 활성화 및 보습력 유지에 탁월한 효과를 준다. 또한 모발의 탈모, 흰머리 등을 억제해 주어 건강하고 탄력 있는 모발로 가꾸어 준다.
- 실크 PPT : 글리신, 알라닌, 세린의 성분을 많이 함유하고 있다. 흡수성이 적은 성질을 지녀 수분을 포함하지 않은 상태로 매끈한 감을 준다. 케라틴 PPT, 콜라겐 PPT가 저분자적인 것에 반해 고분자 형태로 모발의 표면에 주로 작용하여 후처리제로 많이 사용된다.
- LPP : Low size Polypeptide의 약자. PPT보다 작은 크기의 천연복합아미노산, 모발과 같은 아미노산 성분에서 만들어져 손상된 모발에 간충 물질을 공급하여 자연스럽고 건강한 모발로 회복시켜 준다. 입자가 작아서 침투력이 높다.
- 세라마이드(ceramide) : 각질층 세포 사이의 결합력을 높여주고 수분의 증발을 억제하는 작용을 하는 세포간 지질의 약 50%를 차지하는 자연성분이다. 세라마이드는 서

클리닉 퍼머의 시술 순서

샴푸 후 타월드라이-전처리제를 도포-1제 도포-와인딩-중간 세정(pH조절제 도포)-2제 도포-샴푸-후처리제-마무리

로 결합하는 성질을 있으며 두 겹의 캡슐형상으로 수분과 영양분을 흡수하여 모발의 피질에 빠르게 침투하고 외부로 빠져나가지 못하도록 한다. 또한 간충 물질의 역할을 하여 펌에 필요한 시스틴 결합이 고르게 이루어지도록 한다.

- 아로마 에센셜 오일(aroma-essential oil) : 세포 재생, 정화작용과 면역력을 높여주는 기능을 하는 페퍼민트, 라벤더 등을 사용한다. 라벤더(lavender) 추출부위는 꽃과 잎이며 세포 성장촉진에 좋고 원액 사용이 가능하다. 페퍼민트(peppermint) 추출부위는 잎이며 지성피부, 모발에 사용한다.
- pH 조절제 : 역할은 1제를 도포한 후에 바로 2제를 도포하게 되면 웨이브 형성력이 떨어지거나 모발에 알칼리가 잔류하는 등 두피나 모발에 부작용을 일으킬 수 있다. 이때 1제 도포 후에 2제의 효과를 높이기 위한 것으로 pH조절제가 사용된다.
  특징으로는 알칼리화 된 모발을 등전점으로 돌려주고 잔류 알칼리와 금속 성분을 제거한다.

2) 전처리 과정에서 고려할 사항

고객과의 상담을 통해 체크해야 할 몇 가지 사항을 알아본다.

(1) 여성인 경우는 생리일을 물어본다.

여성의 생리시기가 되면 피지분비를 촉진하는 황체호르몬이 증가하므로 일시적으로 지성으로 될 수 있다. 보통 때보다 두피에 많은 피지가 분비되므로 민감하게 되어 펌 제에 의하여 부작용이 나기 쉽고 펌이 잘 나오지 않는다.

(2) 출산으로 인해 탈모가 심할 때

여성이 임신을 하게 되면 여성호르몬의 영향으로 휴지기 모발의 비율이 감소하게 되어 평상시보다 모발이 적게 빠지지만 출산 후에는 많은 수의 모발이 한꺼번에 휴지기 상태로 들어가 2~3개월 이내에 머리카락이 많이 빠지게 된다. 이 탈모현상은 1~6개월이 지속되기도 하지만 대부분의 경우는 완전하게 회복 된다. 그러므로 출산 후 2~3개월 동안은 펌 시술을 하지 않는 것이 좋다.

(3) 원형 탈모증이 있는 경우

원형으로 빠진 부위를 제외한 곳에 염증이나 혹은 다른 증상을 찾아 볼 수 없다면 펌 시술을 해도 별 이상이 없다. 그러나 펌을 하고 나서 더욱 원형탈모가 심해질 경우 펌으로 인해 더욱 악화되었다고 생각을 하기 때문에 이런 경우는 되도록 시술하지 않는 것이 좋다.

(4) 모발이 너무 손상된 경우

너무 잦은 염색과 탈색을 한 모발은 손상이 되어 모피질의 케라틴이 거의 파괴되어서 알칼리에 대한 저항력이 없어지고 펌 시술 시 웨이브의 형성이 어렵다.

펌 시술을 원하는 경우 모발에 헤어트리트먼트로 전처리를 하고 pH가 가장 낮은 시스테인 계통의 펌 제를 선택하여 시술하는 것이 좋다.

(5) 펌과 동시에 염색을 하는 경우

고객이 하루에 염색과 펌 2가지 동시에 시술하기를 원하는 경우 펌을 하고 나서 염색을 시술하는 것이 좋다. 염색을 하고 나서 펌 시술하게 되면 환원제인 1제에 의해 모발 색이 퇴색되기 때문이다. 그래서 가장 좋은 방법은 펌을 하고 나서 일주일쯤에 뒤에 염색을 하는 것이 가장 좋지만 하루에 두 가지를 시술할 경우에는 두피와 모발보호를 위해 헤어트리트먼트를 충분히 한 다음에 시술하는 것이 바람직하다.

(6) 접촉성 피부염의 경우

펌 제의 자극으로 인해 짧은 시간 내 피부에 반응이 붉게 되거나 두드러기 같은 것이 나타나는 경우가 있다. 펌 시술시 고객이 두피가 후끈거리거나 따갑다고 하면 두피를 주의하여 살펴보고 접촉성 피부염일 경우는 빨리 물로 펌 제를 씻어내고 의사에게 진찰을 받는 것이 좋다. 또한 사전에 패치테스트(patch test)를 하여 피부에 따른 부작용의 유무를 확인 한다.

(7) 두피에 염증이나 상처가 있는 경우

그 원인을 물어 보고 가급적 상처가 완치될 때까지는 펌 시술을 하지 않는 것이 좋다.

3) 본 처리

(1) 퍼머넌트 용제 선택

건강모, 경모는 pH 7.5~9.6의 티오글리콜산의 주성분으로 하는 퍼머넌트 웨이브 용제를 사용한다. 손상모, 연모는 시스테인과 티오글리콜산을 번갈아 가며 사용할 수 있다. 심한 손상모는 pH 6~7의 산성 퍼머넨트 웨이브 용제를 사용한다.

표 5-1. 모질과 퍼머넌트 웨이브제의 선택

모질	퍼머넌트 웨이브제
웨이브형성이 어려운 모발 (강모, 경모 등)	pH 9.0~9.6의 티(치)오글리콜산을 주성분으로 하는 펌제 사용
보통모	pH 7.5~9.0 미만의 티오글리콜산을 주성분으로 하는 중성에서 약 알칼리성의 펌제 사용
웨이브형성이 쉬운 모발 (손상모, 연모)	시스테인을 주성분으로 하는 퍼머넌트 웨이브제를 주로 사용하고, 펌 시술을 많이 하는 고객에게는 티오글리콜산의 주성분으로 하는 손상모용 펌제를 번갈아 사용
강한 손상모	pH 5~7.0 미만의 티오글리콜산을 주성분으로 하는 산성 펌제를 사용하며, 웨이브 형성력은 약함

(2) 방치시간과 열처리, 테스트컬

① 방치시간(processing time)

1제 도포 시 펌 디자인에 따라서 약제의 양을 조절하여 도포해야 한다. 커트머리의 네이프(nape)나 사이드(side)머리는 1제의 양으로 조절하면서 그 디자인에 맞게 빨리 진행시켜야 한다.

퍼머넌트란 모발과 펌 제와의 화학반응에 의해 이루어지는 것으로 온도의 영향이 매우 크다. 환원제의 작용시간을 길게 방치해두거나(over time), 공기 중에 노출되면 시스테인이 믹스 설파이드로 될 우려가 있고 재결합이 잘 안되어 결과적으로 모발의 손상만 초래하게 된다.

방치시간은 모발의 성질과 상태, 사용된 펌 제의 종류, 와인딩 시 실내온도와 사람의 체온에 따라 다르지만 평균적으로 약 20분~30분 정도이다. 방치시간이 너무 길어지면 컬의 탄력은 줄어들고 오히려 모발이 늘어지고 화학적인 손상을 입게 되므로 정확하게 체크하여야 한다.

② 열처리

· 가온기, 스팀기 온도는 약 40~60℃로 일반적으로 10~20분 정도가 적당하다.
· 펌1제의 환원반응이 실온보다 가온되었을 때 촉진되어 효과적이다.

③ 테스트 컬(test curl)

모발에 대한 환원제 작용정도를 판단하여 정확한 방치시간을 결정하고 웨이브의 형성정도를 조사하는 것으로 비닐 캡을 씌운 후부터 20분 정도 경과하면 한 부분의 로드를 완전히 풀지 않고 살며시 풀어 형성된 웨이브가 탄력 있는 "S"자형을 이루는가를 확인한다. 그런 후 테스트 컬을 한 부위를 다시 와인딩해서 고정시킨다.

이때 건강모는 뚜렷하고 강한 S자형을 이루지만 약한 모질은 S 자의 선이 뚜렷하게 나타나지 않는다. 웨이브의 형성이 약하면 나올 때까지 방치시간을 더 준다. 모발 각 부위마다 진행시간이 다를 수 있다.

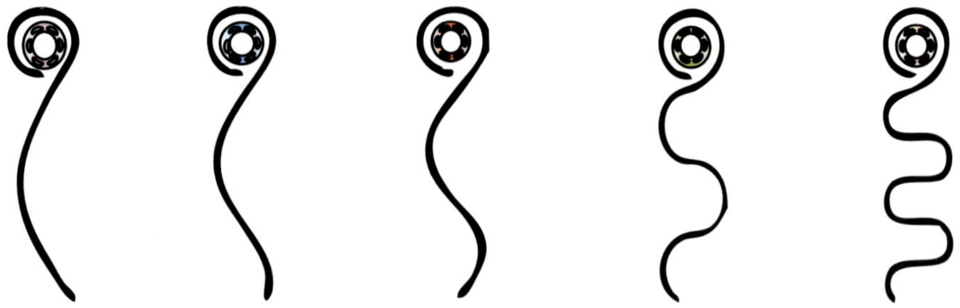

그림 5-1. 컬의 형성

(3) 중간린스(plain rinse)

산화제의 산화작용이 모발 내부에서 원활히 이루어지도록 하기 위하여 환원제를 헹구어 내는 것을 말한다. 만약 중간린스의 단계를 거치지 않고 산화제를 도포했을 경우에는 모발에 남아있는 환원제의 알칼리가 잔재한 상태로 산화제의 산화작용이 제대로 이루어지지 않을 수 있다. 펌 웨이브의 고정력은 약해지고 두피와 모발의 손상요인이 되기도 한다. 또한 과산화수소가 산화제의 주성분으로 되어 있는 경우 알칼리상태에서의 산화작용이 모발의 탈색과 손상을 유발할 수 있으므로 중간린스는 반드시 필요하다. 시술방법으로는 와인딩된 상태에서 따뜻한 물로 헹구어내는 방법(플레인 린스)과 티슈나 수건을 사용하여 각 로드 사이를 눌러 환원제를 제거하는 방법 등이 있다.

① 물로 헹궈내는 방법

물기가 충분히 제거되지 않으면 산화제가 희석되거나 산화제의 흡수를 방해하여 웨이브 형성에 방해가 된다. 물기를 제거하기 위해 드라이를 사용할 경우 체온의 상승으로 모발과 두피에 남아있는 제1제가 과잉반응을 일으켜 손상될 가능성이 있으므로 열처리는 가급적 하지 않는 것이 좋다.

② 티슈와 수건을 사용하여 환원제를 제거하는 방법

잔류하는 1제를 티슈나 수건으로 제거하는 방법이다.

③ 산성 스프레이를 이용하는 방법

알칼리성의 1제로 인해 팽윤된 모발에 산성 스프레이 중간 린스를 도포하여 pH를 산성 쪽으로 조절하여 모발을 수축시킨 후 2제를 사용하는 방법이다. 와인딩이 된 상태에서 밑에서 위로 산성 스프레이 중간 린스를 도포한다.

(4) 산화제의 도포

① 산화제의 역할

펌 2제(산화제)는 1제에 의해 팽윤. 연화된 모발을 환원되어 절단된 시스틴 결합을 산화시켜 웨이브를 고정해주고 재결합시키는 역할을 한다.

-HS SH-(시스테인) → S-S(시스틴) + H_2O

다른 말로 중화제라는 용어를 쓰기도 하지만 산화제의 산화작용은 환원된 모발을 자연상태의 모발로 회복시키는 역할을 하며, 알칼리 성분을 중화시키는 작용은 없다. 중간린스 후 반드시 물기를 충분히 제거한 후 산화제를 도포해야만 산화작용이 잘 이루어질 수 있다 모발의 물기에 의해 산화제가 희석될 뿐만 아니라, 산화제를 잘 흡수하지 못하기 때문이다. 산화제는 빠뜨리지 않고 도포해야 균일한 웨이브의 형성을 완성할 수 있다. 모발의 상태, 원하는 컬의 형태에 따라 도포의 회수와 시간을 조절한다.

테스트 컬을 한 다음 중간린스를 하고 2제를 도포한다. 산화제의 작용효과는 도포방법에 의해 크게 좌우되므로 2제를 사용할 때는 밑(nape)에서부터 위로 도포해준다. 탑(T.P)부분에서 도포하게 되면 물이 생성되어 흘러내리면서 모발이 물을 흡수하게 되어 2제의 흡수능력이 떨어져 산화제의 역할이 제대로 이루어지지 못한다.

거품중화와 액 중화가 있다.

② **2제의 도포시간**

펌 2제의 도포시간은 일반적으로 약 15~20분 정도로 2~3회에 걸쳐서 도포하는 것이 산화력을 높일 수 있다. 1회 도포 후 7~10분 지나서 2제를 재 도포 해 준다.

시스틴 함유량이 15%라고 할 때 펌1제 처리 후 10.9까지 환원되어 2제를 한번 도포했을 경우 그래프 ABC곡선이 시스틴의 재결합 상태를 보여주는 것으로 15분이 지난 다음에도 완전히 산화되지 않았음을 보여준다. 그러나 7~10분 사이에 2액을 재 도포하게 되면 10분경과 후 BDE 곡선에서처럼 시스틴의 결합 상태로 돌아온다. 그래서 2제(중화제)는 두 번 이상 도포 할 필요가 있다.

거품중화와 액상중화 시술시에 수건이나 헤어밴드를 이용하여 중화제가 흘러내리지 않도록 주의한다.

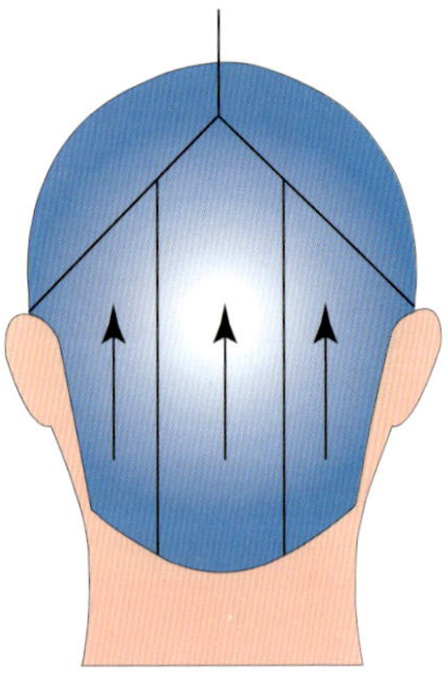

2제 도포 순서

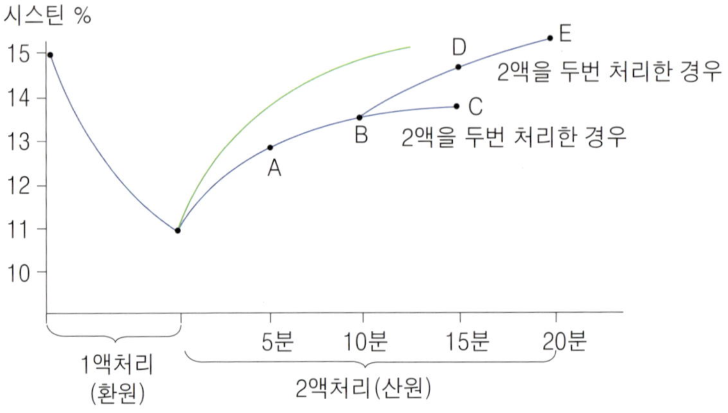

그림 5-2. 산화제 도포시간

(5) 린 스

① **일반 린스**

펌 시술 후 모발과 두피가 자극을 받아 손상이 되기 때문에 관리가 매우 중요하다. 로드를 당기지 않고 살며시 풀어준 다음 두피에 자국이 남지 않도록 가볍게 두피 마사지를 해준다. 산화제가 남아있으면 탈색과 손상의 원인이 되므로 미지근한 물로 충분히 헹구어 준다. 펌 시술 후에는 샴푸제를 사용하지 않는데 웨이브를 약하게 하여 탄력성을 저하시킴으로써 웨이브가 쉽게 풀어지게 하는 원인이 되기 때문이다.

② **산성 린스**

펌 제의 잔여물을 제거하고 모발과 두피의 pH를 안정되게 하며 모발에 탄력있는 웨이브가 유지되도록 한다. 시술 후 손상된 모발에 간충물질을 공급하여 모발의 회복을 돕고 컬의 탄력성을 부여하여 윤기와 부드러움을 제공한다.

(6) 모발 및 두피 관리

· 펌 시술 후에는 모발을 건강하게 유지시키도록 모발 및 두피 트리트먼트를 행한다.
· 두피 마사지를 통해 긴장된 두피조직을 이완시키고 혈액순환을 좋게 할 수 있다.
· 각종 모발화장품을 사용하여 스타일을 연출한다.

4) 일반 퍼머넌트 웨이브(permanent wave) 시술 과정

(1) 두피 및 모발진단(scalp & hair diagnosis)

두피에 상처나 모발의 상태를 점검하고 문진, 촉진, 시진, 모발진단기를 사용하여 정확한 진단을 한다.

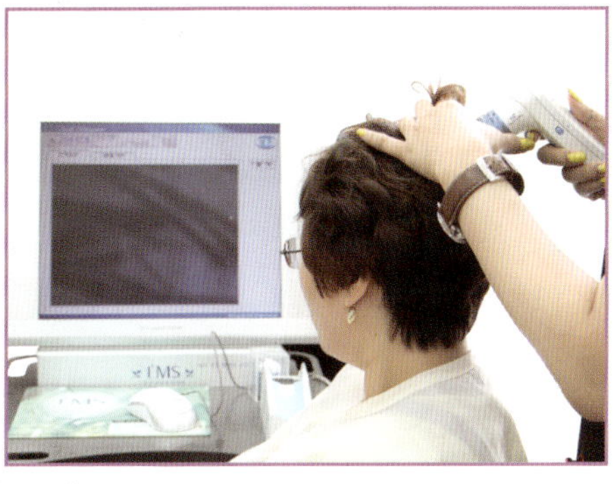

(2) 펌 디자인(perm design) 결정

고객의 의사를 먼저 묻는다(라이프스타일, 얼굴형, 연령, 체형을 고려, 유행의 정도를 반영할 수 있도록 한다).

(3) 프레 커트(pre-cut)

스타일에 따른 와인딩 이전에 미리 커트를 한다(기존의 스타일을 유지하면서 약간의 다듬는 정도라면 마무리 단계에서 커트한다. 펌 시술 전에 심하게 층을 주면 와인딩이 어렵고, 테이퍼링이 심하면 모발 끝이 자지러지기 쉬우므로 유의한다).

(4) 로드 선정(rod)

고객의 모발이나 선호하는 스타일에 맞게 로드의 호수(대 · 소)를 결정한다.

(5) 펌 약제 선정

- 티오글리콜산 또는 시스테인의 1제와 2제 산화제
- 고객모발과 스타일에 의한 선택

(6) 프레샴푸(pre shampoo)

약알칼리 샴푸로 가볍게 샴푸한다.

(7) 타월드라이(towel dry)

샴푸 후 모발의 물기를 없애기 위해서 가볍게 타월 드라이한다(모발에 물기가 많이 남아 있는 채로 약액을 도포하 면 약액의 농도가 희석되기 때문이다).

(8) 프레 트리트먼트(pre-treatment)

모발 진단 결과 손상모발이라고 판정이 되면 펌을 하기 전 트리트먼트를 하는 것이 좋다(특히 모발 끝이 심하게 손상되면 탄력있는 컬이 나오지 않으므로 와인딩 하기 전에 모발에 충분한 물을 적셔주고 모발 끝 부분에 트리트먼트 크림을 바르고 적외선과 스팀기를 이용하여 영양공급을 한 다음에 펌 시술에 들어가도록 한다).

(9) 블로킹(blocking) 및 슬라이스(slice)

(10) 와인딩(winding)

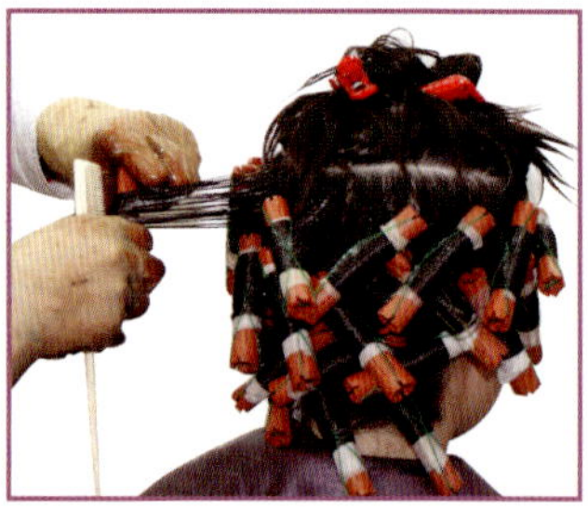

스타일에 따른 와인딩 방법을 선택한다(고무줄 자국을 최소화 하기 위해 스틱을 꽂고 마무리 한다. 그다음 타올 밴드로 처리해 준다).

(11) 1액 도포(solution)

1액을 도포하는 목적은 약액이 모발 속으로 침투하여 시스틴 결합을 잘 끊도록 하는 것이다. 따라서 로드 하나씩 꼼꼼히 도포하지 않으면 많은 약액이 흘러 버리게 됨을 주의하도록 한다(약액은 네이프에서 탑으로 올라가며 도포하는 것이 보다 정확하고 좋다).

(12) 비닐캡(vinyl cap)

1액의 화학반응은 환원작용으로 즉 모발내의 시스틴 결합을 끊기 위하여 수소를 넣어주는 반응이므로 산소를 차단해야 한다(두상전체의 온도를 유지하는 것과 1액의 건조를 방지하는 것, 약액의 냄새를 차단하는데 있다. 타올로 감싸준다).

(13) 열처리(hair steamer)

열처리 목적은 1액의 환원반응이 실온보다는 가온 되었을 때 반응이 촉진되어 약 20분 정도 단축되기 때문이다(열처리는 열기구를 이용하고 온도는 약 45~60℃, 시간은 20분 내외로 한다).

(14) 테스트 컬(test curl)

1액의 환원반응이 어느 정도 진행되었는가를 확인하는 것으로 S자를 확인한다(테스트하려는 컬이 탑, 사이드, 네이프 등 부위로 나누어 하되 정확하게 형성되었는지를 본다).

(15) 중간 린스(plane rinse)

2액을 처리하기 전 모발에 남아있는 1액을 제거하기 위해서 중간 린스를 한다(중간 린스 후에는 모발에 남아있는 물기를 잘 닦아내야 2액의 농도가 희석되지 않는다).

(16) 2액 도포(neutalizer)

2액의 작용은 끊어진 시스틴 결합을 재결합 시키는데 있다.

2액은 산소를 공급해주는 산화과정으로 따라서 2액을 도포 후에는 비닐캡을 씌우지 않아야 공기 중의 산소의 도움을 받는다(2액의 도포를 2~3회로 하고 방치시간은 20분 정도로 한다).

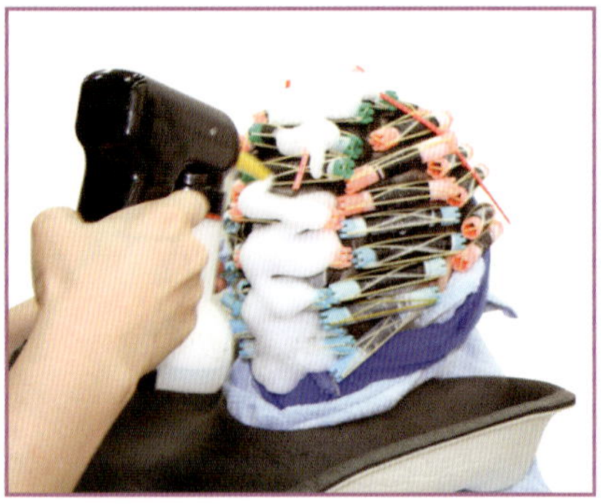

(17) 로드 오프(rod off) & 린스(rinse)

와인딩 된 로드를 순서대로 푼다.

마지막 린스를 할 때 꼼꼼하게 약액을 씻어내지 않으면 알칼리 성분이 모발에 남아있게 되어 모발손상을 유발할 수 있으므로 주의를 기울여 충분히 헹구어 낸다(퍼머 후 48시간 내에는 시스틴 결합이 다 형성된 것이 아니므로 샴푸나 드라이 등으로 물리적, 화학적 자극을 주면 웨이브가 변형될 수 있으므로 주의한다).

(18) 마무리(hair style)

- 컬의 상태, 고객의 만족도 등을 체크하고 마무리한다.
- 펌 결과를 고객카드에 작성하여 보관한다.
- 홈 케어를 지속적으로 할 수 있도록 조언한다.

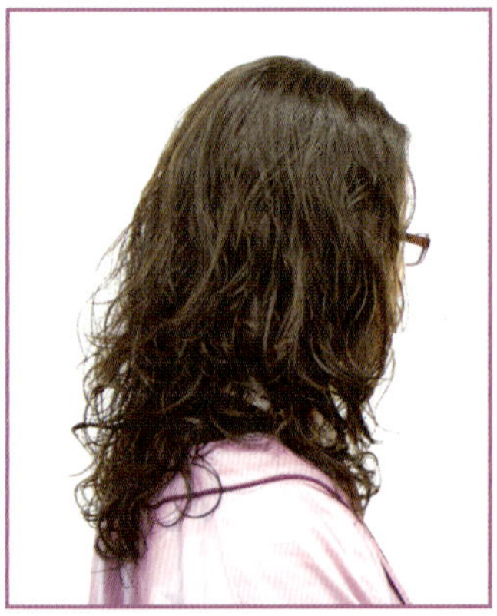

5) 퍼머넨트 웨이브가 잘 형성되지 않은 경우의 원인

(1) 모발에 원인이 있는 경우

선천적으로 퍼머가 잘 형성되지 않는 모발과 펌 제의 침투가 어려운 발수성 모발, 힘이 없는 모발, 손상모발 등 여러 가지 모발상태가 있다. 펌 시술 전 적합한 전처리와 펌 제의 선택에 영향을 준다. 금속성염모제로 염색한 모발, 칼슘성분이 많은 경수에 비누로 머리를 감아 모발에 칼슘성분이 묻어 있는 경우 등이 있다.

(2) 퍼머넌트 웨이브 용제에 원인이 있는 경우

쓰다 남은 펌 제를 남겨 두었다가 하루가 지난 후 다시 쓰게 되면 실패의 원인이 되는데, 제 1제의 주성분인 티오글리콜산이 공기 중의 산소와 접촉되면 차츰 산화되어 디티오글리콜산(dithioglycolic acid)이라고 하는 효력없는 용액으로 변화되었기 때문이다. 또한 펌 제에는 암모니아와 같은 알칼리 성분을 넣어 pH를 일정하게 조절하고 있는데 암모니아가 날아가면 pH가 내려가게 된다. 펌 제는 빠른 시간 내에 소비하는 것이 좋고 햇볕이 들지 않고 환기가 잘 되는 서늘한 곳에 보관해야 한다.

(3) 기술상의 원인이 있는 경우

와인딩 방법에 있어 텐션부족, 펌 제의 잘못된 도포로 환원, 산화작용이 충분히 이루어지지 않은 경우로 제1제 처리 후 테스트 컬에서 웨이브형성을 확인할 필요가 있다. 선정된 로드의 형태와 와인딩기법, 펌 제 양이 부족할 경우, 온도가 너무 낮았을 경우이다.

6) 퍼머넨트 웨이브 시술 후 모발 및 두피의 이상 현상

(1) 피부 트러블

두피에 이상이 있을 경우에는 완전히 회복될 때까지 시술을 해서는 안 된다. 환원제의 직접 자극에 의해서 피부가 약한 사람은 환원제가 묻은 부분이 빨갛게 부어서 통증이 생기거나 피부염증이 생길 수 있다. 피부트러블을 일으키지 않도록 얼굴이나 피부에 묻었을 경우 즉시 티슈나 수건을 이용하여 닦아주고 헤어밴드가 축축하게 젖었을 경우에는 마른 밴드로 즉시 바꾸어 준다.

(2) 비듬의 형성

펌 제는 모발에만 도포하는 것이지만 시술시 자연스럽게 두피에도 흘러내리게 된다. 환원제는 케라틴을 연화, 팽창시키는 작용이 있으므로 두피에 묻었을 경우 각질층이 팽창된 상태로 된다. 두피 본래의 상태로 회복시키지 못했을 경우 알칼리 상태로 건조되어 비듬이 생기게 된다. 그러므로 퍼머넌트 웨이브 시술 후에는 모발 뿐 만 아니라 두피도 충분히 헹구어 준 다음 산성린스 또는 트리트먼트를 사용하여 두피의 pH를 정상화시켜야 한다.

(3) 절모현상

두피부분의 모발이 잘려진 경우로 이것은 두피에 환원제가 모공에 스며들거나 미리 모발에 바른 후 강한 텐션에 의해 와인딩 했을 때 모발이 누그러져 약해진 채로 있다가 후에 끊어지는 경우이다. 새로 자라나지만 심한 경우 모공 주위 빨갛게 부어오르고 급성 모낭염을 일으키는 수도 있다.

(4) 두피로부터 2~3cm 떨어진 부분이 잘려진 경우

두피로부터 2~3cm 떨어진 부분에서 모발이 끊어지는 경우는 잘못된 고무 밴딩에 의해 머리카락이 당기게 되고 환원제가 고무 밴드 주위에 고여 있게 되며 산화제의 침투도 어려워진다.

(5) 탈모현상

탈모는 모공 내부의 모근이 강하게 잡아당겨진 부분에서 생길 수 있다. 모근은 파손되지 않으므로 자연스럽게 모발이 자라지만 피부장애를 일으켜 영구 탈모의 원인이 될 수도 있다. 약제의 선택과 와인딩 방법, 방치시간 등에 세심한 주의가 필요하다.

(6) 모발색의 변화

환원제인 티오글리콜산과 산화제의 과산화수소, 브롬산칼륨, 브롬산나트륨 등은 모피질 내의 멜라닌 색소를 탈색시킬 수 있으며, 열에 의해서도 멜라닌 색소는 탈색될 수 있다. 그러므로 펌 시술 후 모발에 알칼리성분이 남아 있는 상태 또는 멜라닌 색소를 파괴시킬 정도의 산화력을 갖고 있지는 않으나 산화제가 모발에서 완전히 제거되지 않은 상태에서 헤어 드라이를 했을 경우에 모발은 변색 될 수 있다. 펌 시술 후에는 물로 깨끗이 헹구어 모발내부에 환원제와 산화제의 잔여물이 남지 않도록 하며, 산성린스로 모발과 두피의 pH를 정상화시켜 주는 것이 좋다.

7) 퍼머넌트 웨이브 시술결과에 따른 대책

퍼머넌트 웨이브 시술결과	원 인	대 책
컬이 강한 경우	- 모발의 길이에 비해 너무 작은 로드 사용 - 프로세싱 시간이 긴 경우 - 펌 제 선정이 강한 경우	모발손상이 심하지 않을 경우 환원제로 웨이브를 풀어준다.
모발 끝이 심하게 손상된 경우	- 펌 제가 강한 경우 - 헤어컬러링, 블리치 된 모발인 경우 - 텐션을 너무 강하게 와인딩 한 경우	- 헤어트리트먼트를 주기적으로 해준다. - 머리끝을 잘라준다.
컬이 나오지 않은 경우	- 펌 제가 약한 경우 - 프로세싱 시간이 너무 짧은 경우 - 환원제, 산화제 도포가 불충분했을 때 - 손상이 심한 경우에는 1주일 후에 펌을 하도록 권장한다.	손상이 심한 경우에는 1주일 후에 펌을 하도록 권장한다.
컬이 쉽게 풀어지는 경우	- 펌 제 선정이 잘못되었을 때 - 펌 시술 후 모발관리를 잘못했을 때 - 펌 시술 후 모발에 세이핑(shapping)을 심하게 한 경우	모발의 손상이 적은 경우에 다시 펌 시술을 한다.
모발이 손상된 경우	-고무 밴드가 너무 강하게 걸린 경우 -염색 및 탈색이 많이 된 모발 -자연방치 시간이 긴 경우 - 펌 제 선정이 잘못되었을 때	- 헤어 트리트먼트를 실시한다. - 홈케어(home care)
전체적으로 컬이 균일하지 못한 경우	- 와인딩 시술방법이 잘못 되었을 때 - 약액의 도포가 골고루 되지 않았을 때	모발손상이 적은 경우에 다시 펌을 시술한다.
모발 끝에 컬이 나오지 않은 경우	- 와인딩 시술시 모발 끝이 꺾어진 경우 - 약액의 도포가 골고루 되지 않았을 때	전체적으로 끝부분만을 커트한다.

제 6장 퍼머넌트 웨이브 기본테크닉

제 6장 퍼머넌트 웨이브 기본테크닉

1. 두상의 명칭

1) 두상의 점(point)

(1) 두상의 15 point

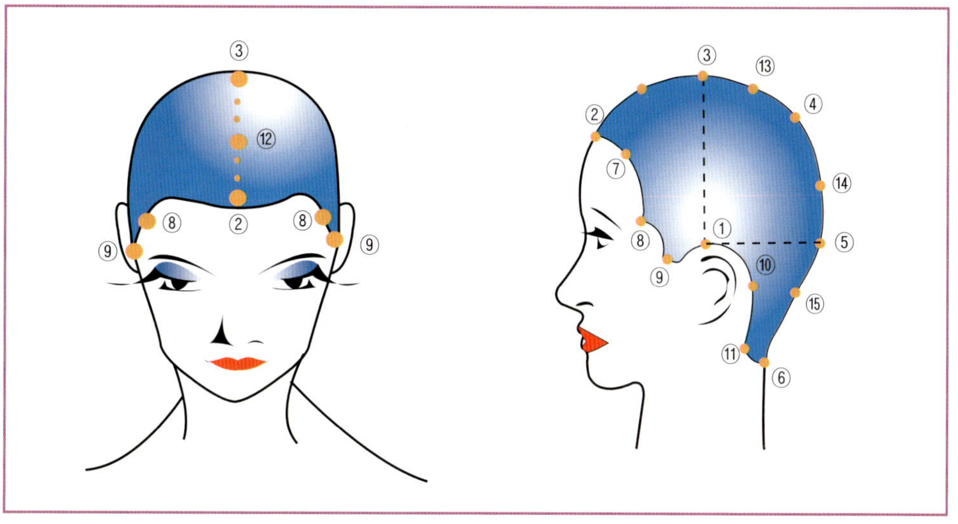

① E.P : 이어 포인트(ear point)
② C.P : 센터 포인트(center point)
③ T.P : 탑 포인트(top point)
④ G.P : 골덴 포인트(golden point)
⑤ B.P : 백 포인트(back point)
⑥ N.P : 네이프 포인트(nape point)
⑦ F.S.P : 프런트 사이드 포인트(front side point)
⑧ S.P : 사이드 포인트(side point)
⑨ S.C.P : 사이드 코너 포인트(side corner point)
⑩ E.B.P : 이어 백 포인트(ear back point)
⑪ N.S.P : 네이프 사이드 포인트(nape side point)
⑫ C.T.M.P : 센터 탑 미디움 포인트(center top medium point)
⑬ T.G.M.P : 탑 골덴 미디움 포인트(top golden medium point)
⑭ G.B.M.P : 골든 백 미디움 포인트(golden back medium point)
⑮ B.N.M.P : 백 네이프 미디움 포인트(back nape medium point)

2) 블로킹 라인(blocking line)

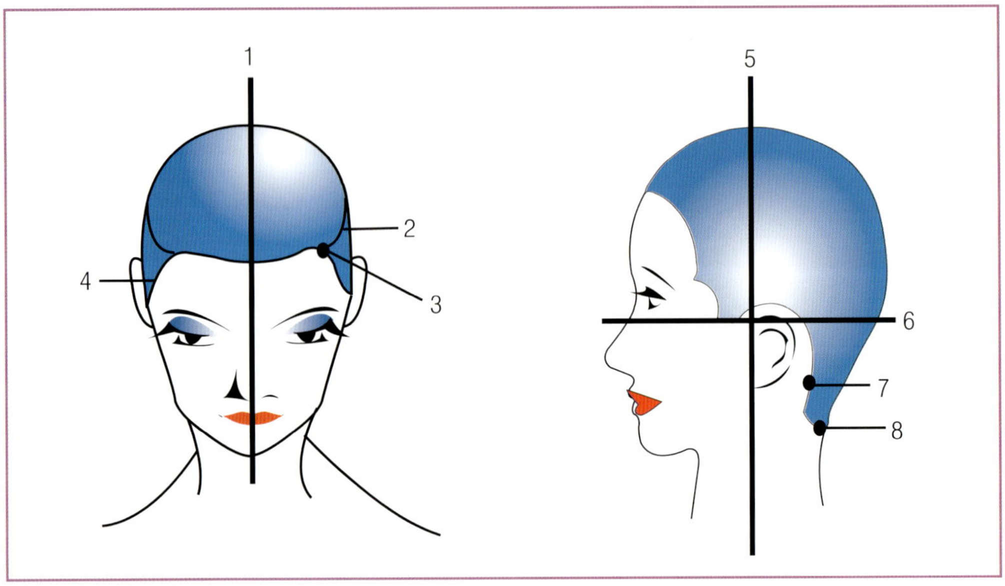

번호	명 칭	위 치
1	센터라인 (Center Line)	코를 중심으로 두부를 좌우로 연결하는 선(= 정중선)
2	리세션 섹션 (Recession Section)	리세션 에어리어에서 두상의 넓은 부분을 연결한 선
3	리세션 에어리어 (Recession Area)	양쪽 이마의 움푹 들어간 부분
4	페이스 라인 (Face Line)	S.C.P에서 S.C.P까지 머리가 나기 시작하는 선
5	이어 투 이어 파트 (Ear to Ear Part)	E.P에서 E.P를 연결하는 선
6	옥시피탈 본 (Occipital Bone)	후두부의 센터에서 툭 튀어 나온 뼈(= 호리존탈 라인)
7	네이프 사이드 라인 (Nape Side Line)	E.P에서 .N.S.P 까지 연결하는 선
8	네이프 백 라인 (Nape Back Line)	N.S.P에서 N.S.P 까지 연결선 (= 네이프 라인)

3) 두상의 분할(shapes of section)

(1) 6분할(six section)

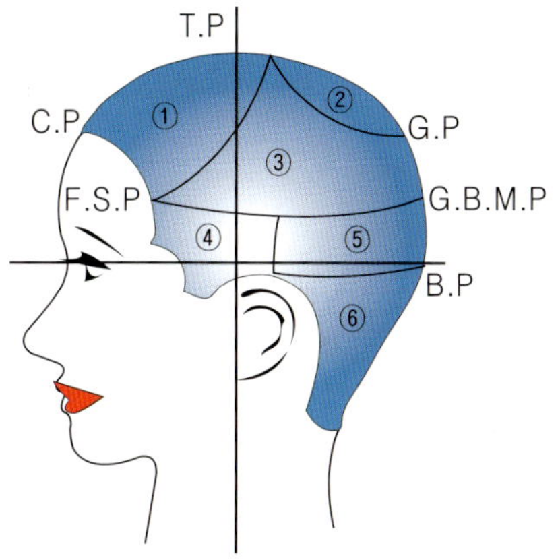

① 프론트 섹션(Front Section) : 프론트의 흐름과 방향감
② 톱 섹션(Top Section) : 볼륨감과 질감을 표현
③ 포리에탈 섹션(Parietal Section) : 스타일 전체의 질감과 움직임을 줌(인컬 or 아웃컬 결정).
④ 템포럴 섹션(Temporal Section) : 사이드의 아웃라인의 모양, 질감과 방향표현
⑤ 옥시피탈 섹션(Occipital Section) : 모량조절과 질감표현(인컬 or 아웃컬 결정)
⑥ 네이프 섹션(Nape Section) : 밑머리 아웃라인이나 질감을 표현

(2) 3분할(three section)

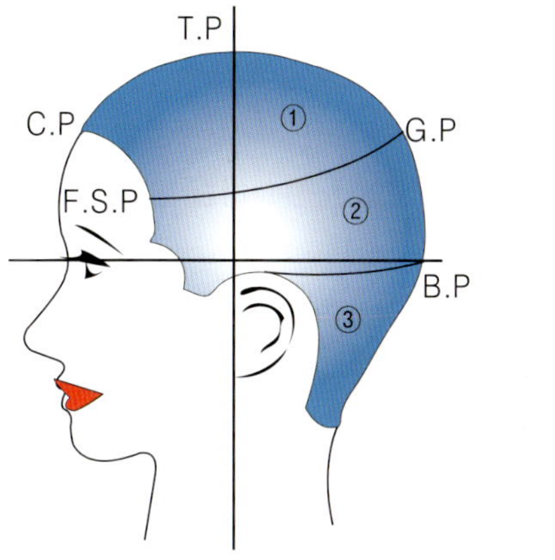

① 얼굴 형태의 이미지와 실루엣을 표현(경쾌함과 움직임을 강조)
② 움직임과 볼륨, 양감을 동시에 조절(모량, 흐름에 강조, 숱조정, 인컬 or 아웃컬, 질감결정)
③ 밑선 가이드와 양감 조절(밑선 라인을 확인, 디자인 라인선)

(3) 2분할(two section)

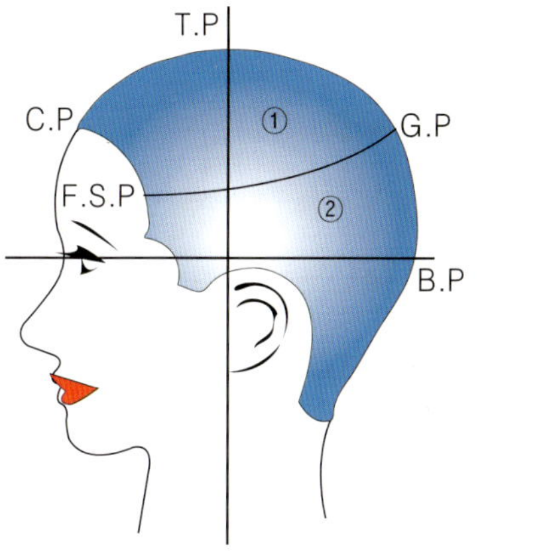

① 얼굴 형태의 이미지와 실루엣을 표현
② 밑선 가이드와 양감 조절

2. 펌 디자인(perm design) 이론

1) 블로킹(blocking)

블로킹이란 모발을 로드(rod)에 능률적으로 쉽게 와인딩 하기 위해 두상 전체를 구분하여 '모발을 나누다' 혹은 '가르다'는 의미로서 섹션(section)이라고도 하며 펌 디자인에 따라 보통 4등분이나 5등분 또는 9등분, 10등분 등으로 나눌 수 있다.

(1) 10등분 블로킹

(2) 9등분 블로킹

(3) 센터 5등분 블로킹

(4) 오른쪽 사이드 파트(right side part) 5등분 블로킹

(5) 왼쪽 사이드 파트(left side part)5등분 블로킹

(6) 8등분 블로킹

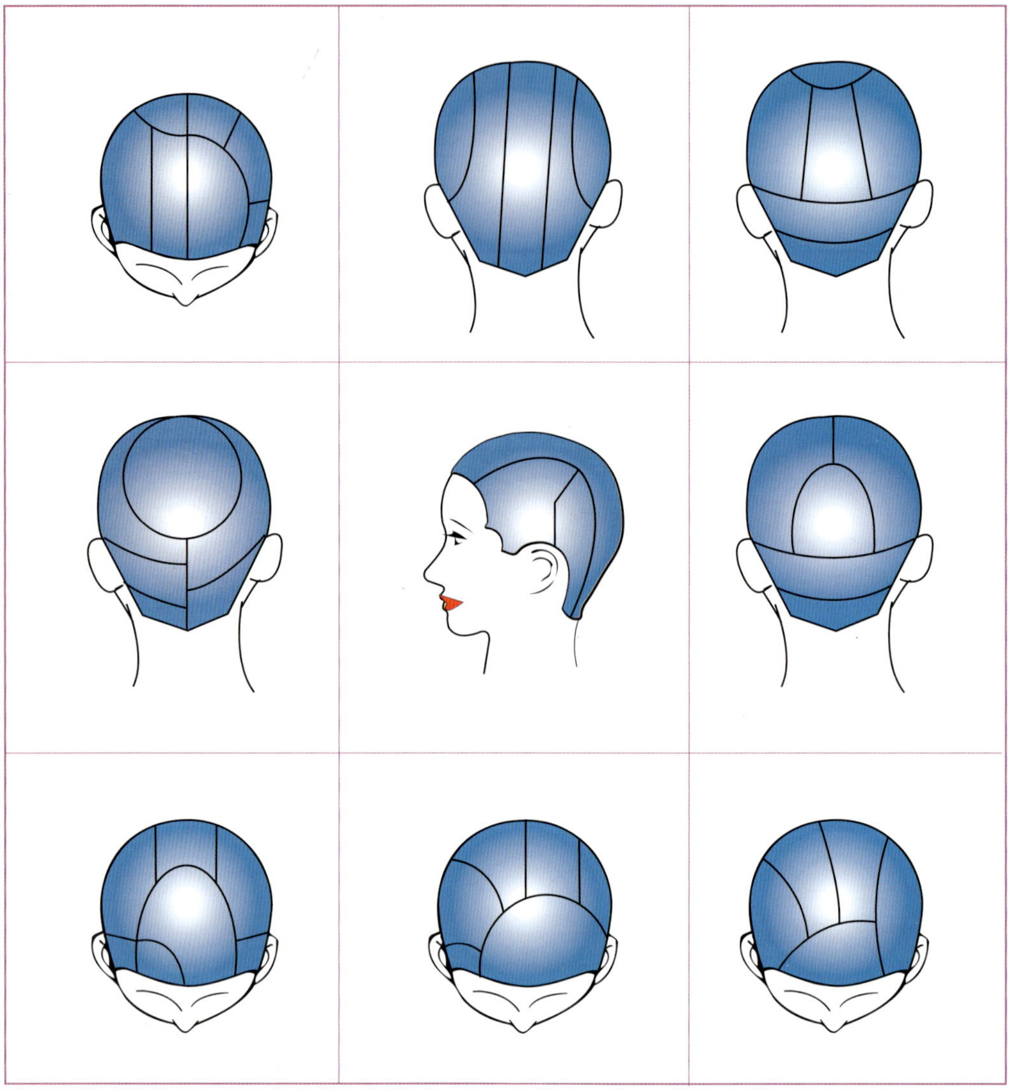

그 외 여러가지 블로킹

2) 헤어 파팅(hair parting)

헤어파트 즉, 가르마 타기는 두상의 형태와 모발의 흐름에 따라 결정되는데 이는 얼굴형에 맞는 헤어스타일을 창출하는 중요한 요소이다.

헤어파트에는 카우릭(cowlick)파트, 센터(center)파트, 사이드(side)파트, 라운드(round)파트, 업 다이아고널(up diagonal)파트, 다운(down)파트, 백 다이아고널(back diagonal)파트, 렉탱큐러(rectanqular)파트, 브이(v)파트, 스퀘어(squar)파트, 지그재그(zig zag)파트, 이어 투 이어(ear to ear)파트, 크라운 투 이어(crown to ear)파트, 센터 백 (center back)파트, 루즈(roose)파트, 노(no)파트 등으로 나눌 수 있다.

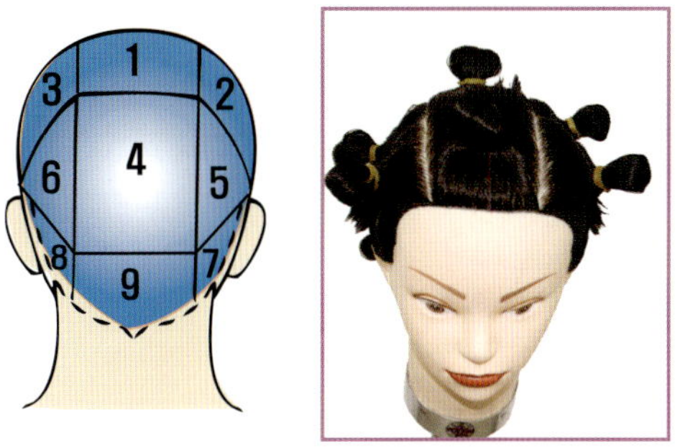

노 파트

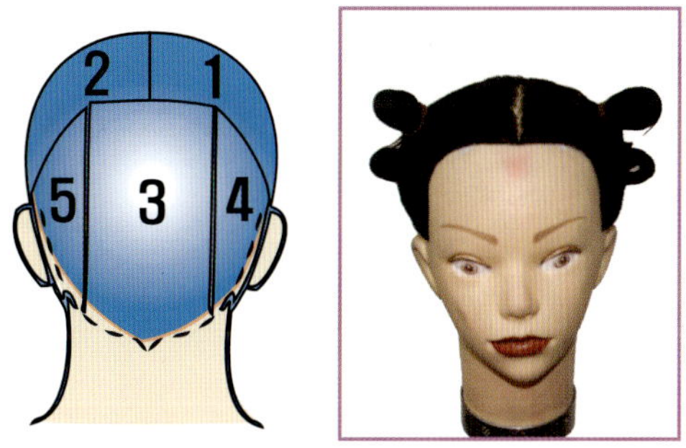

센터 파트

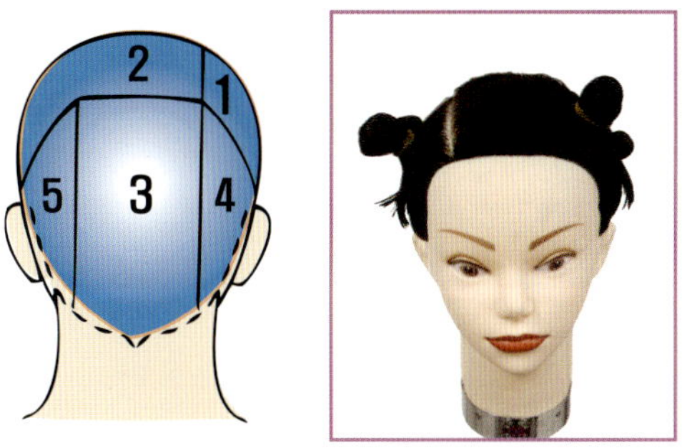

오른쪽 사이드 파트

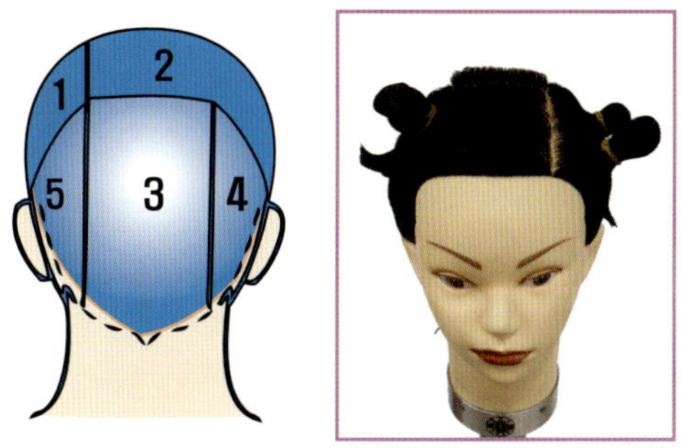

왼쪽 사이드 파트

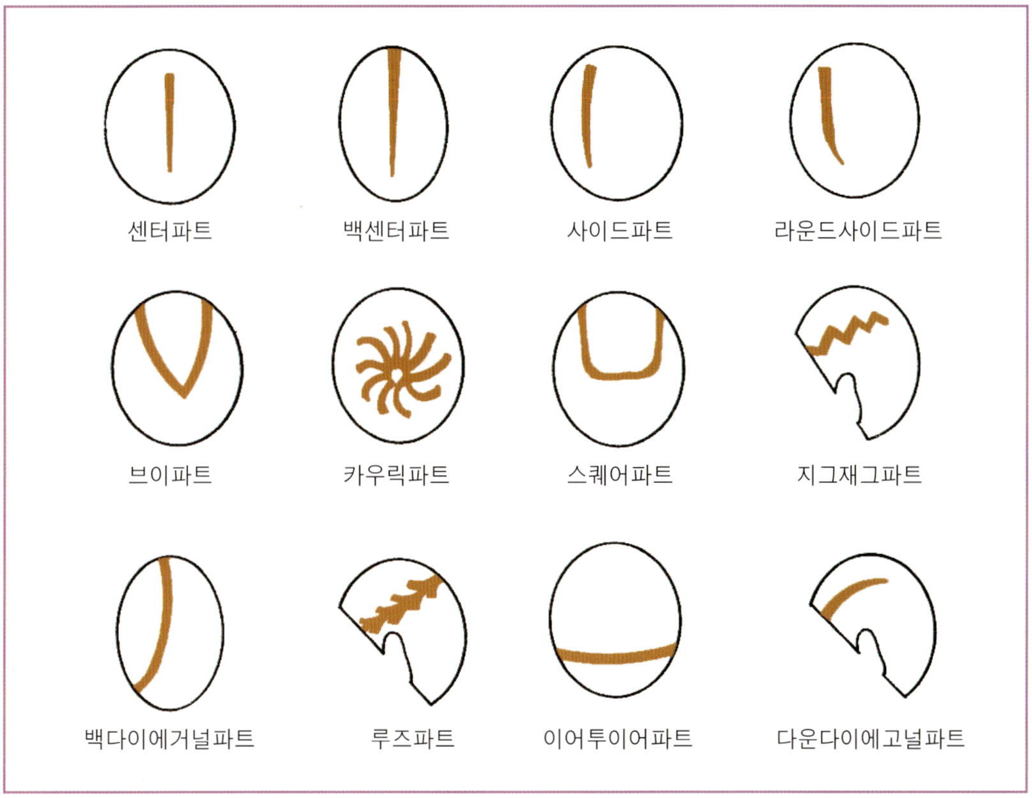

그 외 여러가지 파팅

3) 헤어 세이핑(hair shaping)

헤어 세이핑은 "두발의 흐름을 갖추다", '두발의 결을 만들다'는 의미로 모발을 정돈하여 모양을 만드는 기술 즉, "빗질"을 말한다. 주로 컬이나 웨이브를 만들 때 기초기술로서 디자인 구성의 토대를 이루는 것으로, 모발의 형상, 소재의 조건에 따라 목적에 맞는 위치, 방향, 폭 등을 만들어 낼 수 있도록 빗질하는 것이 중요하다.

(1) 업 세이핑(up shaping) : 수평선상으로 빗질되어진 모발의 라인보다 위쪽을 향하여 빗어 올리는 것을 말한다. 즉, 위로 30° 이상 올려 빗는 것.
(2) 다운 세이핑(down shaping) : 수평선상으로 빗질되어진 모발의 라인보다 아래쪽을 향해서 아래로 내려 빗는 것. 30° 이하로 내려 빗는 것.
(3) 포워드 세이핑(forward shaping) : 귀바퀴 방향으로 빗는 것.
(4) 리버즈 세이핑(reverse shaping) : 귀바퀴 반대방향으로 빗는 것.
(5) 스트레이트 세이핑(straight shaping) : 수직으로 빗는 것
(6) 라이트 세이핑(right shaping) : 오른쪽 빗는 것.
(7) 레프트 세이핑(left shaping) : 왼쪽으로 빗는 것.

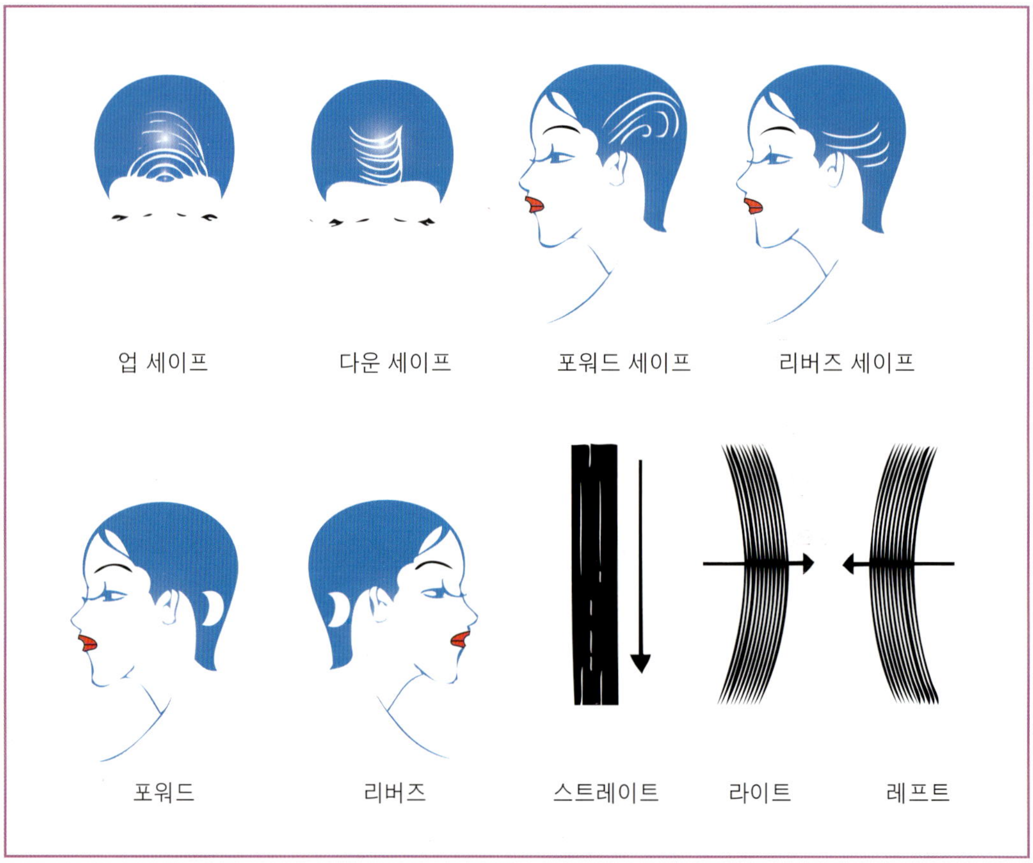

헤어 세이핑 종류

4) 슬라이싱(slicing)

슬라이싱이란 블로킹 내에서 로드의 크기에 따라 슬라이스(slice)를 조절하여 와인딩 할 수 있도록 모발량을 수평, 수직, 사선방향 등으로 작게 떠서 잡는 것을 말한다. 이때 두상의 위치에 따라 로드를 말아가는 방법과 방향이 달라진다.

5) 헤어 컬링(hair curling)

(1) 컬링의 의의와 목적

컬(curl)은 한 묶음의 모발을 말아서 감아 고리모양으로 만드는 것을 말하며 헤어 컬링의 목적은 모발에 웨이브와 볼륨 및 모발 끝의 변화와 움직임(flap : 날려서 나풀거림)을 만들기 위함이다.

(2) 컬의 각부 명칭

① 루프(loop) : 고리 모양의 전체
② 베이스(base) : 컬 스트랜드의 근원, 즉 두피부분으로 말려서 감기기 시작하는 부분
③ 컬 스템(curl stem) : 베이스에서 피봇 포인트까지를 말하며, 말리지 않는 머리줄기
④ 피봇 점(pivot point) : 컬의 선회 축에 해당하는 점이며, 컬이 말리기 시작한 점
⑤ 앤드 오프 컬(end of curl) : 컬의 모발 끝이 컬의 안쪽으로 될 경우와 바깥쪽으로 될 경우가 있다.

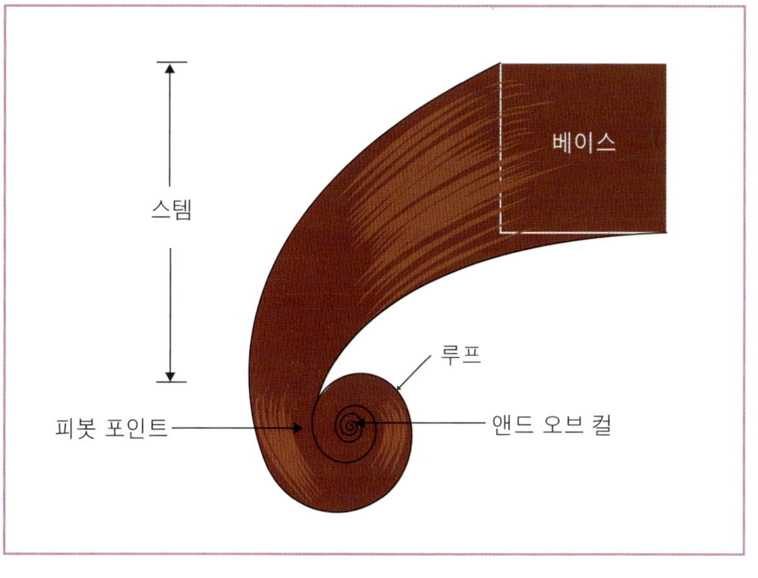

(3) 컬이 말리는 방향

① 시계 중심

- C컬(clock wise wind curl) : 시계방향으로 말림
- CC컬(counter clock wise wind curl) : 반시계방향으로 말림

C컬 시계방향

CC컬 반시계방향

② 귀 중심

- 포워드 컬(forward) : 컬이 얼굴 쪽을 향함(귀바퀴 방향)
- 리버즈컬(reverse curl) : 컬이 얼굴 뒤쪽을 향함(귀바퀴 반대방향)

(4) 컬의 종류

① 플랫 컬(flat curl)

- 루프가 두피에 0° 로 편편한 컬
- 스컬프쳐 컬 : 모발끝이 중심이 되고 스탬이 바깥으로 된 편편한 0° 컬
- 메이폴 컬 : 모근쪽 스탬이 중심이 되고 모발끝이 바끝으로된 0° 컬

② 스텐드 업 컬(stand-up curl)

- 두피에 루프가 세워져 있는 컬
- 스탠드업 컬 : 두상 곡면에서 루프가 90° 로 세워져 있는컬
- 바렐컬 : 원통형으로 말린컬
- 리프트컬 : 두상 곡면에서 루프가 45° 로 세워져 있는컬

스텐드업 컬

바렐 컬

리프트 컬

스컬프쳐 컬

(5) 베이스(base)

① 베이스 모양(base shape)의 종류

a. 삼각형 베이스(triangle base)

두상곡면과 위치에 따라서 큰베이를 사용하기도하고 모발이 갈라짐을 방지하거나 공간을 채우고 연출하기 위해서 작은 삼각 베이스를 사용한다.

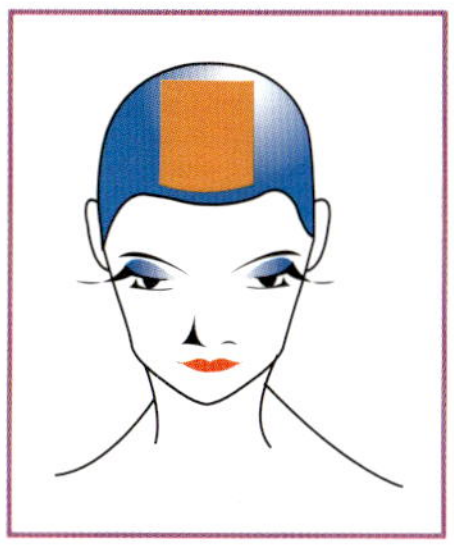

b. 사각형 베이스(square base)

- 정방형 베이스, 평균적인 컬이나 웨이브를 만들 때 적당.
- 하나씩 독립된 컬에서 사용되는 베이스.

c. 직사각형 베이스(rectangle base)

마주보는 두변이 평행한 사각형으로 프론트 중앙이나 백포인트 중앙에 위치.

d. 오블롱 베이스(oblong base)

장방형이나, 직사각형 모양의 베이스로 소구분 되며, 두개의 평행면과 한쪽은 오목선과 또다른 한쪽은 볼록선을 가진 두상 곡면형으로 전,후,좌,우측에 위치 할 수 있다. 오블롱 형태가 교차되어 와인딩 될 때 S웨이브가 연결되는 형태이다.

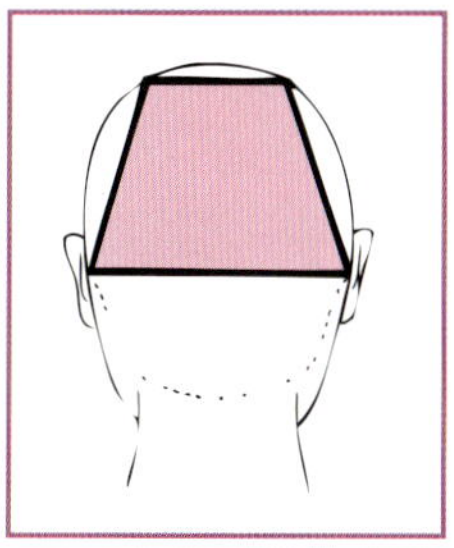

e. 사다리꼴(= 부등변 사각형) 베이스(trapezoid base)

두개의 평행한 면과 두개의 평행하지 않는 면들로 만들어지며 탑 부분이나 백, 머리가 만나는 지점, 즉 크라운 사이드 연결지역 등에 위치한다.

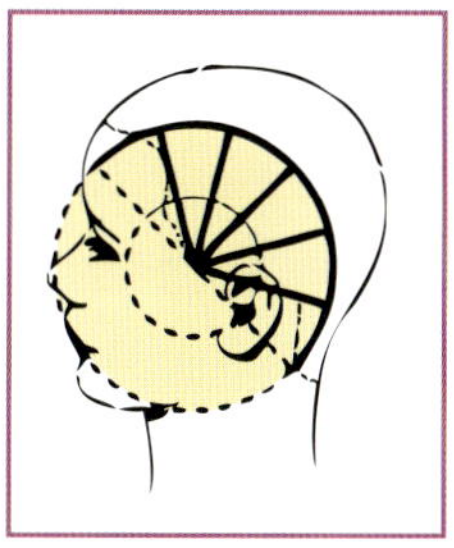

f. 원형 베이스(circle base)

중앙으로부터 모두 같은 거리에 있는 점들은 선으로 그렸을 때 만들어진 형태로 펌에서 두상의 곡면 부분을 디자인하고 다른 모양들을 혼합시키는데 사용됨. 반원형($\frac{1}{2}$)과 ($\frac{1}{4}$)원형의 원하는 크기와 형태로 사용한다.

② 로드와 베이스 크기(base size)

베이스의 크기는 사용된 퍼머넌트 기구의 굵기와 길이에 의해 결정된다.

1직경 베이스 크기가 가장 기본적으로 사용되며, 퍼머넌트 기구의 길이 직경과 길이는 베이스의 크기를 결정한다.

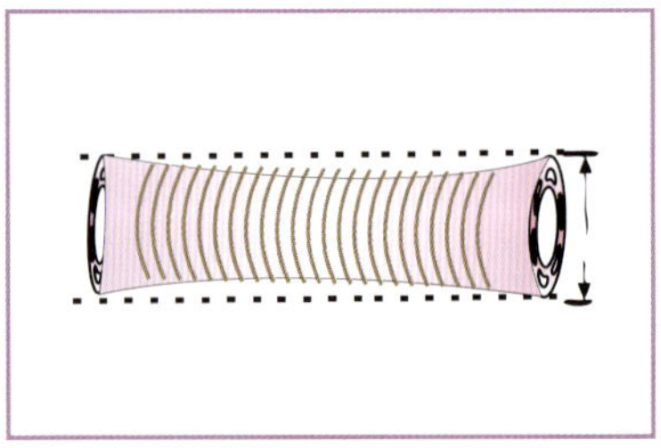

1직경 베이스
로드 지름

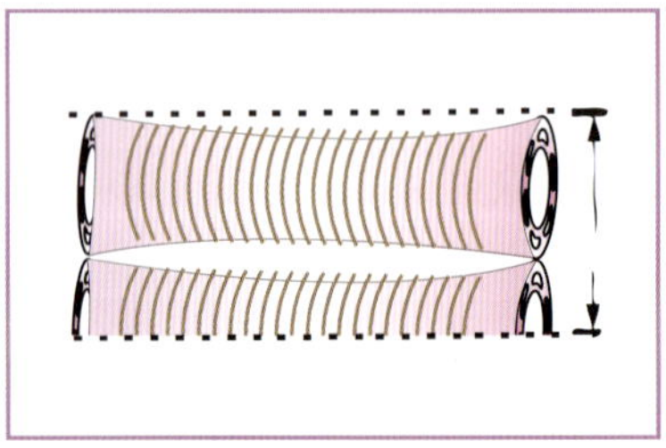

1.5직경 베이스
기구1개의 지름과 반지름을 더한 값

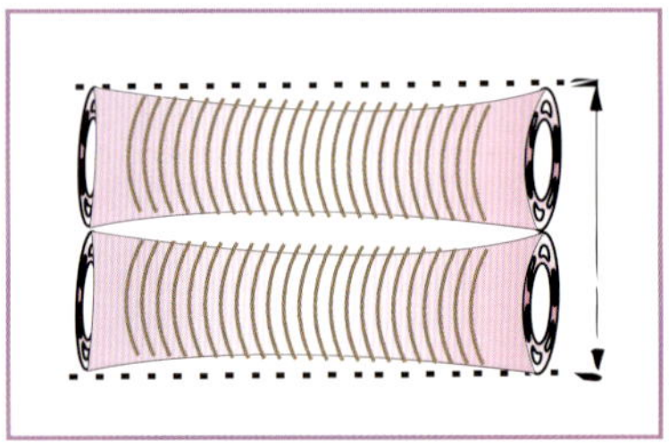

2직경 베이스
기구 2개의 지름으로 측정된 베이스

③ 베이스(base) 폭 잡는 방법

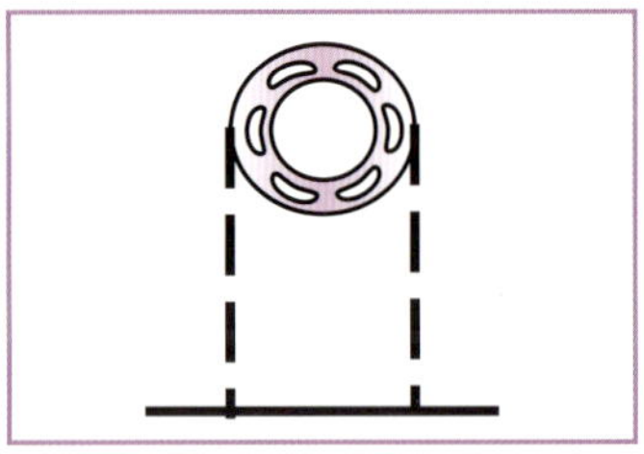

베이스 폭은 로드의 지름(굵기)과 같다.

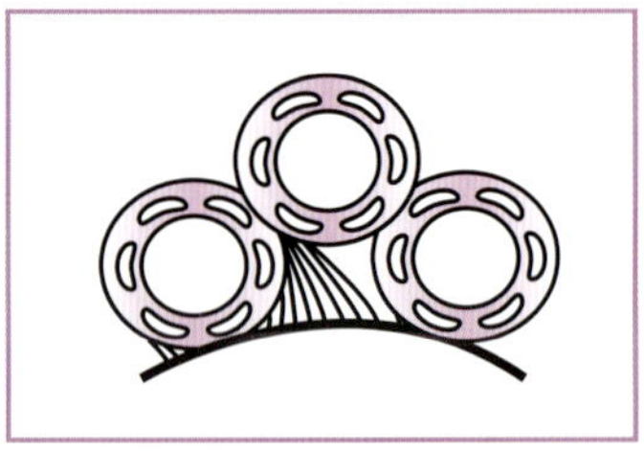

베이스 폭이 좁기 때문에 로드가 위로 밀려 올라간 경우

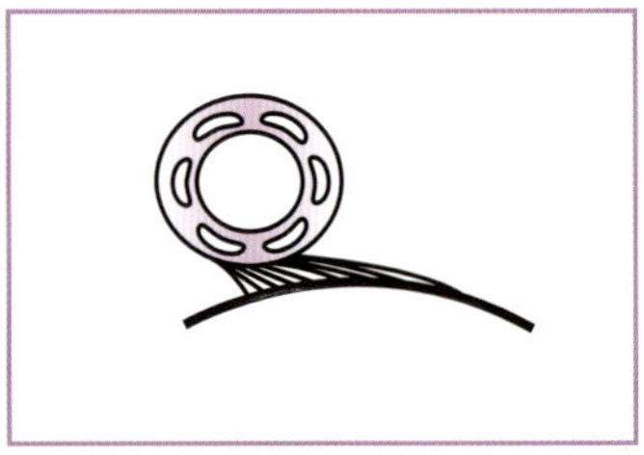

베이스 폭이 로드보다 넓어서 로드에 의해 모근 부분이 눌린 경우

각도와 베이스 폭이 일정하지 않는 경우에 로드에 스템이 눌려 자국이 생긴 경우

④ 베이스와 각도의 관계

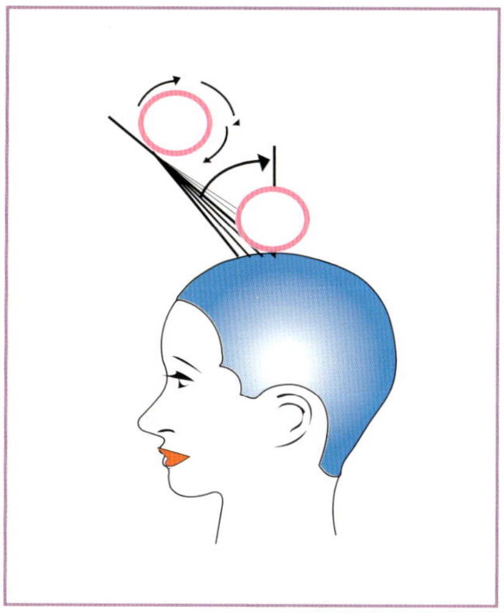

a. 온 베이스(on base = on the base)

두상 곡면에서 스템이 120° 이상으로 두피까지 와인딩 한다. 고정한 로드가 베이스 내에 있을 것. 가장 큰 볼륨을 나타낸다.

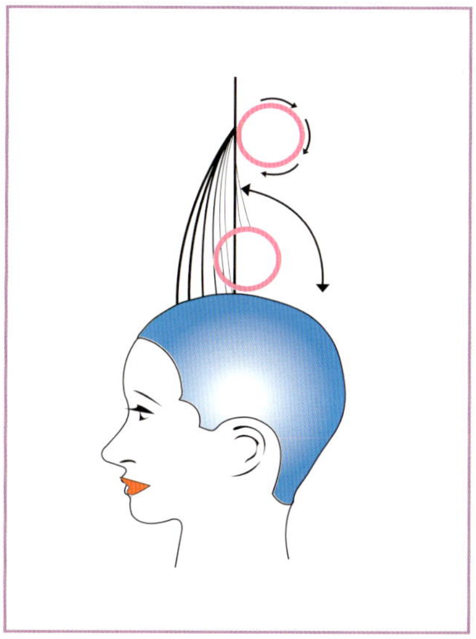

b. 하프 오프 베이스(half off base)

- 모발을 90° 로 와인딩 한다.
- 약간의 볼륨감 형성
- 상, 하 베이스 $\frac{1}{2}$지점 중간에 위치한다.

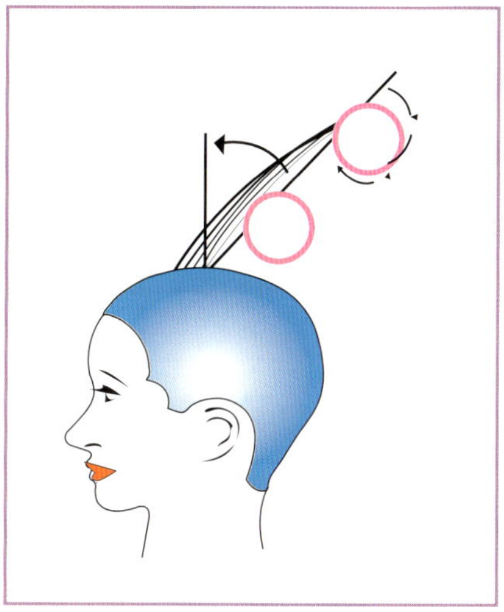

c. 오프 베이스(off base)

- 모발을 45° 로 와인딩한다.
- 볼륨이 필요하지 않을 때 사용
- 고정된 로드가 베이스 아래 밖에 위치한다.

⑤ 베이스에 따른 로드의 위치(base control)

base 크기	와인딩 각도	로드 위치	웨이브 모양	특 징
온베이스 (on base) (=1직경)	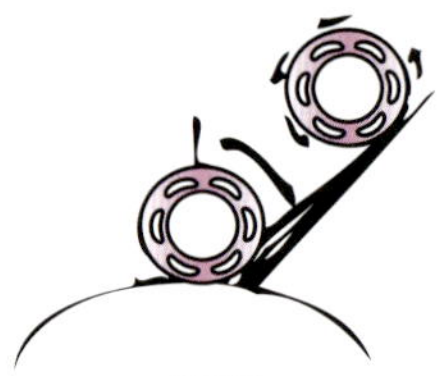 120°	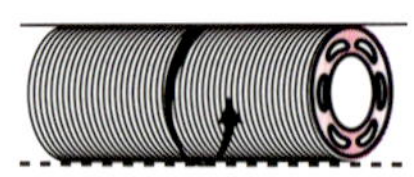		- 강한 웨이브와 최대볼륨 - 베이스 강도 최대
하프 오프베이스 = half off base (1직경)	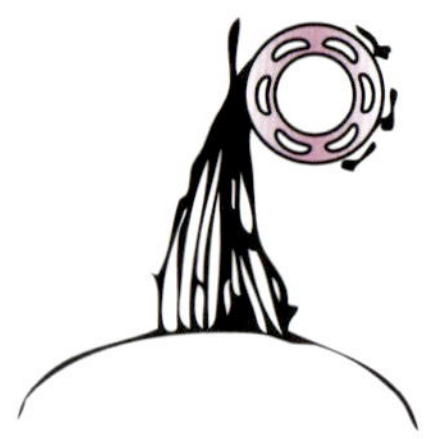 90°	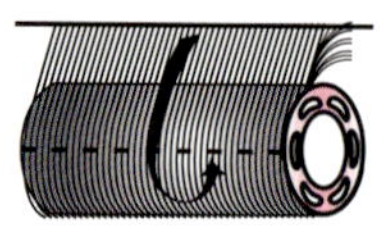		- 많이 사용됨- - 볼륨감은 보통 - 베이스 강도 감소
오프베이스 (off base) (1직경)	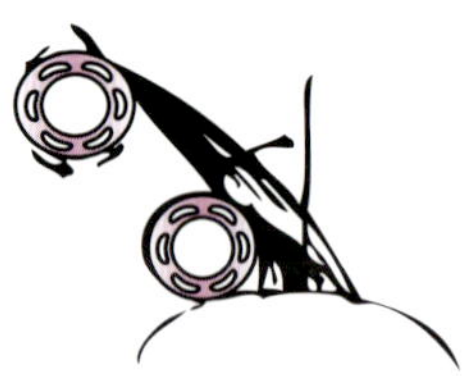 45°	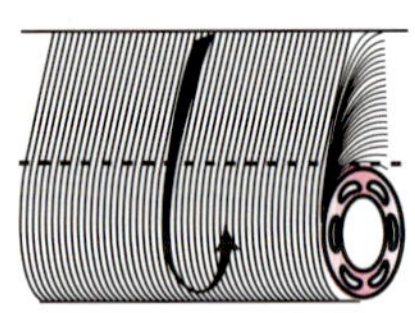		- 볼륨이 없다. - 베이스 강도 최소
언더디렉티드 (under directed) (1.5~2직경)	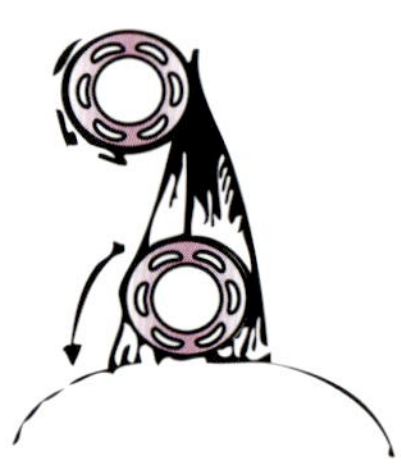	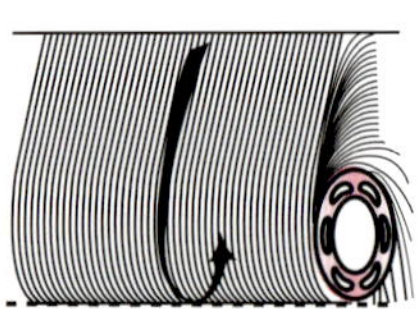		- 2배 크기 베이스 - 방향, 볼륨 과장 - 베이스 강도 감소
오버디렉티드 (over directed) (1.5~2직경)	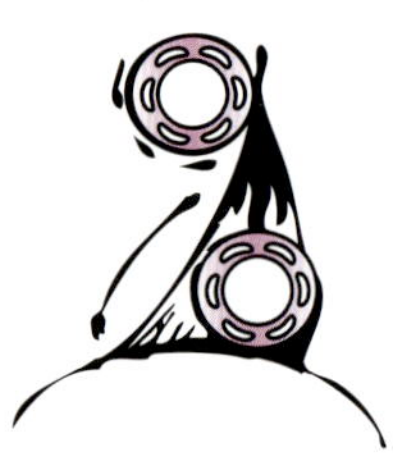	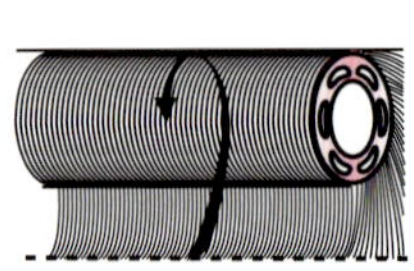		- 볼륨 없고 방향감 만 있음

(6) 스템(stem)

① 스템의 정의

스템(stem)이란 컬의 줄기 부분으로서 베이스에서 피봇 점까지의 줄기 부분을 말한다. 스템의 방향성은 모발의 움직임을 좌우한다. 또한 컬을 만들 때 스템의 길이와, 방향, 각도에 의해 웨이브와 볼륨을 좌우한다.

② 각도에 따른 스템의 종류

a. 논 스템(non stem)
- 스템의 길이가 거의 없는 상태
- 120°로 와인딩 되며 루프가 베이스 안에 위치한 상태
- 컬의 움직임이 가장적어 웨이브가 강하고 오래 지속된다.

b. 하프 스템(half stem)
- 스템의 길이가 로드 지름의 $\frac{1}{2}$정도인 상태
- 루프가 베이스에 반쯤 상,하($\frac{1}{2}$)정도에 위치한다.
- 약간의 움직임이 있으며 베이스에서 90°로 와인딩 한다.

c. 롱 스템(long stem, full stem)
- 스템의 길이가 로드직경 이상인 상태
- 루프가 베이스 밖으로 벗어난 상태
- 컬의 방향을 제시하며 움직임이 가장 크다.
- 베이스에서 45°로 와인딩 한다.

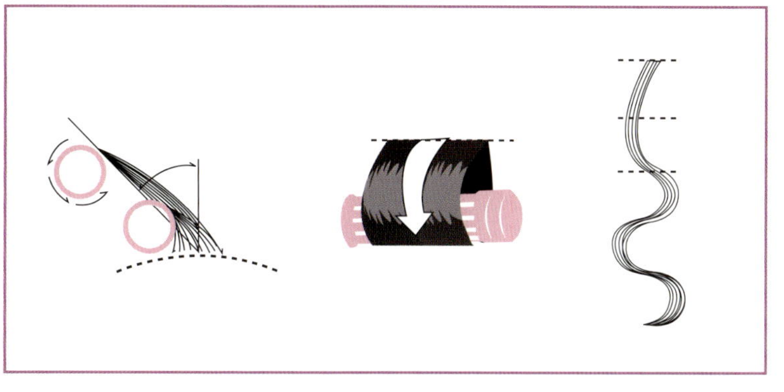

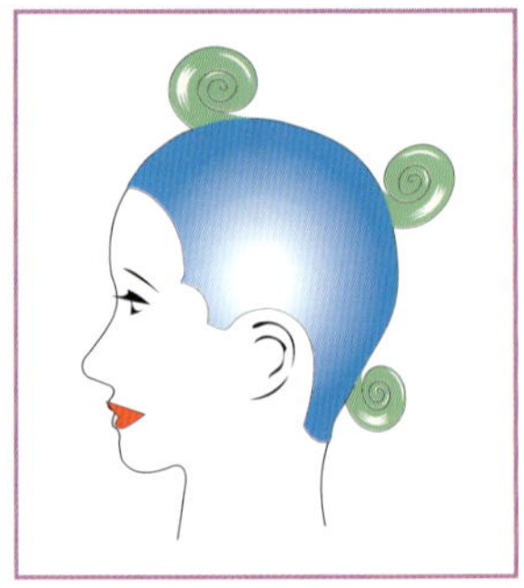

③ 위치에 따른 스템

a. 업 스템(up stem) : 로드가 모발 위에 와인딩 되므로 큰 볼륨 이 필요할 때 사용된다(탑, 전두부).

b. 미들 스템(middle stem) : 중간정도의 볼륨을 형성할 때 사용된다(백, 크라운).

c. 다운 스템(down stem) : 로드가 모발 아래에서 와인딩 되는데 볼륨이 전혀 필요치 않을 때 사용된다(네이프, 사이드).

④ 스템의 방향성(stem of direction)

헤어스타일에 따른 모발의 흐름을 퍼머넌트 웨이브로 연출하고자 할 때는 스템의 각도와 동시에 스템의 방향도 중요하다.

a. **포워드(forward)** : 얼굴쪽(전방)으로 향해서 와인딩(수직, 수평, 대각).

b. **리버즈(reverse)** : 뒤쪽(후방)으로 향해서 와인딩(수직, 수평, 대각).

c. **라운드 커브(round curve)** : 둥근 곡선을 그리면서 와인딩.

d. **인덴테이션(indentation)** : 반대방향으로 머리단의 안쪽에 로드를 대고 와인딩하며 볼륨이 없는 겉마름 효과를 얻는다.

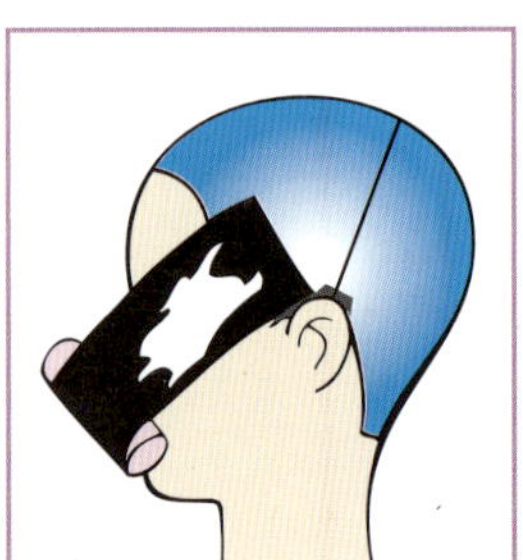
[a]

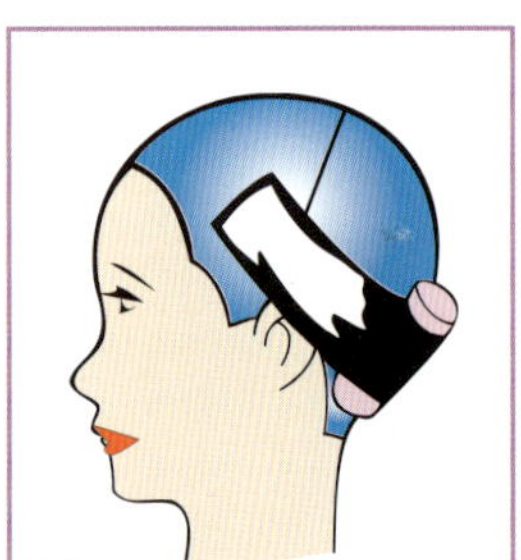
[b]

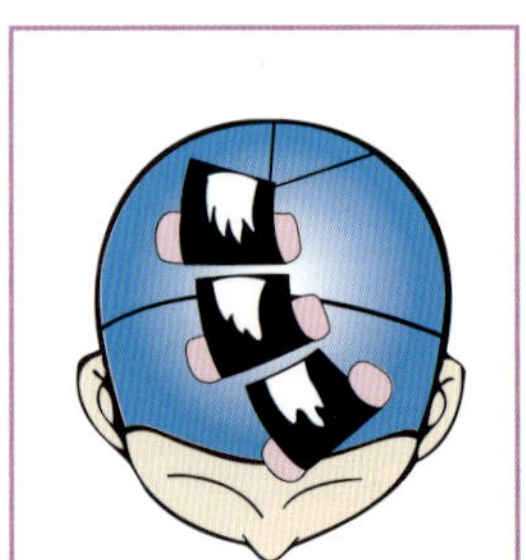
[c]

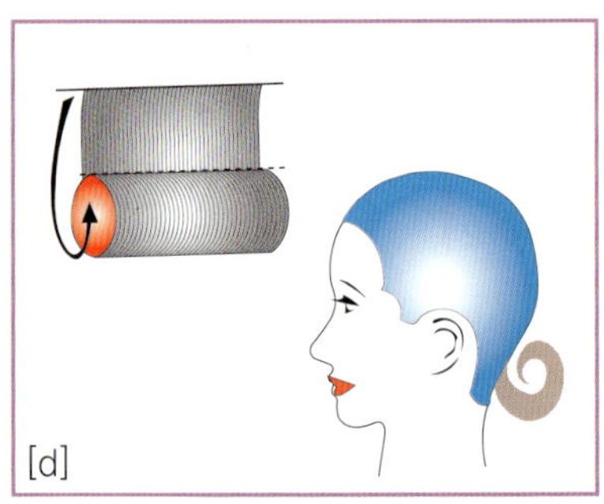
[d]

6) 헤어 웨이빙(hair waving)

(1) 헤어 웨이브의 목적

헤어스타일에서 'S' 자 물결 모양으로 된 파상을 만드는 것을 웨이브(wave)라 한다. 모발에 웨이브를 만드는 목적은 아름다운 헤어스타일을 연출하는 데 있으며 웨이브를 만드는 방법에 따라 핑거웨이브, 컬 웨이브, 아이론웨이브 등이 있다.

(2) 헤어 웨이브 각부의 명칭

시작점과 종지점(wave cycle)

같은 모양의 S자형 웨이브가 여러 개 이어질 때 하나의 S자형 웨이브가 시작되는 점(시작점)에서 끝나는 점(종지점)까지의 길이를 말한다. 하나의 웨이브는 하나의 주기를 가진다.

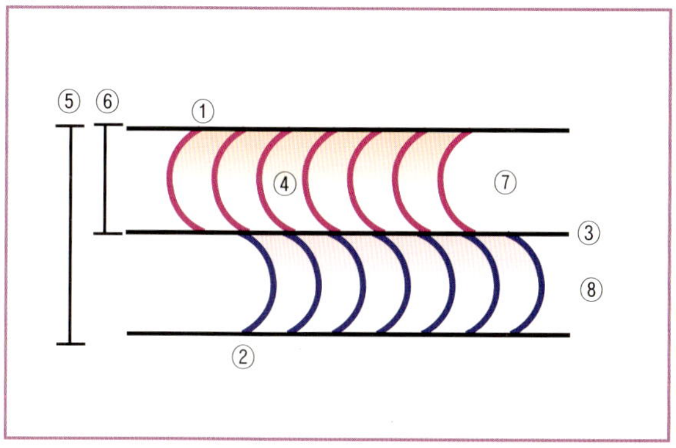

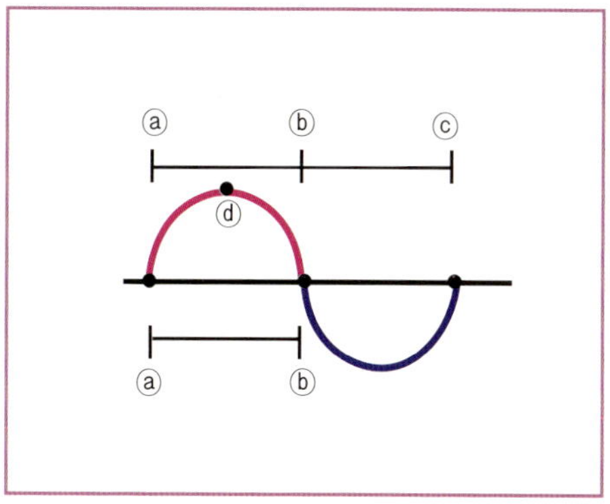

① 시작점(beginning point) : 웨이브의 주기가 시작되는 점
② 끝점(ending point) : 웨이브의 주기가 끝나는 점..
③ 융기선(ridge) : 웨이브 봉우리와 골이 만나는 선.
④ 골(trough) : 웨이브의 낮은 부분 정점.
⑤ 풀 웨이브(full wave) : 시작점에서 끝나는 점 까지 의 1주기.
⑥ 하프웨이브(half wave) : 시작점에서 끝나는 점 까지 의 1/2주기
⑦ 오픈 앤드(open end) : 열린 면
⑧ 크로즈 앤드(closw end) : 닫힌 면

ⓐ 시작점(beginning point)
ⓒ 끝점(ending point)
ⓐ~ⓒ 풀웨이브
ⓐ~ⓑ 하프 웨이브
ⓓ 봉우리(crest): 웨이브가 높은 부분의 정점

(3) 방법에 따른 웨이브 종류

① 스킵 웨이브(skip wave)

핑거 웨이브와 컬을 교차시켜서 형성한 웨이브. 즉 핑거웨이브 → 핀컬 → 핑거웨이브 → 핀컬 방식으로 이어서 형성한 웨이브이다. 스킵 웨이브는 폭이 넓고 부드럽게 흐르는 웨이브를 만들고자 할 때에는 좋으나 펌 웨이브가 곱슬거림이 강하거나 가는 모발에는 효과가 없다.

② 마셀 웨이브(marcel wave)

아이론을 가열하여 그 열에 의하여 형성된 웨이브를 말한다. 프랑스의 마샬그라또우가 아이론을 발명하여 창안한 웨이브로 마샬 웨이브의 특징은 'S자형' 물결모양의 웨이브가 폭이 균등하게 연속되어 있는 것이다.

③ 핑거 웨이브(finger wave)

손과 빗을 사용하여 웨이브를 만드는 것으로서 빗으로 머릿결을 다듬어 세트 로션을 이용하여 부드러운 물결형태의 S 웨이브를 형성시킨다.

④ 퍼머넌트 웨이브(permanent wave)

모발에 물리적, 화학적 방법을 가하여 본래의 헤어구조와 성질을 변형시켜 오래 지속되는 웨이브를 만들어 주는 것이다. 또한 머리 손질을 쉽게 하기 위함과 커트의 보완으로서 가는 모발에 볼륨을 주고 머리숱이 많아 보이게 하는 것과 곱슬머리를 펴서 직모로 찰랑거리게 등의 헤어스타일을 변화시켜 준다.

a. 퍼머넌트(permanent)의 종류

- wave permanent
- straight permanent
- iron permanent wave
- pin curl permanent wave

b. 웨이브(wave)의 기본

- 안마름(in curl) : 안쪽을 향해 와인딩 하는 방법
- 겉마름(out curl) : 바깥쪽을 향해 와인딩 하는 방법

c. 와인딩 기법(winding techniques = wrapping)

- 크로키놀식 와인딩(croquignole winding = overlap winding) : 조셉메이어가 고안한 방법으로 머리끝부분에서 모근 쪽으로 말아 가는 방식(= 가로 말이), 가장 많이 사용되는 기법이다. 오버랩(over rap)이라고도 하며 겹쳐지면서 와인딩을 하게 되며 웨이브 폭이 달라진다. 긴 모발에서 짧은 모발까지 다양하게 와인딩 할 수 있지만 긴 모발보다는 짧은 모발에 더 효과적이다.

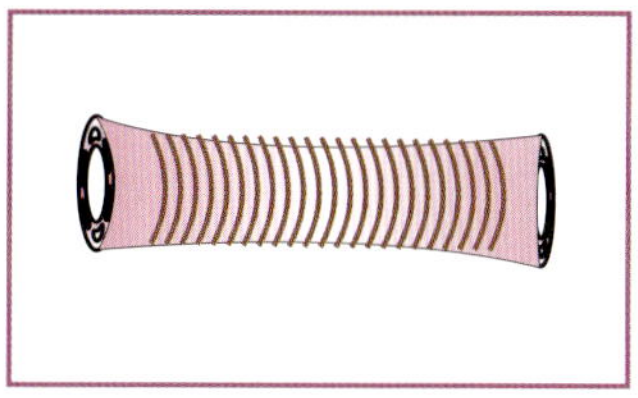

크로키놀식

- 스파이럴식 와인딩(spiral winding) : 찰스 네슬러가 고안한 방법으로 모근 쪽에서부터 머리끝으로 말아가는 방식(= 세로 말이), 나선형의 와인딩을 말하며 모근에서 모발 끝으로 와인딩 하는 방법과 모발 끝에서 모근 쪽으로 와인딩 하는 2가지 방법이 있다. 대체로 길게 늘여 뜨린 효과가 있고 머리카락을 겹치지 않게 회전시켜서 모근쪽에서 모발끝까지 전체 동일한 웨이브를 얻을 수 있다.

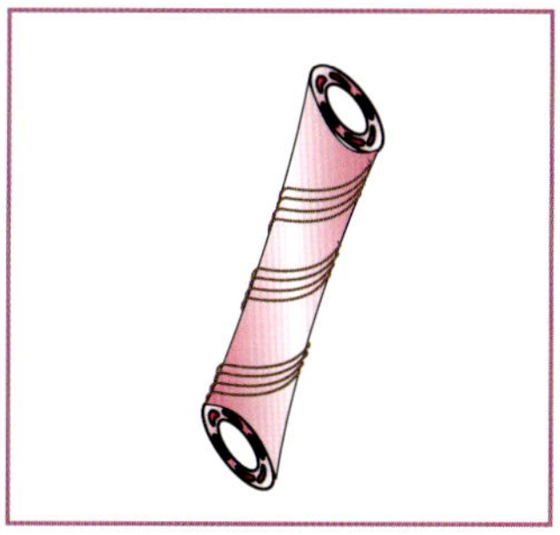

스파이럴식

- 컴프레이션 기법 와인딩(compression winding) : 머리카락을 기구사이에 넣어 압축하여 눌려지는 질감의 효과를 만들어 내는 기법으로 다이랙트 펌이나 살짝 펌 등이 그 예다.

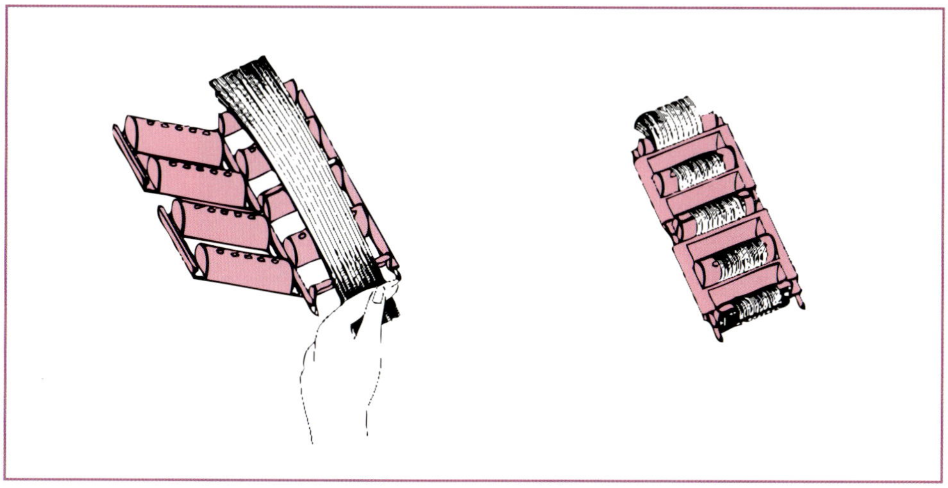

(4) 헤어 웨이브 방향에 따른 분류

① 버티컬 웨이브
(수직웨이브, vertical wave)

베이스나 로드 와인딩 위치가 수직이 되며 웨이브의 방향이 수직으로 형성된 웨이브

② 호리존탈 웨이브
(수평웨이브, horizontal wave)

베이스나 로드 와인딩 위치가 수평이 되고 웨이브의 방향 또한 수평이 되게 형성한 웨이브

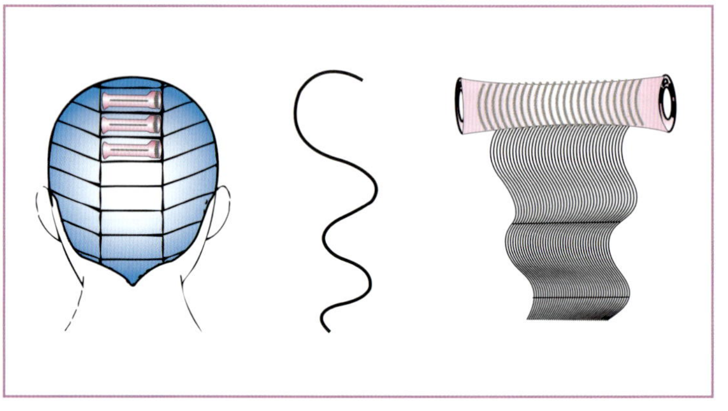

③ 다이애거널 웨이브
(사선웨이브, diagonal wave)

베이스나 로드 와인딩 위치가 좌, 우 사선으로 와인딩 하면 웨이브의 방향이 사선이 되게 비스듬히 형성한 웨이브

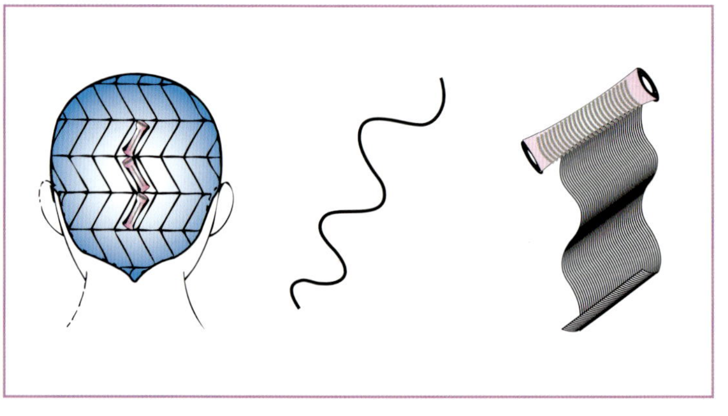

(5) 헤어 웨이브 형태에 따른 종류

① 새도우 웨이브(shadow wave)

릿지(ridge)가 뚜렷하지 못하여 희미하게 늘어진 웨이브

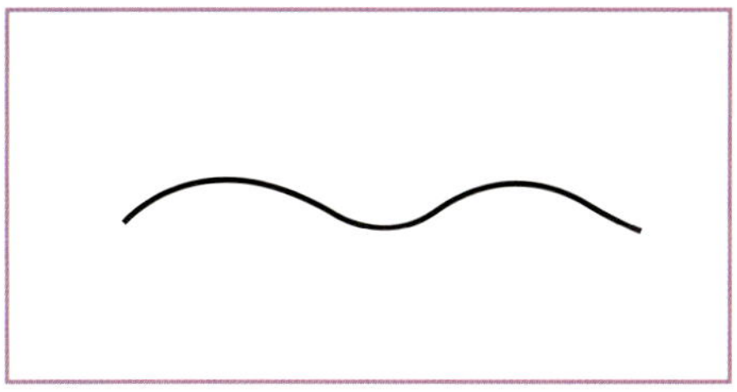

② 와이드 웨이브(wide wave)

릿지가 뚜렷한 폭이 중간정도 넓은 웨이브

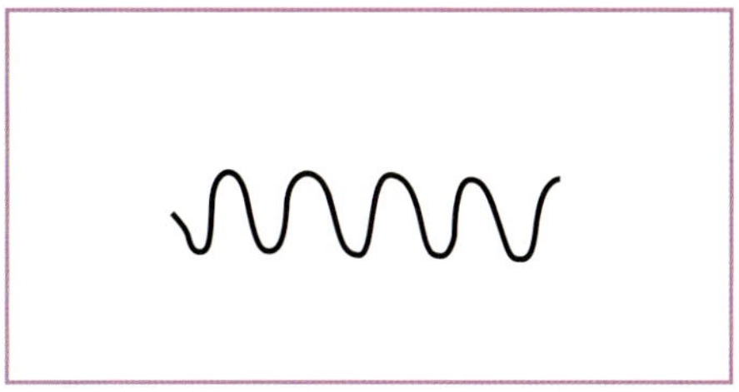

③ 내로우 웨이브(narrow wave)

웨이브 폭이 좁고 급경사의 곱슬이 강한 웨이브

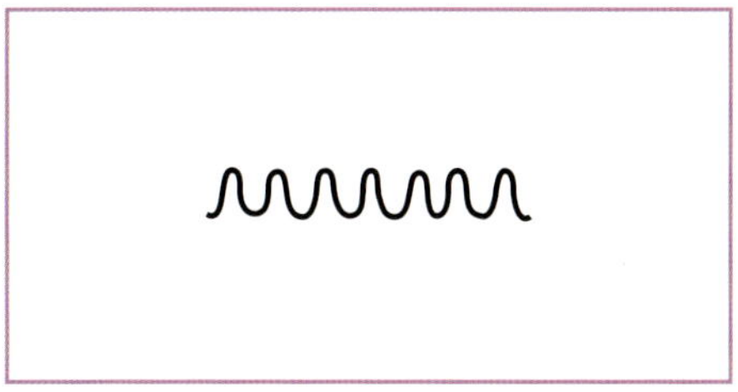

④ 프리즈 웨이브(frizz wave)

모근 쪽으로 느슨하고 모간 끝 쪽으로 강한 웨이브

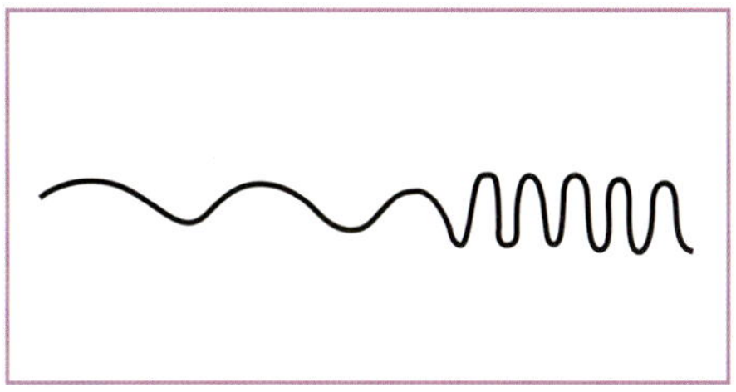

3. 퍼머넌트 디자인 구성요소(Permanent design element)

1) 펌 디자인 법칙(design principle)

(1) 반복(repetition)

위치를 제외하고 모든 구성이 동일 할 때

두상의 모든 위치에서 같은 모양과 같은 크기의 로드를 반복해서 사용하면 전체 균일한 웨이브를 반복된 머릿결 질감이 나온다.

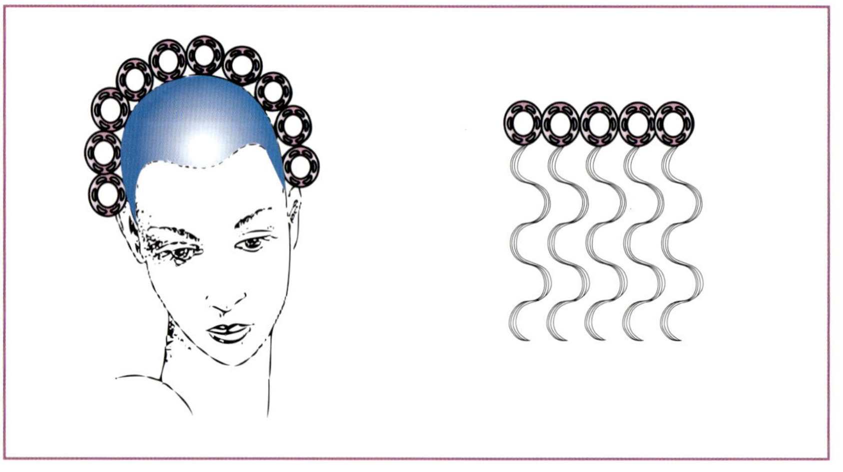

(2) 진행(progression)

로드의 크기와 모양이 점차적으로 커지거나 작아지는 형태로 변화하는 것으로 로드의 직경의 진행은 웨이브의 질감이나 패턴을 점차 커지거나 점차 작아지게 한다.

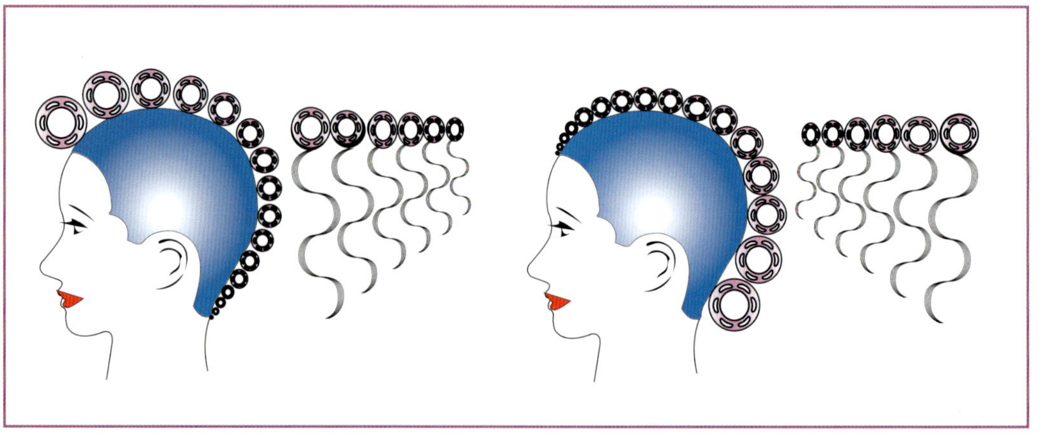

(3) 대조(contrast)

서로 반대되는 요소들이 공간적, 시각적으로 가깝게 접근할 때를 말하며 서로 다른 요소가 좌우의 바람직한 관계, 즉 펌 한 부분과 펌하지 않는 다른 부분의 머리질감이 강한 대조를 나타낸다.

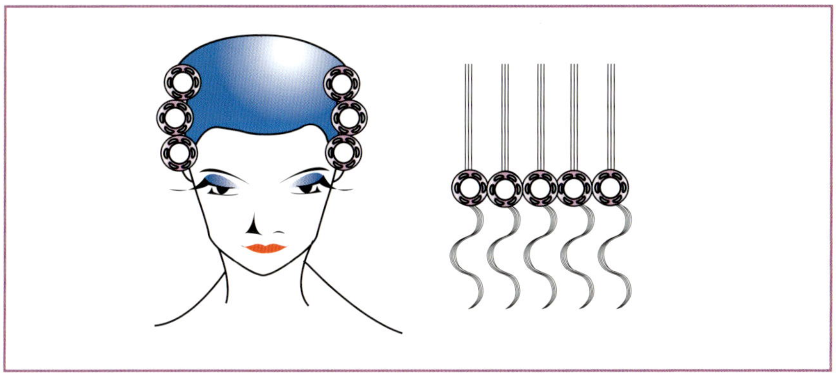

(4) 교대(alternation)

둘 또는 그 이상의 요소들이 같은 패턴으로 반복될 때를 말하며 하나의 특성에서 또 다른 특성으로서의 혹은 그 반대로의 연속적인 변화를 말한다. 즉 펌 로드의 굵기나 모양을 교대하므로 섞이는 질감을 나타낼 수 있다.

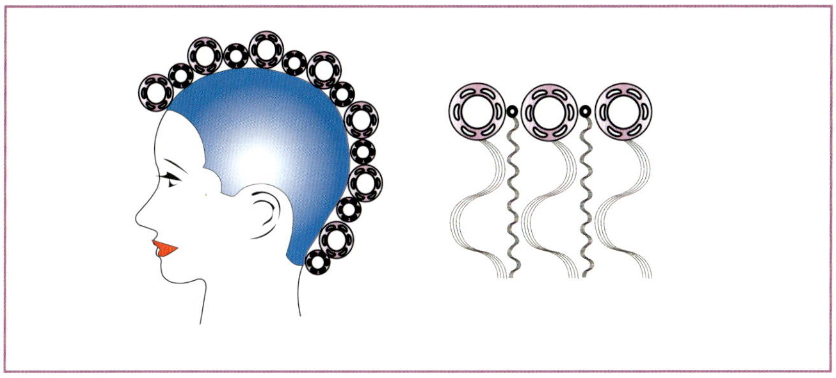

(5) 대조교대(contrasting alternation)

좌우의 연속적인 변화, 매우 다른 모양의 굵기가 다른 2개 이상의 로드를 배치하여 하나의 펌 디자인에서 교대하여 다양한 질감을 나타낸다.

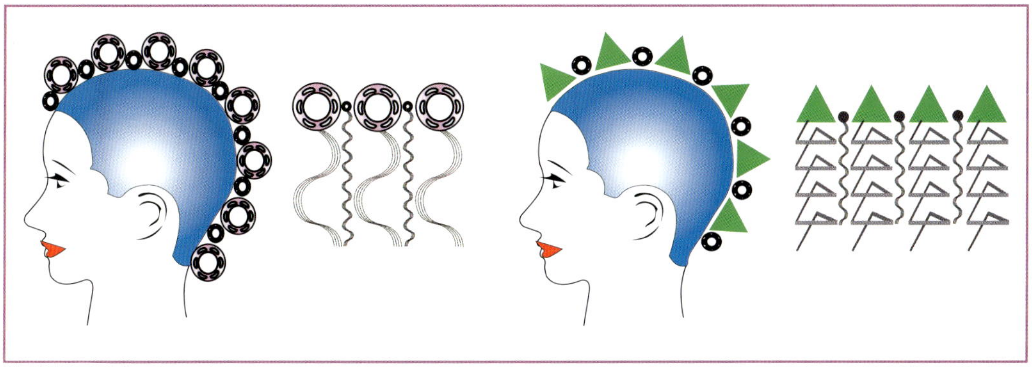

2) 펌 디자인 형태에 따른 적용

(1) 둥근형(circle)

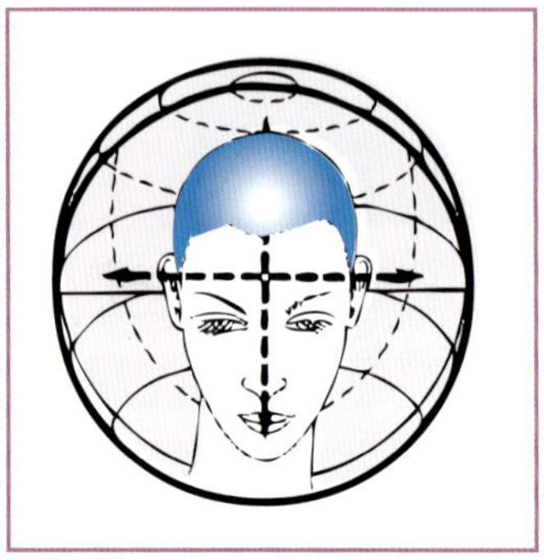

둥근형태의 볼륨은 얼굴전체에 균등한 강조를 준다.

(2) 장구형(prolate)

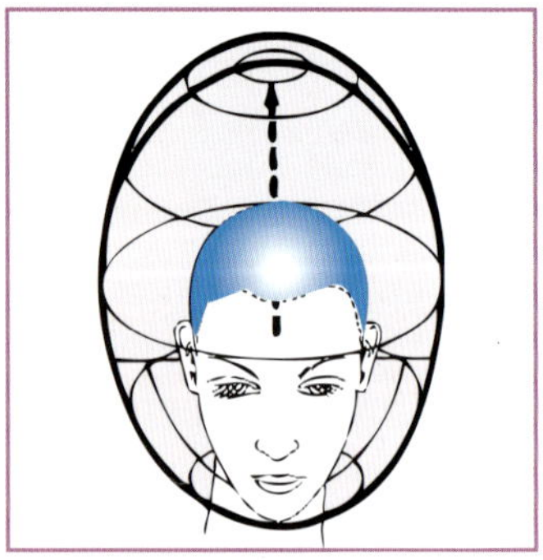

위를 향한 세로로 긴타원형

높이를 강조, 특히 위쪽이나 앞머리에 강조를 준다. 더욱 길어 보이는 얼굴로 둥글고 각이진 얼굴형에 잘 어울림.

(3) 장구형(prolate)

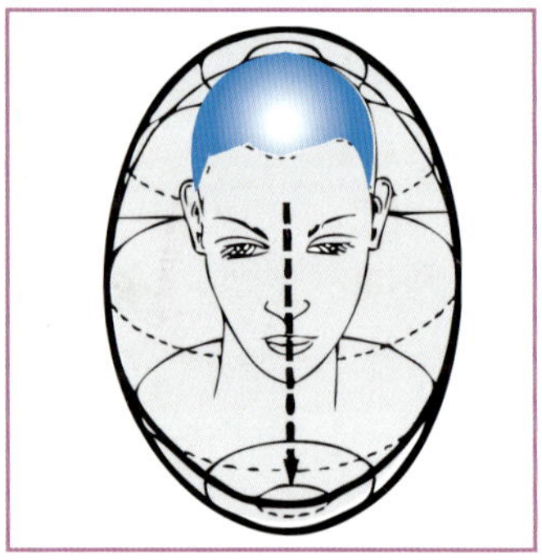

아래쪽으로 향한 긴 타원형

디자인 방향을 아래쪽으로 한다. 주로 긴 머리에서 적용, 질감은 머릿결을 변화시키고 늘어뜨린 길이에 강조를 줌.

(4) 편구형(oblate)

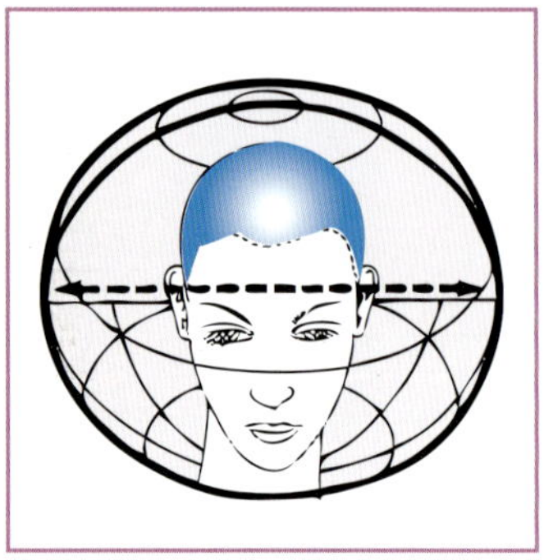

가로로 긴타원형

높이보다는 넓이를 강조, 아래 부분을 넓혀주면 좁은 턱선이나 넓은 이마에 균형을 줌.

(5) 비대칭형(asymmetric)

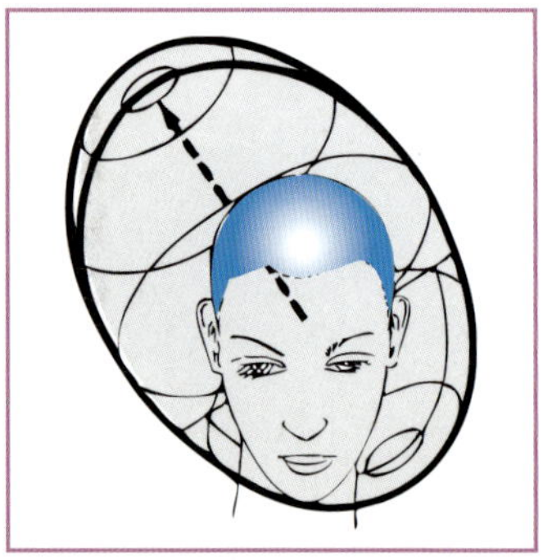

좌 · 우 사선

얼굴의 모양과 특성에 포인트를 주는데 효과적으로 사용. 일반적으로 비대칭요소는 디자인의 위쪽 부분에 위치하지만 아래쪽에 위치 할 수 있음.

3) 퍼머넌트 웨이브의 로드(rod) 종류와 기구에 따른 특성

(1) 로드 형태와 와인딩 기법에 따른 질감 차이 비교

펌 디자인에 있어서 연출되는 질감은 선택된 기구에 직접적으로 관련이 있으며 로드 굵기와 형태는 원하는 컬의 형성에 영향을 준다.

펌 로드(perm rod)라 함은 원하는 웨이브와 볼륨을 내기위하여 사용되는 여러 가지 형태로 만들어진 도구를 말하는 것으로 크게는 일반 로드와 특수 로드로 구성되는데 일반 로드형태는 둥근형, 타원형, 각진형, 요철형, 평면형, 긴형, 짧은형 등 여러 가지가 있다.

특수 로드로는 스트레이트 퍼머를 위한 패널을 비롯하여 특이한 웨이브형태를 만들기 위해 사용되는 다이랙트, 르네상스, 부메랑, 지바고, 실크터치 등이 있다.

로드 재질로는 매끈한 것, 거친 것, 부드러운 것, 딱딱한 것, 쿠션이 있는 것 등이 있으며 소재는 플라스틱, 고무, 나무, 나일론, 세라믹(ceramics), 스폰지, 철사, 호일, 옥 등 다양하다.

또한 기구로는 고대기를 이용한 자동 아이론 퍼머기, 곱슬머리를 펴는 매직 스트레이트기, 세팅 퍼머기구, 신소재로 개발되어지는 디지털 펌 기구, 열 펌 기구, 수분 펌 기구(쮸펌) 등의 출현으로 21세기에 맞게 차별화 · 고급화되고 있다.

로드의 형태에 따라 형성되는 웨이브 형태

로드 형태		웨이브 형태	
가는 것		가늘고 곱슬거림	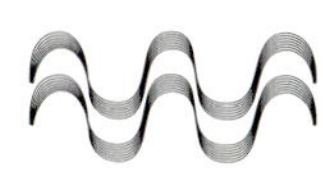
굵은 것	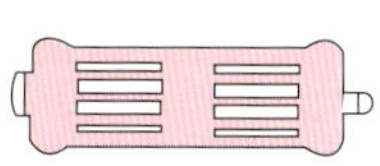	폭이 큰 웨이브	
둥근 것		매우 곡선적임	
각진 것	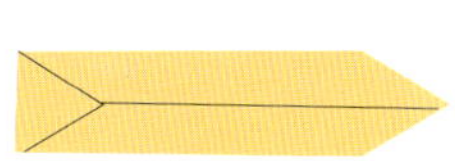	각이진 웨이브	
긴 것		나선형	

(2) 모발 길이에 따른 로드의 선정

모발 길이에 의해서 로드의 선정 기준 또한 달라진다. 일반적으로 모발이 짧은 경우에는 가는 로드, 중간 길이는 중간 로드, 모발이 긴 경우에는 굵은 로드를 사용한다. 그러나 선택된 다양한 퍼머 기구 크기와 모양에 따라 혹은 로드를 마는 와인딩 기술적인 구성요소에 따라서 원하는 스타일에 맞게 다양한 분위기를 연출 할 수 있다.

특히 로드 굵기에 의해 모발길이가 약간의 변화를 주는데 굵은 로드를 사용하는 것보다 가는 로드를 사용했을 경우모발의 길이가 더욱 짧아보이게 된다.

로드 패턴들은 웨이브 속도가 "빠르다", 큰 로드 패턴은 "느리다"라는 의미로 퍼머 기구의 굵기를 나타내기도 한다.

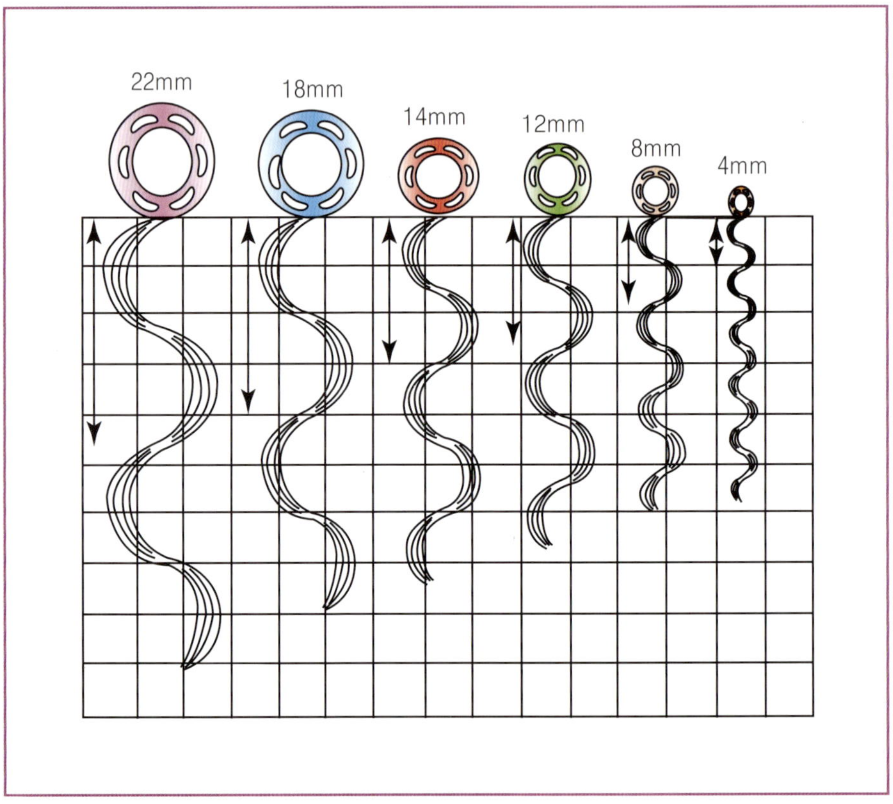

(3) 로드의 직경과 모발의 길이에 따른 와인딩 회전수

웨이브 크고 작음은 약액의 강약이 아니고 로드의 굵기에 따라 결정된다.

모발의 길이에 따라서 다양한 굵기를 선택할 수 있으며 로드의 회전수에 따라 웨이브 모양이 달라진다. 적합한 로드를 선정해서 시술해야 하며 구체적으로 원하는 형태의 컬을 구하고자 하는 경우는 회전수를 생각하고 로드를 선정해야 한다.

즉, 모발이 로드에 1~1.5바퀴 정도 감기게 되면 C자형 웨이브가 생기고, 모발이 로드에 2~2.5바퀴 정도 감기게 되면 S자형의 웨이브가 생긴다.

로드 지름의 2.5배가 기준

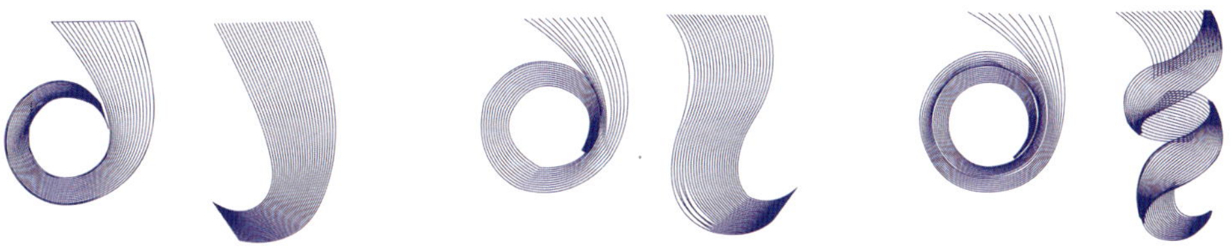

1회전 이하　　1/2 회전~2회전　　2회전 이상

웨이브계산법

➩ 원둘레 = 로드의 둘레

➩ 원둘레(로드의 둘레) = 원(로드)지름 × 3.14

로드의 직경과 감기는 수

	1cm	1.2cm	1.5cm
로드의 원주	3.14cm	3.76cm	4.17cm
감는 수	3.2	2.7	2.1

➩ 로드직경 × 3.14 + 1cm(베이스) = 원 웨이브
- 로드의 원둘레는 직경의 약 3배이다.
- 밑뿌리 1cm(베이스헤어)는 여유를 고려한다.
- 원둘레에 2~3배에 모발길이가 필요하다(풀 웨이브를 원할 경우).

➩ 3회전시킬 길이가 없으면 풀 웨이브가 나오지 않는다.
- 로드의 직경과 모발의 길이에 따른 와인딩 회전수.
- 로드의 지름 10mm, 모발의 길이 30cm 경우
- 로드의 원주 (둘레) 10mm × 3.14 = 3.14cm
- 와인딩 회전수 30cm ÷ 3.14cm = 9.5 즉 9회전 반

4) 엔드 페이퍼(end paper)

(1) 엔드 페이퍼(end paper)의 역할

로드에 모발이 빠져 나오지 않게 와인딩 할 수 있게 하며 모발의 길이가 일정하지 않는 경우에 와인딩 하기 쉽게 한다. 또한 모발에 1제가 지나치게 흡수되는 것을 방지하며 모발 끝을 가지런하게 하여 머리끝의 형태가 꺾이지 않도록 한다. 그러므로 모발 손상을 줄여주고 컬과 웨이브가 고르고 매끄럽게 형성되도록 도와준다.

(2) 엔드 페이퍼 사용방법

앤드페이퍼의 사용방법은 모발의 상태에 따라서 1장 또는 2장으로 사용하는 경우와 반으로 접어서 사용한 경우가 있다.

① 1장으로 사용하는 경우(단면 사용기법, single end paper)

- 가장 기본적인 방법으로 가장 많이 사용한다.
- 스트랜드의 윗면에만 엔드 페이퍼를 놓고 와인딩하는 방법이다.

② 2장으로 사용하는 경우(양면사용기법(duble end paper), 쿠션 기술기법(cushion))

- 스트랜드의 윗면과 아래면에 각각 엔드 페이퍼를 놓고 와인딩하는 방법이다.
- 종이가 양쪽으로 겹침으로 인해 쿠션의 역할을 하므로 지나치게 모발 끝이 손상된 경우와 모발의 길이 단차가 심할 때 사용한다.

③ 반으로 접어 사용하는 경우 = 책갈피 기술기법(bookend paper)

엔드 페이퍼를 반으로 접어 모발을 감싸는 방법으로 엔드 페이퍼를 양면사용과 같은 동일한 효과를 얻을 수 있으며 단, 모발의 길이 단차가 심하면 사용할 수 없고 긴 머리 스파이럴식 와인딩에 주로 사용한다.

5) 고무밴드(replacement rubber)

(1) 고무밴드 처리방법

와인딩 된 로드를 두피에 고정시켜 주는 역할을 한다. 단, 모근 가까이에 너무 강하게 고무밴드 할 경우 모발이 꺾이거나 고무줄에 의해 모발이 눌린 자국으로 단모의 원인이 될 수 있다.

(2) 고무밴드 사용법

① 11자형 방법 : 롤 스트레이트나 굵은 로드 시술시 사용되며 기본적으로 사용되는 방법이다.
② X자형 방법 : 고무줄 거는 자국이 나지 않아 모발 손상이 적으며 웨이브의 강약을 조절할 수 있다. 롤 스트레이트, 굵은 로드 시술 시, 긴 머리 등에 주로 사용된다.
③ 복합 X형 방법 : 미용실에서 가장 많이 사용하는 고무 밴드 방법으로 웨이브의 강약 조절이 가능하며 모발에 맞춰 텐션을 확실히 주고 싶을 때 사용한다.

11자형　　X자형　　복합 X자형

(3) 고무밴딩 시 주의점

① 고무밴드가 로드의 좌 · 우 수평으로 같은 지점에 걸리게 한다(고무밴드가 걸리는 위치가 다를 경우 좌 · 우 텐션정도가 달라 웨이브의 형태와 각도가 달라지므로).
② 모근쪽에 위치한 고무밴드를 살짝 잡아 당겨 늘여준다(고무밴드에 약물이 고여 끊어질 수 있는 것을 방지).
③ 2액 처리할 때 고무줄이 있는 곳에도 빠뜨리지 말고 도포하는 것이 중요하다.

(4) 스틱(stick) 사용법

① 와인딩 후 모발에 고무줄 자국이 남지 않고 텐션을 균일하게 하고 싶을 때 사용한다.
② 모근쪽 모발이 고무 밴드에 손상되는 것을 방지한다.
③ 스틱을 꽂을 때 고무줄을 심하게 당기면 텐션이 강하게 가해져 두피에 자극을 줄 수 있으므로 주의해야 한다.

6) 기본 와인딩 테크닉

(1) 와인딩 개념

와인딩(winding)이란 모발을 로드에 마는 기술로 적당한 텐션(tension = 긴장력)을 주어서 모발이 로드에 고르게 말아갈 수 있도록 하는 것이다.

와인딩의 방법에는 1제를 직접 모발에 바르면서 행하는 직접법과 워터랩핑(water wrapping)이라 하여 물로 촉촉하게 해서 로드로 와인딩한 다음 1제를 바르는 간접 와인딩 2가지로 구분 할 수 있다.

(2) 스트랜드 와인딩

스트랜드란 와인딩을 시작할 때 하나의 슬라이스를 나눈 머릿단을 말하며 꼬리빗으로 빗질할 때 빗의 회전으로 각도에 맞는 스트랜드 만들어서 와인딩한다. 이때 각도와 텐션을 유지해서 빗질하는 것에 주의해야 한다.

(3) 수평, 수직, 사선말기

와인딩 하기 전 모발을 빗는 방향에 따라 웨이브 방향이 달라지는데 보통 모근에서 직각으로 빗질을 하여 와인딩 하는 것이 정확한 컬을 형성하게 된다.

와인딩 시 모발이 로드 길이의 약 80% 정도 만큼 펴서 와인딩 하는 것이 좋다. 모발을 모아서 당겨 말게 되면 끝맺음 시 로드의 중앙 보다 로드의 양쪽 부위의 컬이 모근 쪽으로 늘어지는 현상이 일어나기 때문에 균등한 웨이브 형성이 어렵게 된다.

적당한 슬라이스를 하여 두피와 평행하게 로드를 놓고 와인딩 하게 되면 로드 오프(rod off) 시에 웨이브의 흐름이 일정하게 된다. 그러나 두피와 평행하지 않으면 웨이브의 흐름이 일정하지 않고 한쪽으로 치우치는 컬이 형성되므로 주의하여야 한다.

또한 와인딩 방법에는 두상 곡면에 따라 수평, 수직, 사선말기가 있다. 수평말기는 로드가 두상 곡면에 두피에 평행한 베이스로 마는 방법이고, 수직말기는 로드가 수직으로 세워서 마는 방법이며, 사선말기는 로드 위치가 두상 곡면에서 사선으로 말아 웨이브가 컬의 흐름을 사선으로 형성하기 위한 방법이다.

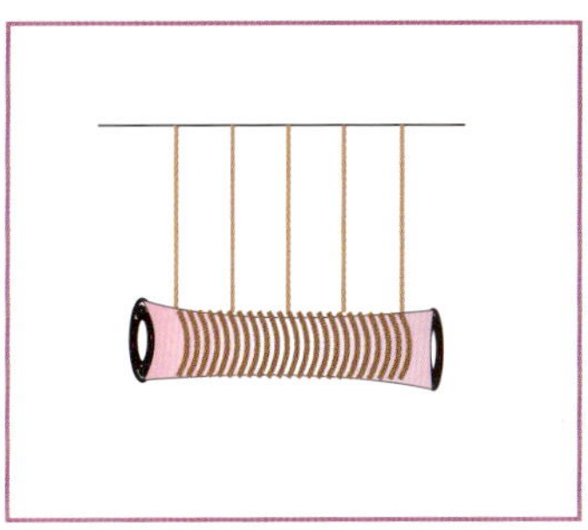

수평말기

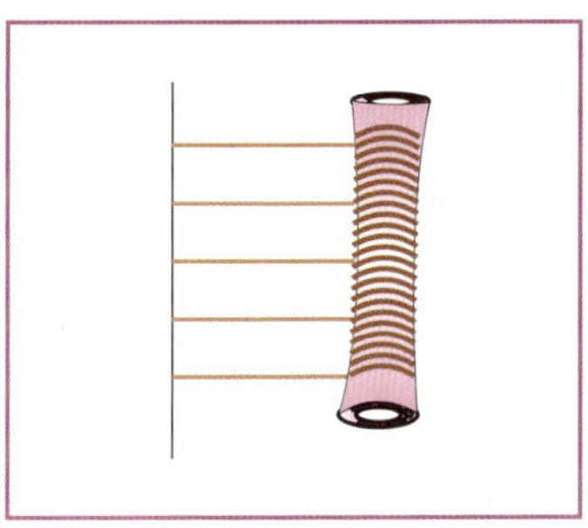

수직말기

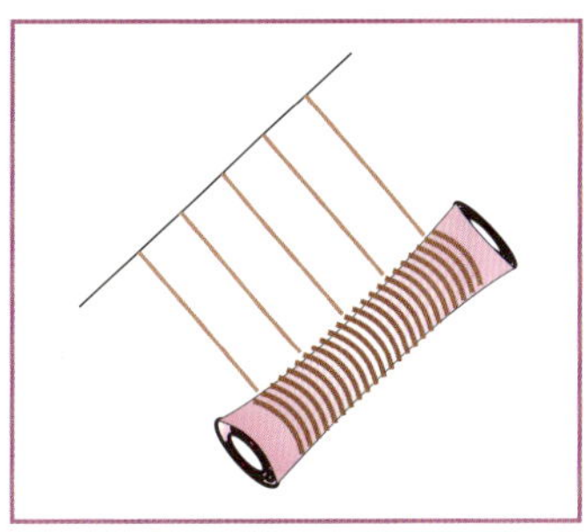

사선말기

(4) 안말음과 바깥말음

① 안말음(인 컬 = 볼륨)

가장 일반적인 방법으로 안쪽방향으로 와인딩하는 방법을 말한다.

베이스기구의 위치에 따른 모발의 양과 각도에 따라 볼륨이 변화된다.

② 바깥말음(아웃 컬 = 인덴테이션)

내려말기의 반대방향으로 꼬리빗의 꼬리를 이용하여 거꾸로 와인딩하는 방법으로 전두부의 디자인이 올백스타일일때 사용하거나 모발 끝에 뻗침을 강조하고자 할때 사용한다. 또한 기구의 위치 또한 베이스 강도와 컬의 유동성에 영향을 준다.

(5) 바로말기와 세워말기

① 바로말기

- 손바닥이 시술자가 보이게 하여 왼손의 검지와 중지사이에 엔드 페이퍼 윗부분이 1cm 정도를 남기고 손가락 사이에 끼운다.
- 오른손으로 로드의 끝부분 어느 정도 부위만 엄지와 검지, 중지로 잡고 엔드 페이퍼 아래로 로드가 위치하고 엔드 페이퍼로 로드를 감싸 와인딩한다.
- 왼손은 그대로 유지하며 오른손 엄지와 검지만 사용해서 왼쪽 중지와 약지의 손가락사이에서 페이퍼를 감아서 와인딩한다.
- 로드 왼쪽 끝부분을 왼손 엄지와 검지로 잡고 밴드로 로드를 고정한다.

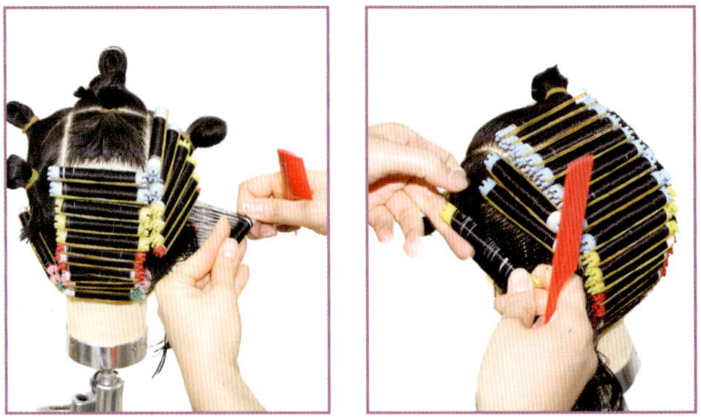

바로말기

② 세워말기

- 모발을 빗겨 세워서 엔드 페이퍼를 왼손의 중지와 약지 사이에 끼워 모발 뒤에 놓고 로드가 모발 끝에서 위로 1cm 정도에 오게 한다.
- 페이퍼를 로드와 감은 후 왼손엄지로 고정시킨 다음 꼬리빗의 꼬리부분이 들어가게 하며 이때 왼손 엄지로 로드를 살짝 올렸다 내려준다.
- 위에서 아래로 와인딩한 후 밴드로 로드를 고정한다.

세워말기

7) 퍼머넌트 와인딩 형태(permanent winding pattern)

(1) 직사각형 형태(rectangle pattern)

직사각형 형태는 가장 기본적인 퍼머넌트형태로 전체형태가 직사각형모양을 나타내며 기본방향은 아래쪽을 향한다. 보다 정확하고 빠른 와인딩을 할 수 있는 형태로 두상의 사이드 쪽의 로드 배열 즉, 수평, 후대각, 전대각 등 다양한 변화가 가능하다.

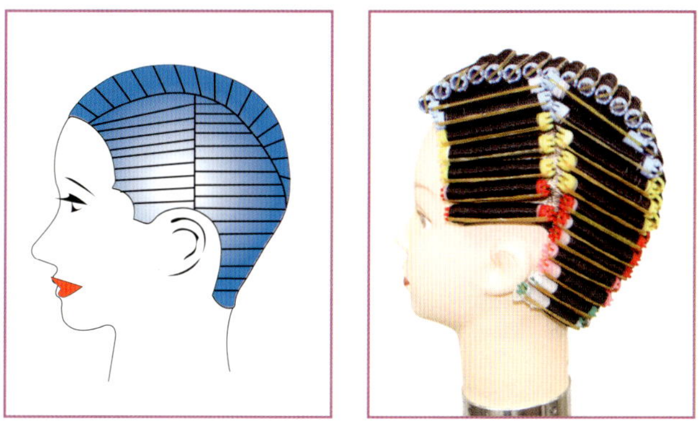

(2) 윤곽 형태(contour pattern)

사이드 전체를 하나의 큰 타원으로 보고 사이드쪽에 여러 방향의 말기 형태로 나누어서 와인딩 한다. 파팅한 부분은 머리의 윤곽에 따라 점차 수평이 된다.

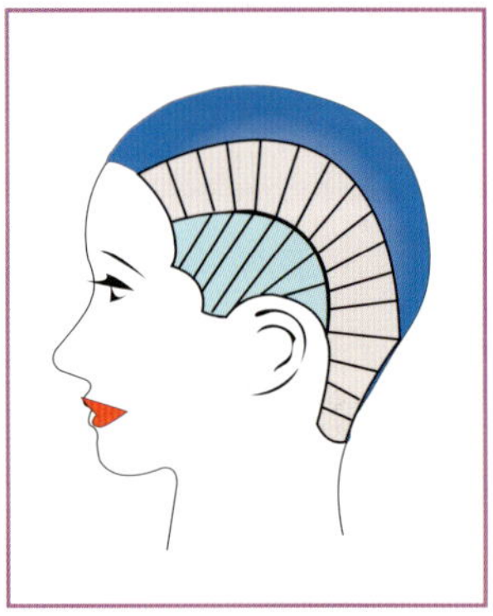

(3) 확장 원형 형태(expanded circle pattern)

두상 양 사이드 쪽은 커다란 곡선 형태이며 확장원형의 바깥쪽 부분을 말한다. 이 슬라이스들은 두상의 곡면에 따라 수직, 대각, 수평 파팅을 이루고 있으며 또한 삼각형 또는 사다리형 베이스들로 소구분 형성된다.

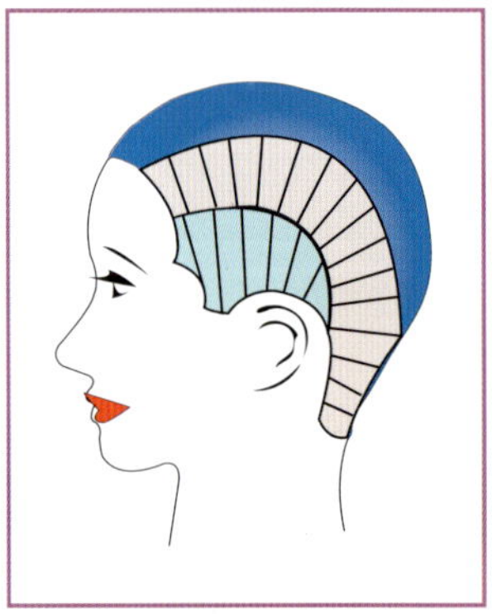

(4) 벽돌쌓기 형태(bricklay pattern)

벽돌형태는 벽돌을 정교하게 쌓아 건물을 짓는 것처럼 두상 곡면에 따라 퍼머로드를 배열하는 것이다. 또한 베이스 사이가 갈라지지 않도록 섬세하게 와인딩함으로써 웨이브를 자연스럽게 연결 할 수 있는 장점이 있다.

① 기본 형태(수평)

일반적으로 직사각형, 사다리형, 삼각형 베이스를 사용하여 겹침이나 압축 와인딩 할 때 사용된다. 로드는 수평이나 수직, 대각으로 위치한다.

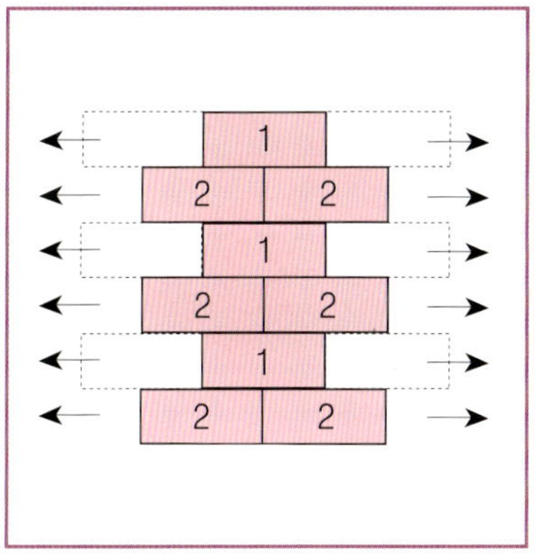

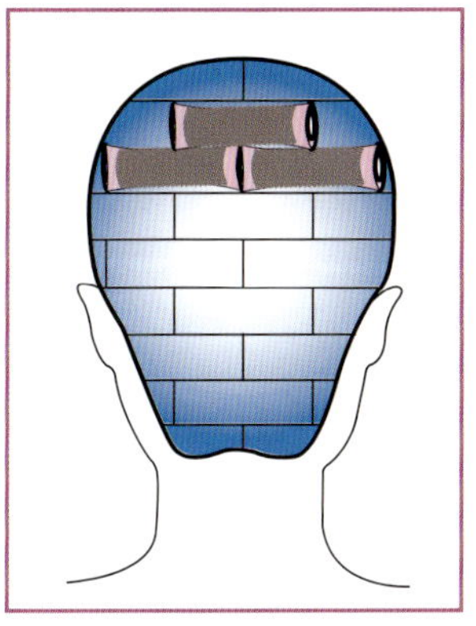

② 나선형 쌓은 벽돌 형태(수직)

수직베이스는 세로말기, 나선형 말기 기술로 쌓은 벽돌형태와 결합 될 때 주로 사용된다. 사각형이나 직사각형, 삼각형 모양의 베이스가 사용 될 수 있다.

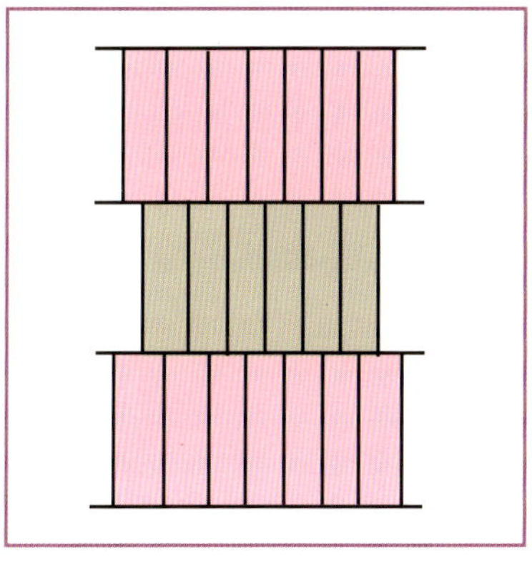
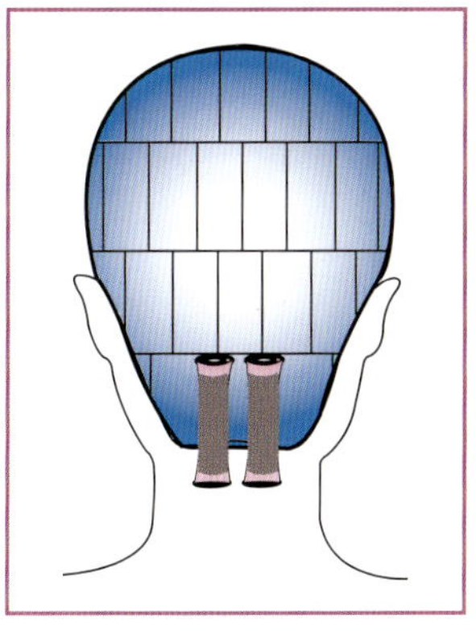

(5) 오블롱 형태(oblong pattern)

오블롱이란 일련의 평행한 C선들로 이루어진 길게 늘어뜨린 형태로 각각의 양끝이 오목하고 볼록하다. 한쪽에는 컨벡스와 다른 한쪽에는 컨케이브를 양 끝에 갖고 있다.

① 볼륨 오블롱 형태(volume oblong pattern)

볼륨 오블롱은 풍성한 느낌을 준다. 볼륨 오블롱은는 컨벡스(볼록한 끝)에서 시작한다. 최초의 방향(1st direction)에서는 45˚ 파팅을 하여 정사방형의 베이스를 만들어 준다.

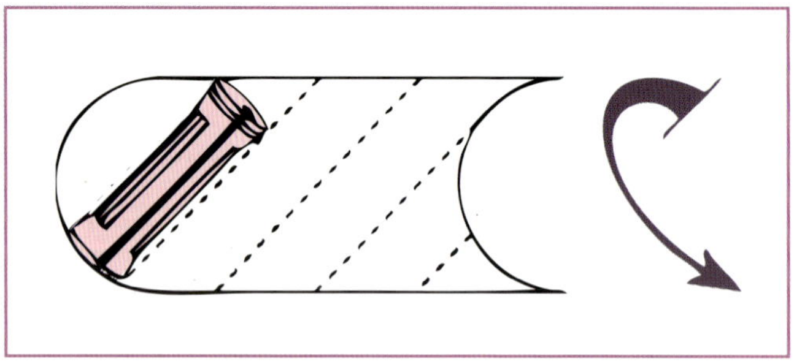

② 인덴테이션 오블롱 형태(indentation oblong pattern)

톱니모양으로 오블롱의 깊이를 만들어낸다. 인덴테이션 오블롱은 컨케이브(오목한 끝)에서 시작하여 두 번째 방향 (2nd direction)에서 45˚로 파팅한다. 부피감을 주기 위해서 톱니모양과 볼륨 오블롱이 교대 해준다.

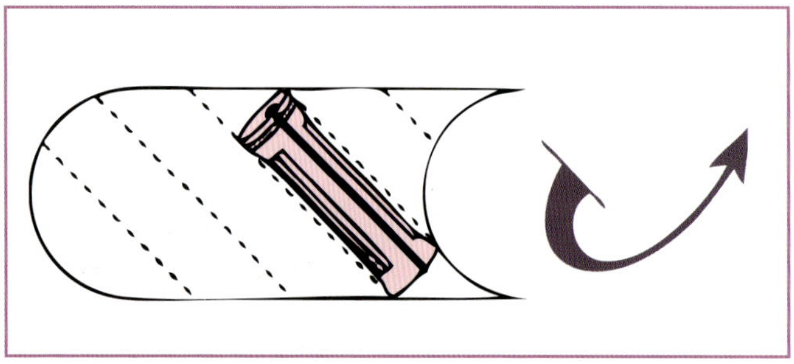

③ 연결 교대 오블롱(blend alternate oblongspattern)

방향을 바꾸어 2개 이상의 오블롱으로 웨이브 형태를 만든다.

오블롱의 연결 기술에서 베이스의 아래 코너에 있는 삼각형 베이스에서부터 시작된다. 이 삼각형의 크기로 다음 오블롱에 사용되는 기구의 지름과 관련이 있다.

이 기법은 볼륨 오블롱과 인덴테이션 오블롱에서도 사용된다.

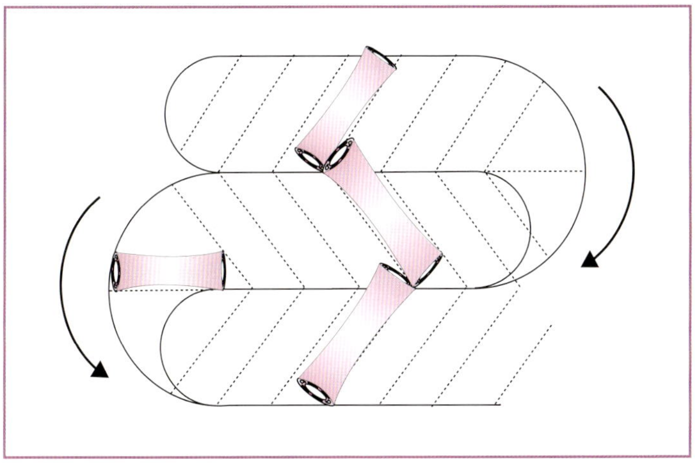

④ 연결원들(blending Circles)

$\frac{1}{4}$원형(부채꼴)은 모양을 확대하고 방향과 베이스 각도에 의한 와인딩을 한다. 이 섹션 내에서 삼각형 1직경만큼 떨어져 베이스 밑변과 평행하게 로드를 둔다.

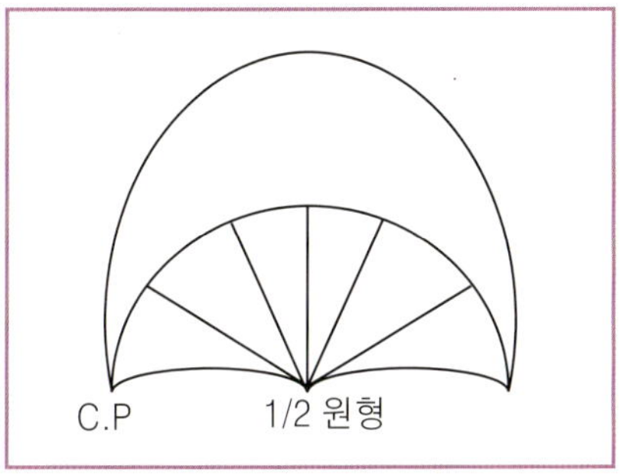

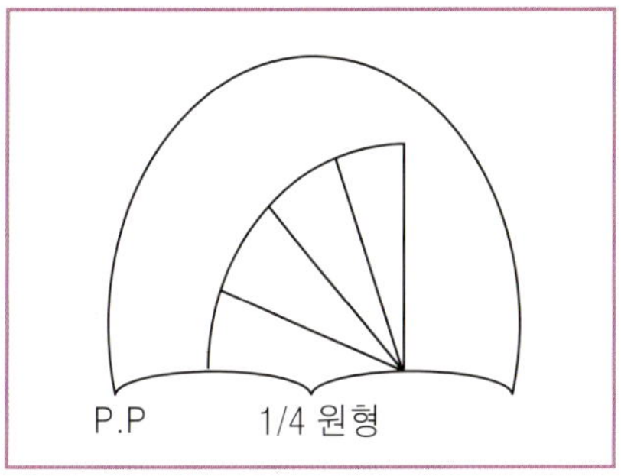

(6) 프로젝션(projection)

프로젝션이란? 뾰족하게 내밀거나 도드라진 부분, 또는 루프나 실 따위가 헝클어 지지 않게 비빙 둘러서 포개어 감은 뭉치로 정의된다. 퍼머넌트에서는 베이스 부분은 펌 웨이브가 되지 않은 상태로 두며 모발 끝부분 웨이브 질감이 확장 돌출되어 커트형과 길이에 따른 표면을 웨이브 형태로 강조하기 위해 사용된다.

① 수평-프로젝션(horizontal-projection)

동일 길이 원랭스 커트형에 수평 프로젝션 와인딩 하면 모발끝 부분에서 웨이브 형태가 확장된다.

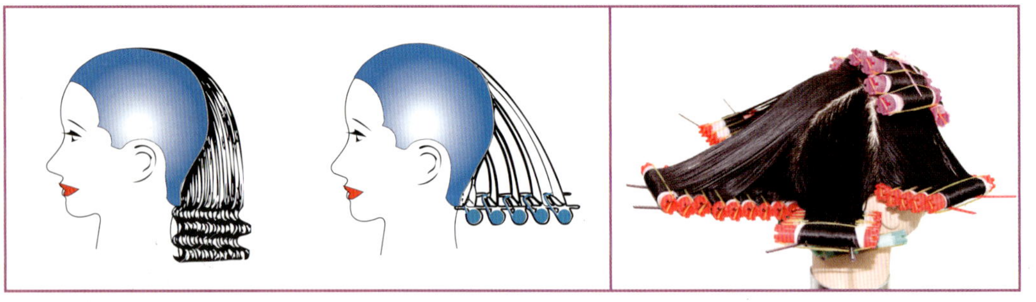

② 업-프로젝션(up-projection)

네이프(엑스테리어)쪽은 짧고 탑(인테리어)쪽은 모발길이가 길게 진행된다. 위쪽 돌출형태는 질감을 경사선에 따라 위치하고 확장된 무게 지역을 만들어낸다.

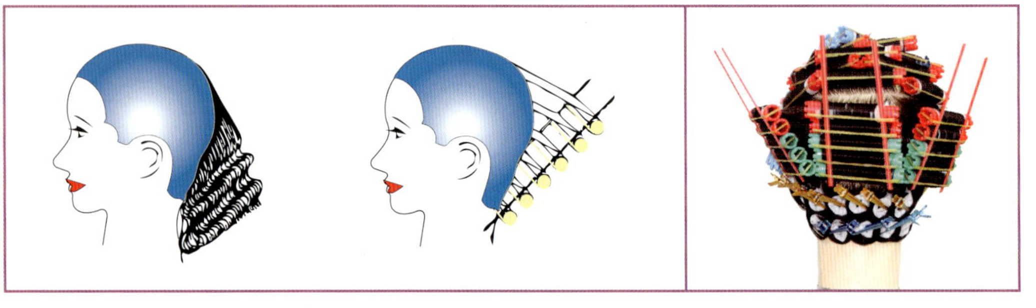

③ 다운-프로젝션(down-projection)

이 형태는 탑의 짧은 길이에서 네이프 쪽으로 점점 길어지는 커트구조 상태에서 다운 프로젝션 와인딩 하면 전체 겉부분 표면을 따라 웨이브 질감이 자연스럽게 연결됨을 알 수 있다.

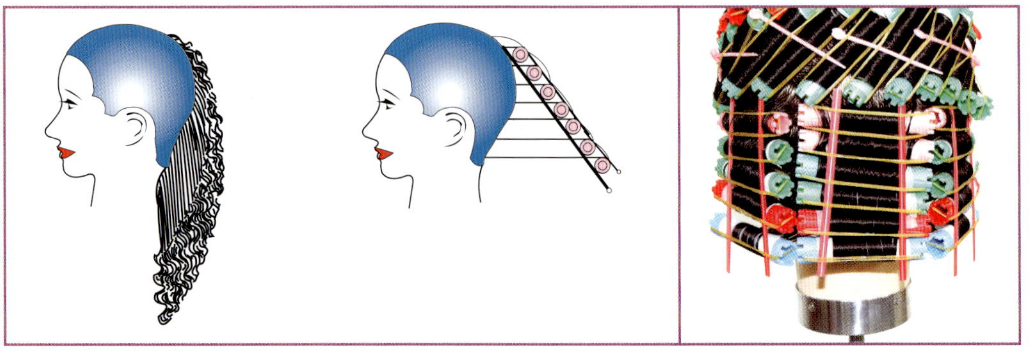

(7) 더블 로드(double rod) 형태

일반적으로 "더블 로드 퍼머넌트"이라는 것은 피기백(piggy back)이라 한다. 그러나 하나의 베이스 안에 한 스트랜드의 모발을 2개의 로드로 여러가지 방법에 의해 와인딩하는 것을 총칭하여 더블 로드 퍼머넌트라 한다.

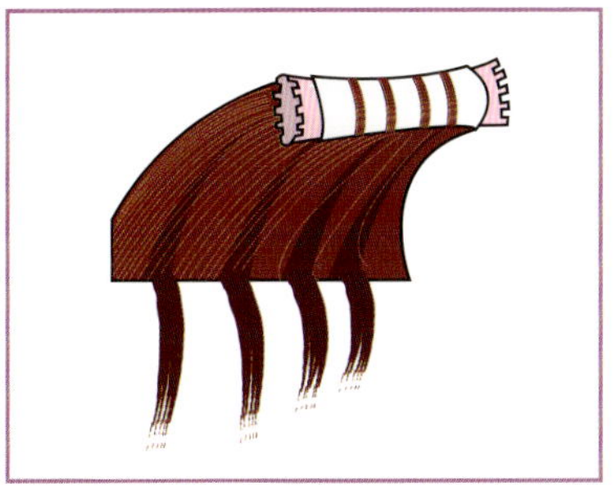

① 엮은 베이스

엮은 형으로, 혹은 지그재그 형 베이스는 보통 방향의 변화와 질감변화 사이에서 사용된다. 이 기술은 베이스들 사이에서 혹은 더 큰 슬라이스 사이에서 사용된다. 종종 엮은 형 파팅은 자연머리 상태로 남겨진 부분으로 연결되는데 사용된다.

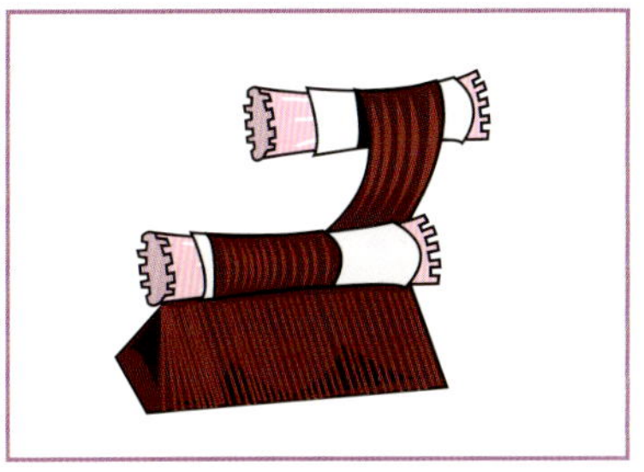

② 피기 백(piggy back)

첫 번째 로드는 일반적으로 와인딩하고 두 번째 로드는 반대쪽으로 와인딩하며 첫 번째 로드 위쪽에 위치한다.

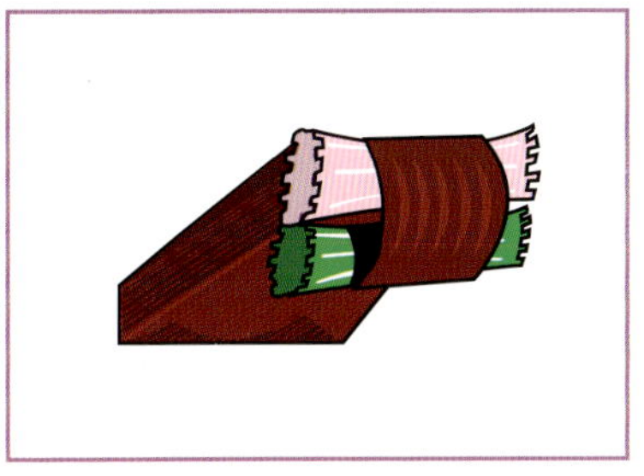

③ 더블 와인딩(double winding = 이중 로드 퍼머넌트(double rod winding))

a. 한 베이스 안에 로드를 2개 사용하여 와인딩하는 방법으로 볼륨을 얻기 위해 작은 로드는 두피 쪽에 그 위에 큰 로드 사용하기도 하며 그 반대의 경우도 가능하다.

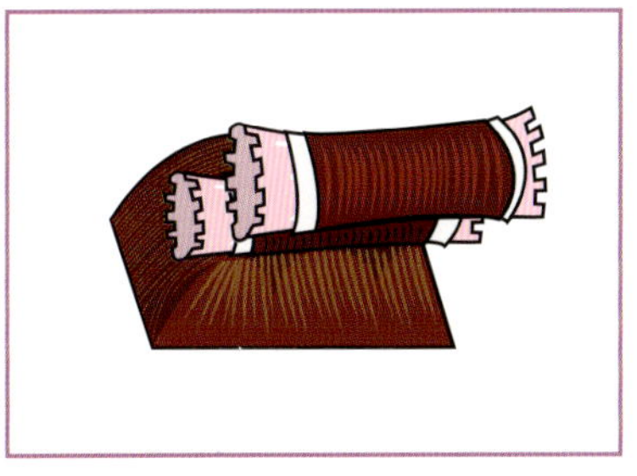

b. 하나의 머리단의 모발 끝을 가는 로드로 말고 도중에서부터 굵은 로드를 합쳐서 와인딩 하는 방법

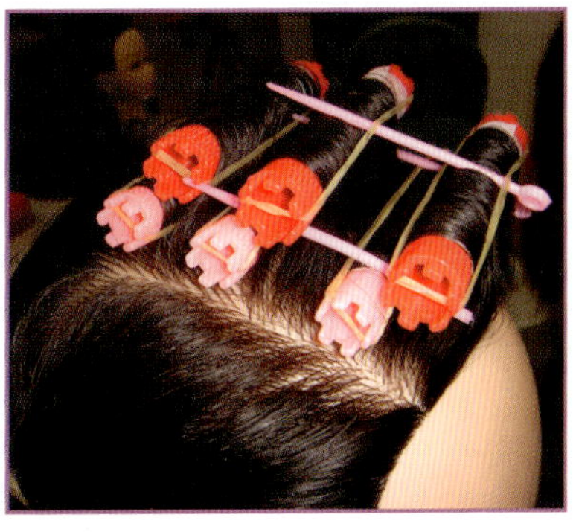

8) 그 밖의 여러 가지 펌

(1) 머슈룸(mushroom)

아래로 내린 헤어스타일의 보브형이나 머슈룸을 만들 경우 와인딩 방법이며 골덴 포인트에서 방사선 상에 로드를 벽돌 쌓기 식으로 와인딩한다.

(2) 캡 스타일(cap style)

자연스런 머리 흐름을 살린 헤어스타일을 만들 때 쓰이는 기법이며 프론트 블로킹을 한 상부를 중심으로 머리흐름에 맞추어 가면서 와인딩한다.

(3) 캔들 스틱 와인딩(candel stick winding)

두부에 있어서 사이드나 백 등에서 머리흐름에 역행해서 세로 로드로 나란히 말아가는 기법이며, 스핀들 스틱 와인딩(spindel stick winding)라고도 한다.

(4) 얼터네이트 와인딩(alternate winding)

서로 교차 시켜가면서 로드를 말아 가는 기법으로 또렷한 웨이브가 얻어진다.

(5) 트위스트 와인딩(twisting winding)

머리 단을 비틀어 꼬아 와인딩 하면 방향성이 강조되고 방향에는 리버즈와 포워드로 나눌 수 있다.

(6) 특수 기구를 이용한 펌

스트레이트

롤스트레이트

롤스트레이트

다이렉트

르네상스

부메랑

텍스쳐 펌

지바고

연출 펌

필름 펌

호일 펌

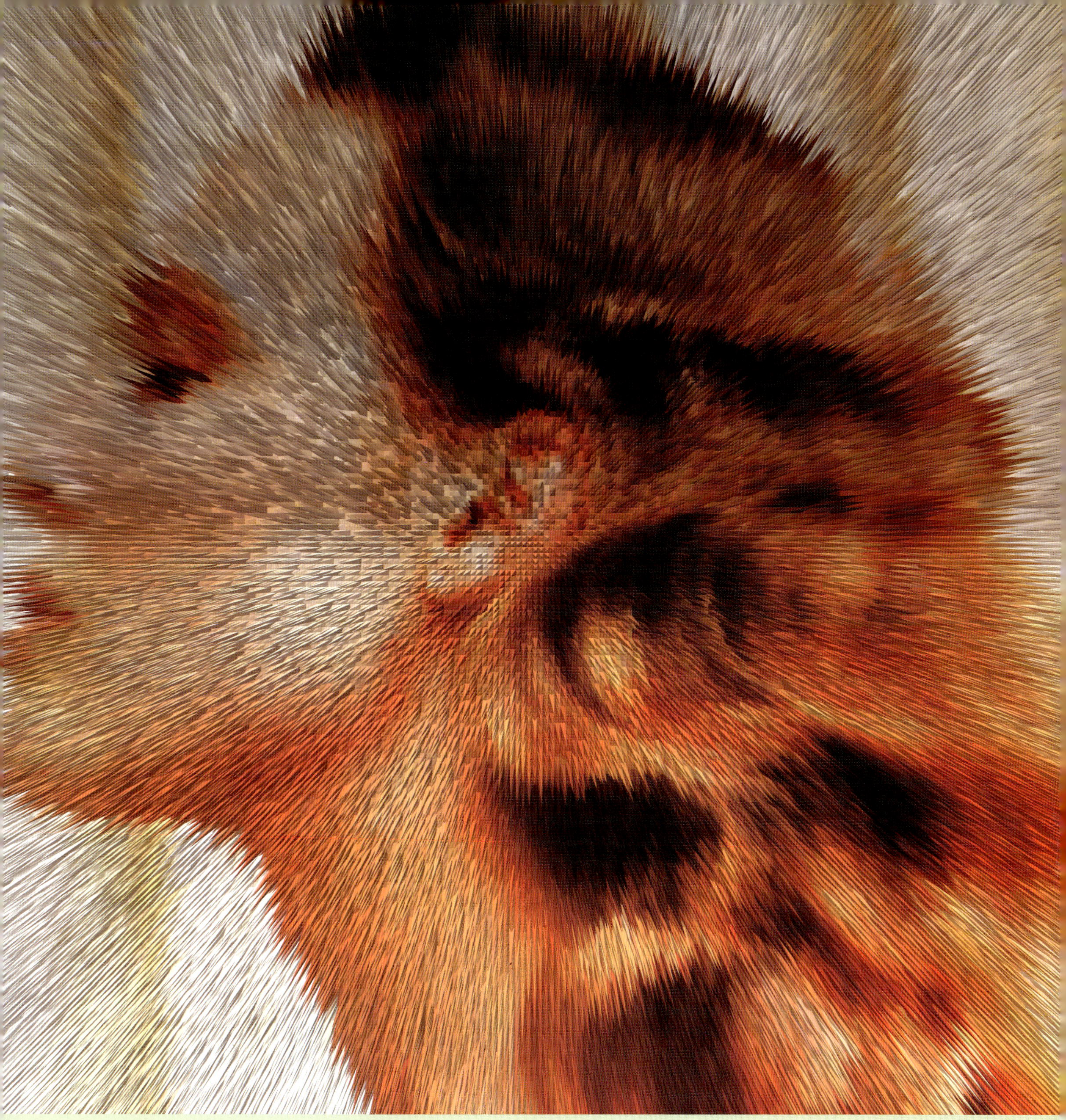

제 7장 살롱 고객에 따른 응용 퍼머넌트 실제

제 7 장 살롱 고객에 따른 응용퍼머넌트 실제

1. 모발 길이에 따른 퍼머넌트 웨이브

1) 긴 머리 수직말기 펌

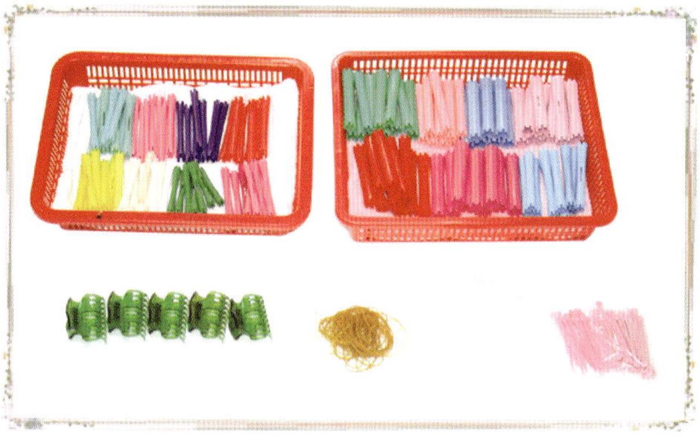

길고 웨이브 없는 중간 손상 모발

① 모발 상태 분석에 따른 약액 선정과 웨이브 형태에 따른 로드를 선정한다.
② 손상된 부분에 수분과 적당량의 영양제품을 도포한다.
③ 신생모발에 1액 도포, 자연방치 10분 후 와인딩 할 모발 끝에 1액 연결 도포한다. 네이프부터 수직 말기로 와인딩한다.

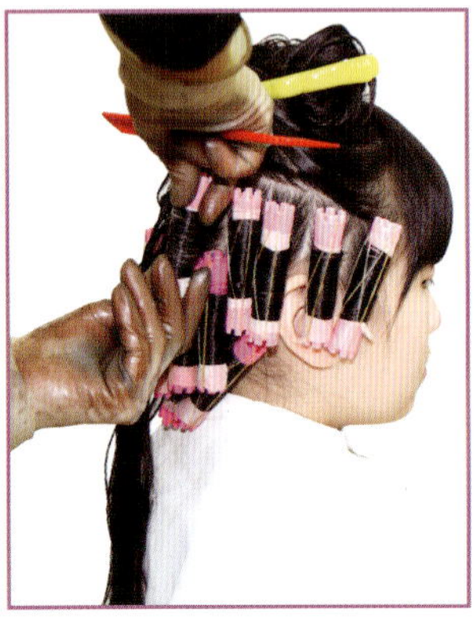

④ 긴 모발에 S웨이브 형태를 형성하기 위해 수직파팅과 수직말기로 네이프부터 전두부까지 전체 와인딩한다.
⑤ 1액 재도포. 가온 처리 약 10분 정도, 30분 정도 자연방치 한다.

⑥ 원하는 웨이브가 형성 되었는지 컬테스트 한다.
⑦ 네이프부터 중화제를 꼼꼼하게 도포한다(10분 자연방치한 후 재도포 5분 경과후 로드 오프한다).

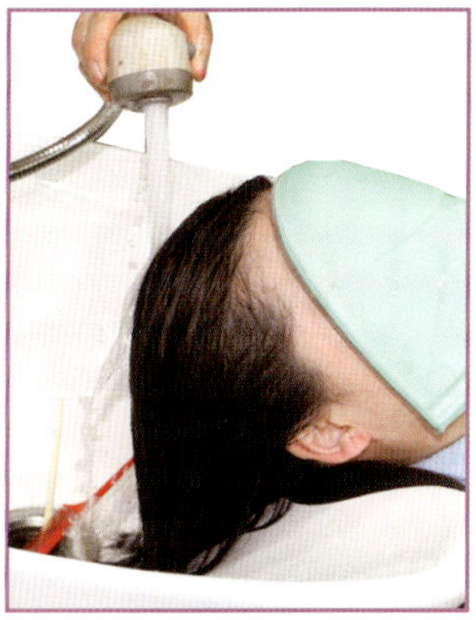
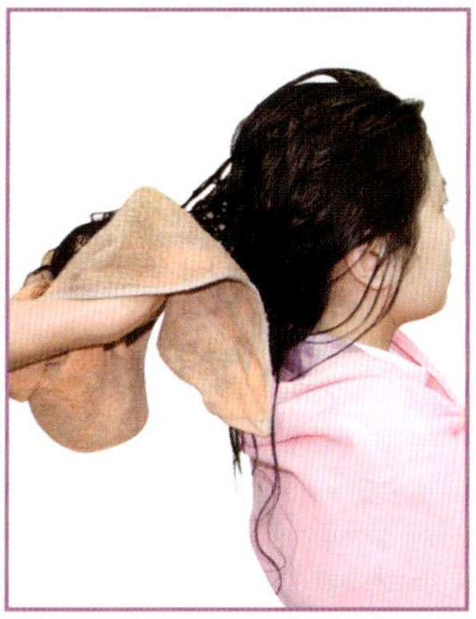

⑧ 2액을 깨끗이 헹군 다음 헤어 린스하고 타올 드라이 후 모근쪽을 드라이로 말려 헤어제품 등으로 스타일링 한다.

After

2) 중간 길이

(1) 볼륨 롤 스트레이트 펌

매우 가늘은 모발에 강한 펌 웨이브

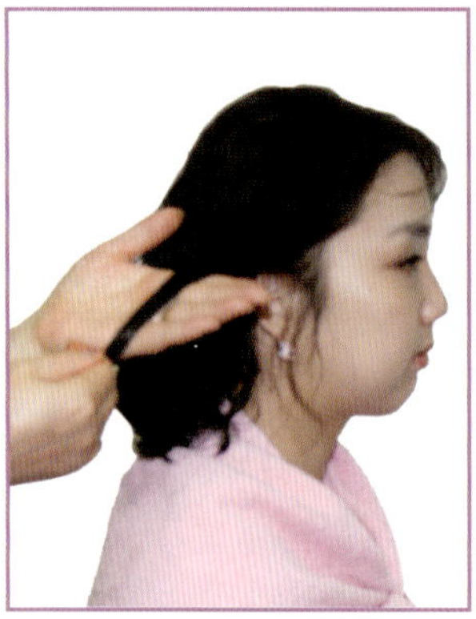

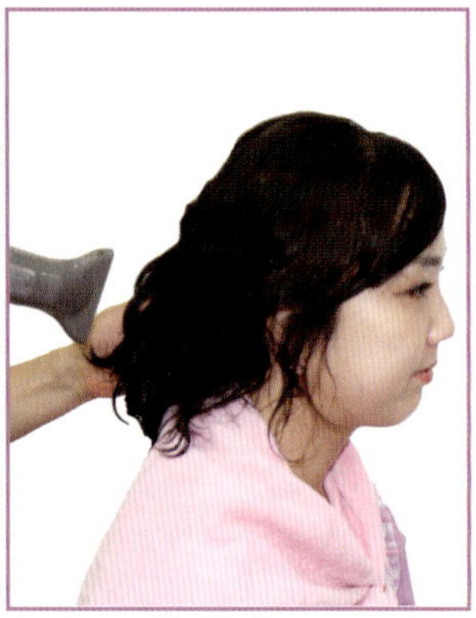

① 중간 손상 모발에 전처리제 도포 후 침투가 용이하게 드라이로 건조시킨다.

② 1액 도포 한 다음 탑에서 120°, 90°, 45° 순으로 백 쪽으로 와인딩 한다.

③ 양쪽 크라운, 사이드 역시 대, 중, 소 롤을 사용 90°, 45° 순으로 와인딩 한다.
④ 와인딩이 완성되면 세트롤이 흘러 내리지 않도록 그물망을 씌워 열처리 15분, 자연방치 20분 한다.

⑤ 원하는 컬이 형성되면 2액 중화제 2회 도포 후 로드 오프한 다음 린스하고 헹군다.

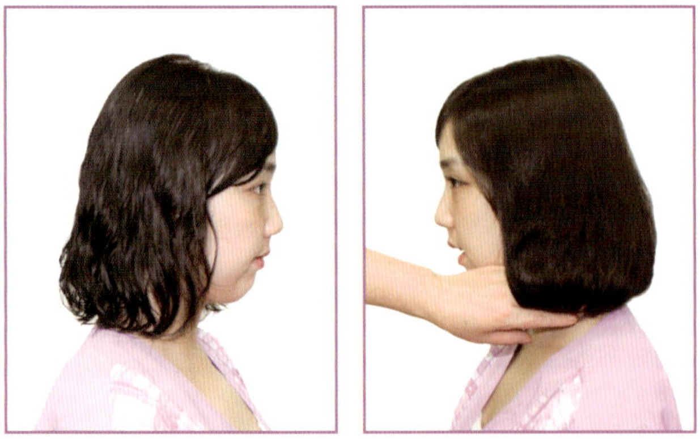

⑥ 고객 얼굴형에 어울리게 스타일링 한다.

After

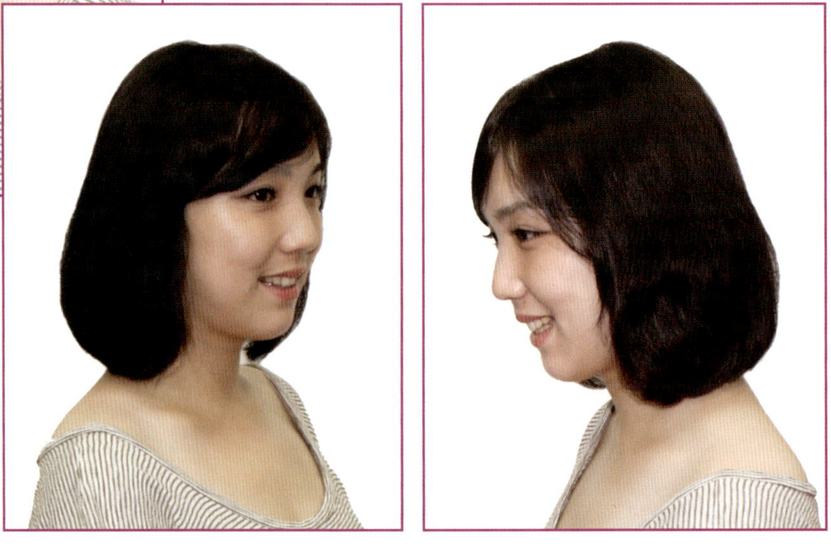

(2) 세라믹 로드 중간 길이 웨이브 펌

중간 손상 웨이브 없는 모발

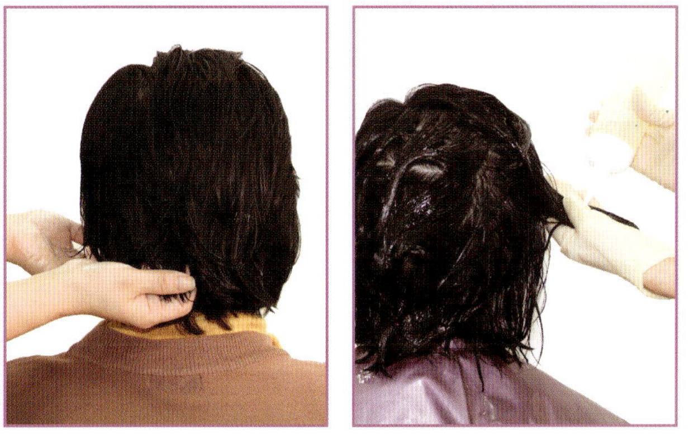

① 중간 손상모발에 수분과 전 처리제 LPP를 바르고 약간의 드라이 건조 후 1액 도포한다.

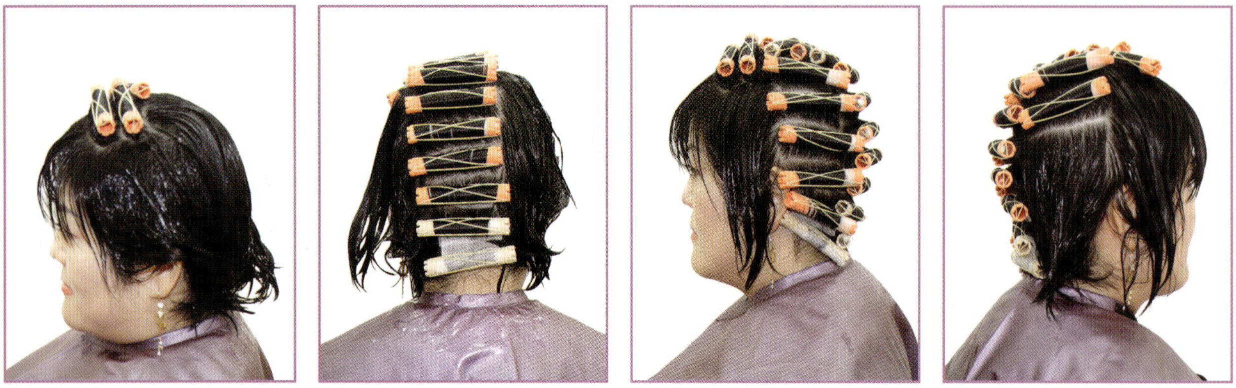

② 프린지 모발을 남기고 탑부분은 지그재그 슬라이스로 와인딩하고 크라운은 후대각 와인딩한다.

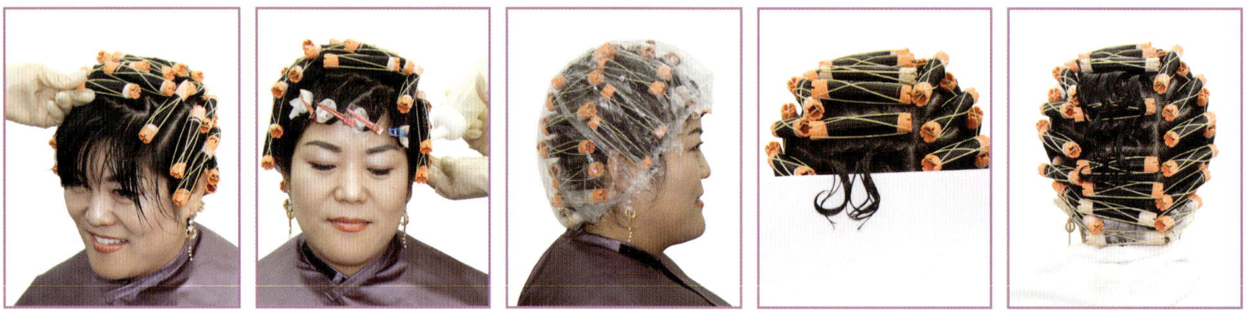

③ 사이드는 전대각 방향으로 와인딩하고, 프린지머리는 핀컬 C컬로 마무리 한다. 비닐캡을 씌우고 열처리 10분, 자연방치 30분 후 컬 테스트 한다.

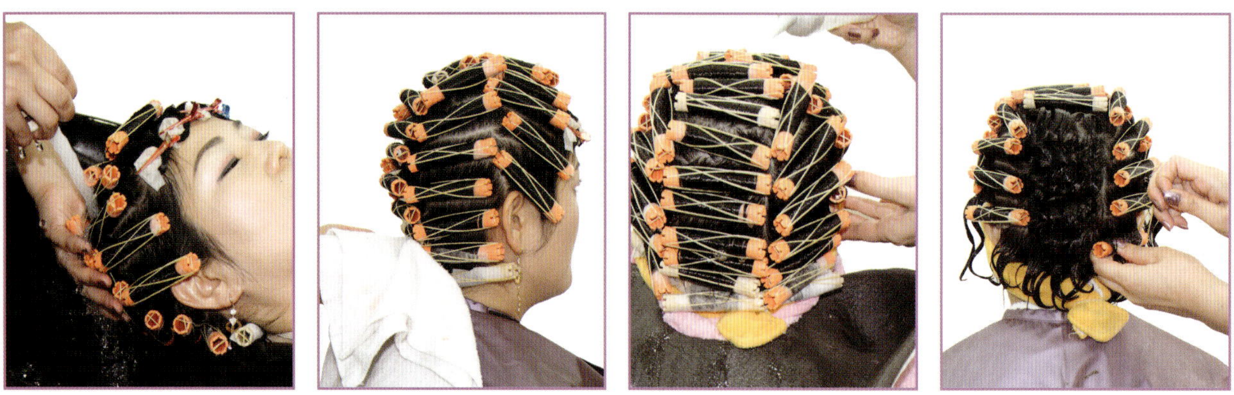

④ 온수로 행궈 타올로 물기를 제거한다. 중화 2제 도포하고 사이드, 네이프, 프린지 등 헤어라인 부분을 먼저 로드 오프 한다. 자연방치 15분 후 전체 로드 오프 한다.

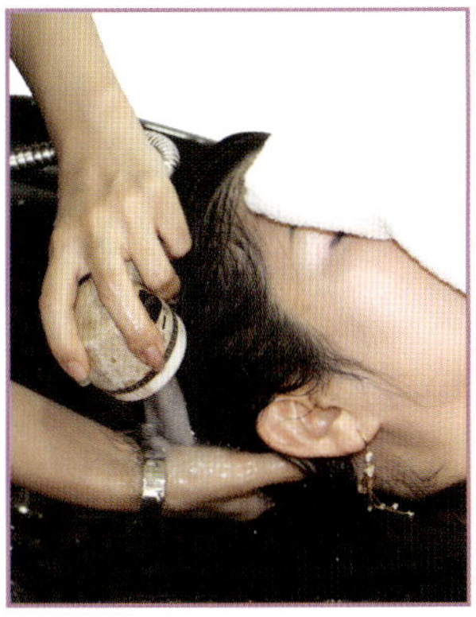

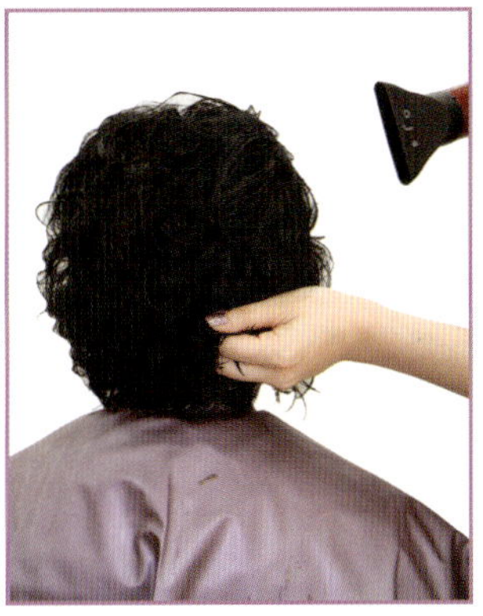

⑤ 린스하고 헹구어 모근쪽 건조시켜 에센스나 왁스를 모발에 부분 도포하여 스타일링 한다.

After

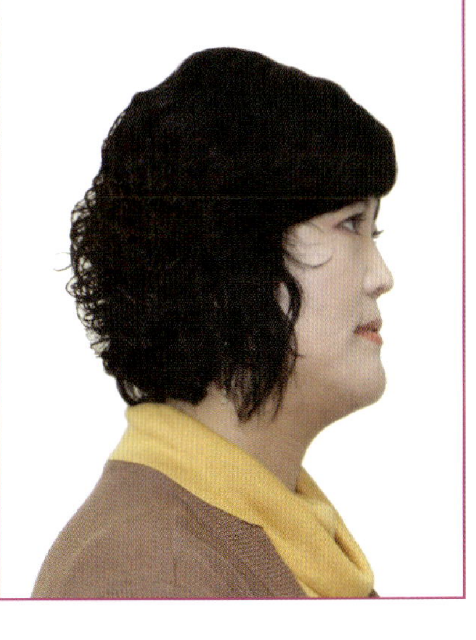

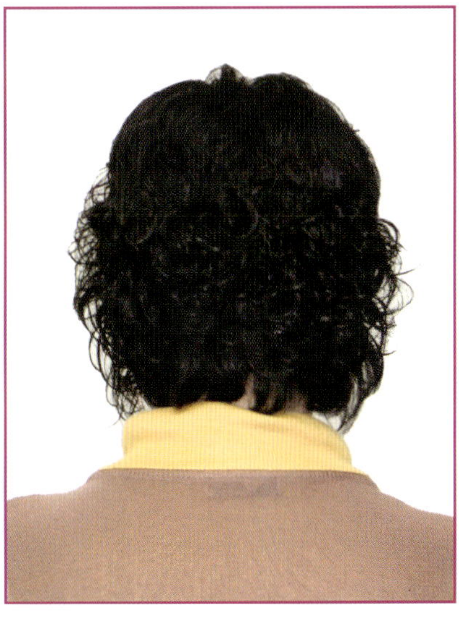

3) 짧은 길이 펌

(1) 우드(나무) 로드 펌

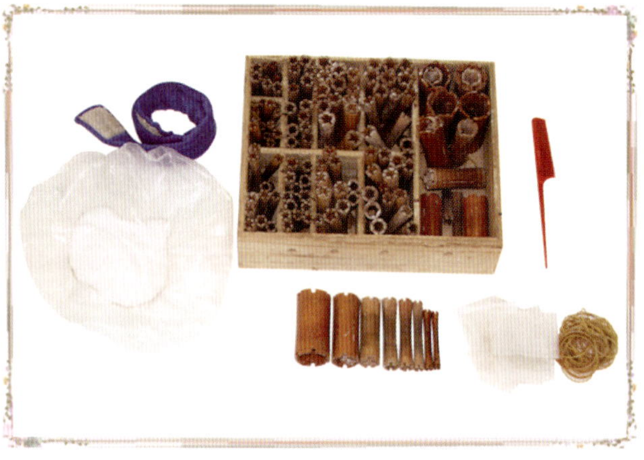

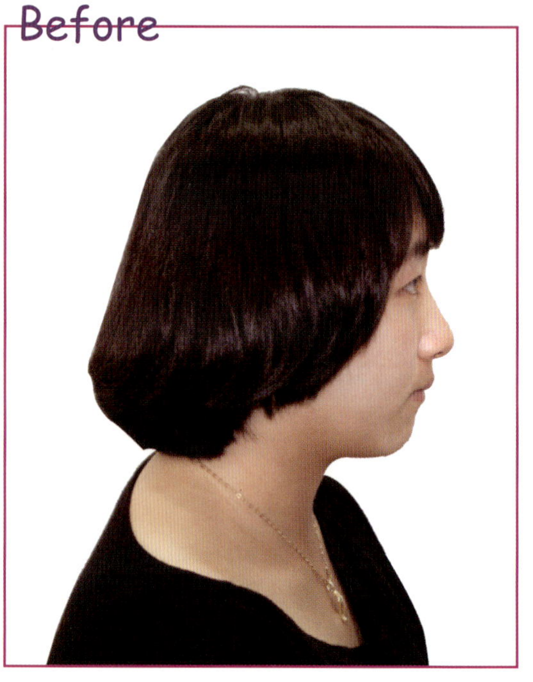

짧은 길이의 건강모발

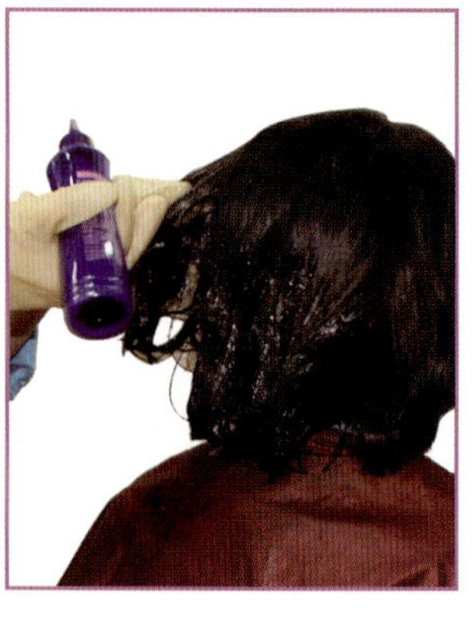

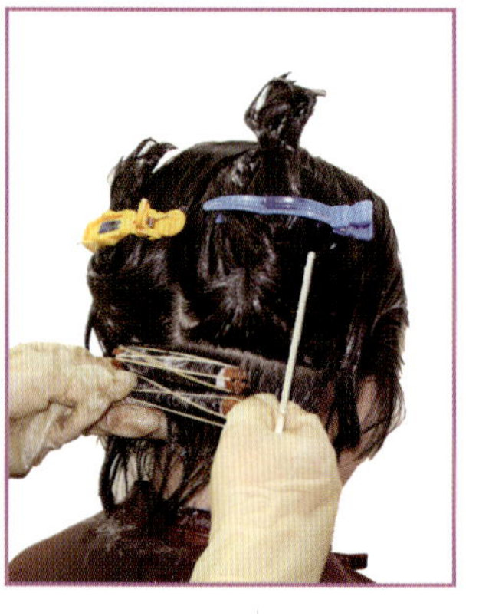

① 약간의 수분을 분무하고, 펌1액을 도포하여 네이프부터 우드로드 8호 사용, 수평으로 와인딩한다.

② 백 부분은 7호 로드 사용, 수직 와인딩한다. 와인딩할 때 모발을 두껍게 모으거나 끝이 꺾이지 않도록 주의한다.

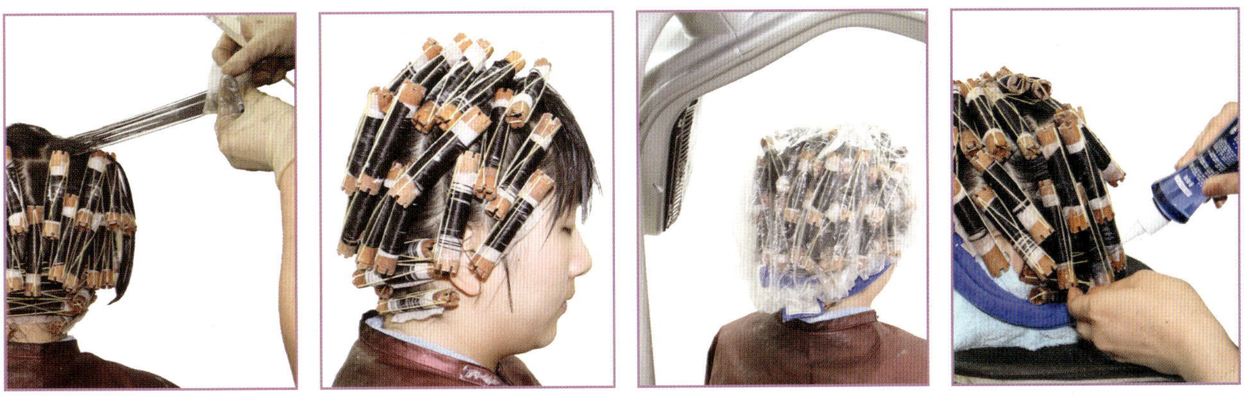

③ 볼륨보다 컬을 원하므로 탑의 각도는 내려서 시술한다. 와인딩이 끝나면 비닐캡을 씌우고 열처리 15분, 자연방치 25분 정도후 컬 테스트 확인하고 중화제 도포한다.

④ 2제는 과산화수소수 네이프에서 탑으로 도포하고 5~7분정도 자연방치한다.

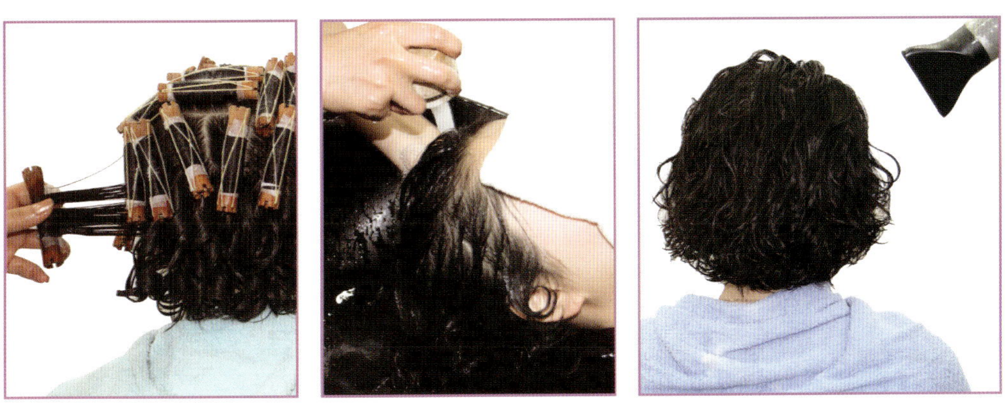

⑤ 로드 오프한 다음 약액을 씻어내고 플레인 샴푸와 헤어린스로 헹굼, 모근쪽 드라이 건조 후 에센스나 왁스 등으로 마무리한다.

After

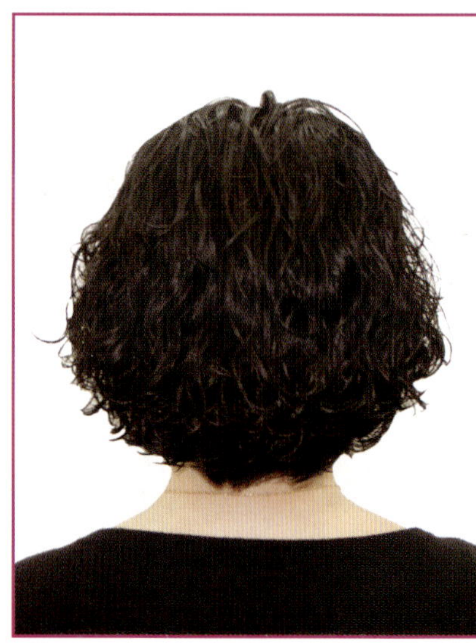

(2) 짧은 웨이브 펌(손상모)

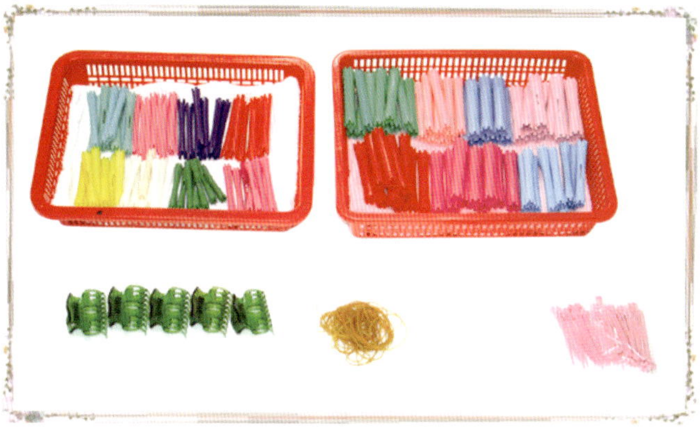

짧은길이의 매우 손상된 모발

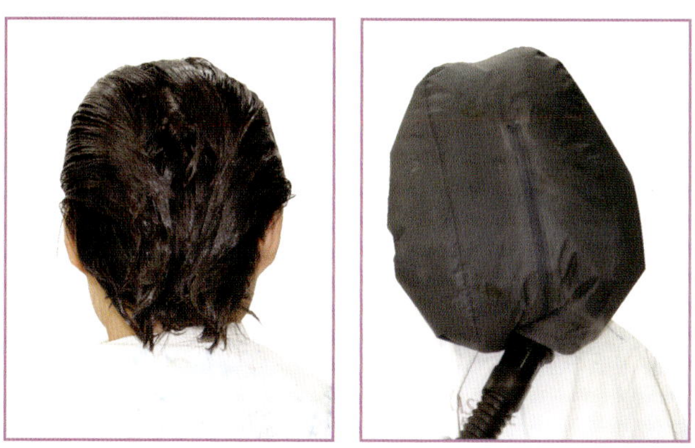

① 고객의 모발 상태는 염색 모발에 극 손상모로 충분한 수분과 헤어 크리닉제품을 도포하고, 미스트기 약 10 분정도 가한다.

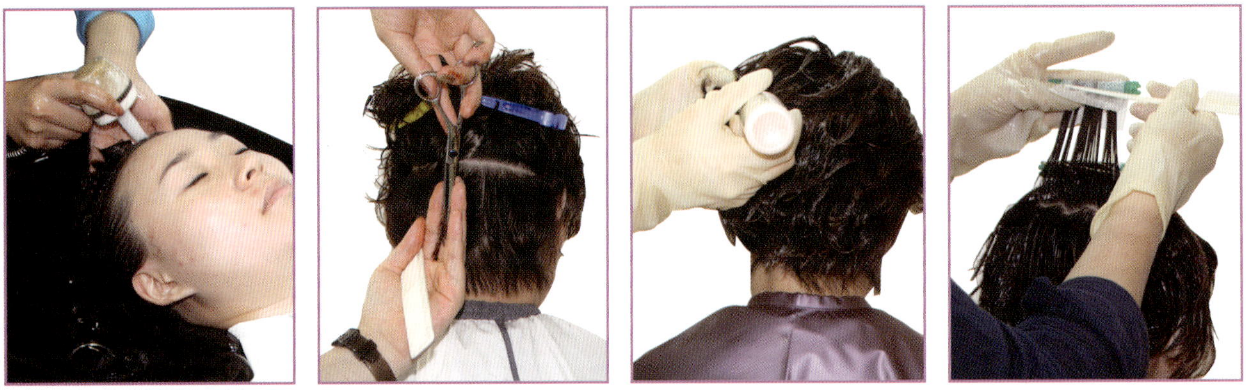

② 모발을 헹구고 프레커트 한 다음 시스테인 1제 도포, 탑에서부터 지그재그 슬라이스 하면서 와인딩한다.

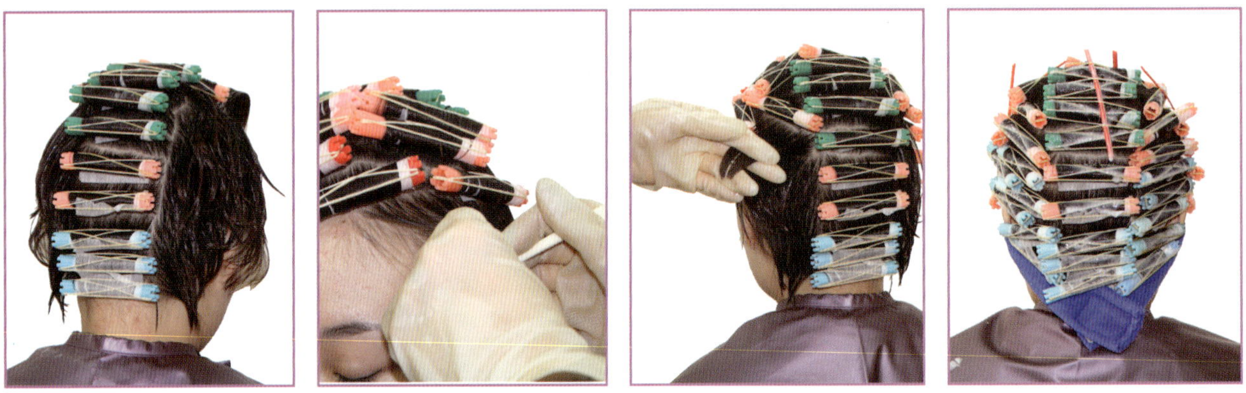

③ 톱에서 120°, 90°, 45° 순으로 네이프 쪽으로 와인딩 하고, 크라운, 사이드는 후대각 방향으로 각도를 점점 낮추며 와인딩한다.

④ 손상된 모발에 로드나, 밴드 자국이 생기지 않도록 스틱으로 모근 부분의 밴드를 들어올려 고정한다.

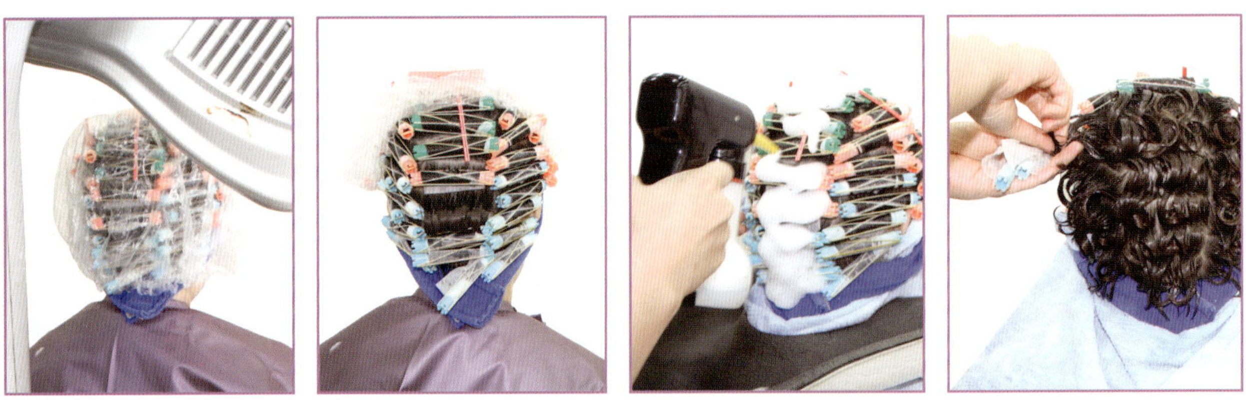

⑤ 열처리 10분, 20분 자연방치하고, 컬 테스트 후 거품 중화한다. 15분 자연 방치 후 로드 오프 한다.

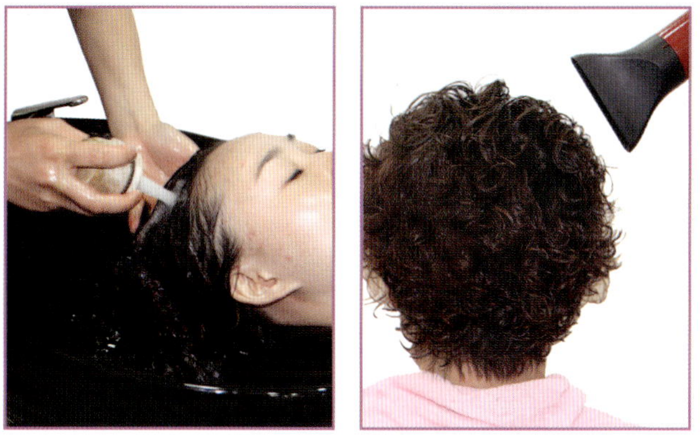

⑥ 샴푸 한 다음 드라이 두피 쪽 건조 후 모발에 에센스나 헤어제품 등으로 스타일링 해준다.

After

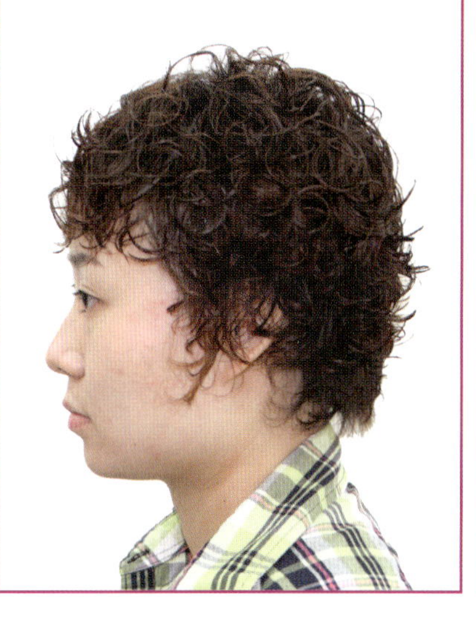

(3) 내추럴 웨이브 펌

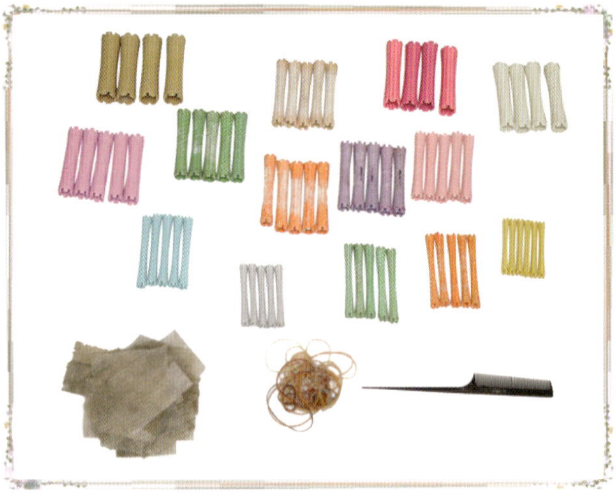

짧은 길이 중간 손상 모발

① 파우더 펌제를 물과 혼합하여 1액으로 사용한다. 충분히 모발에 도포하고 컬에 따른 로드 선정 후 톱에서 120° 볼륨 와인딩을 한다.

② 섹션을 크게 해서 탑에서 프린지는 얼굴 쪽으로(포워드) 와인딩한다. 사이드는 후대각 방향으로 와인딩한다.

③ 백과 크라운은 90˚, 45˚ 순으로 와인딩한다. 네이프와 사이드 하단은 볼륨을 내지 않기 위해 낮은 각도로 슬라이스 양은 크게 와인딩 하고 1액을 재도포 한다.

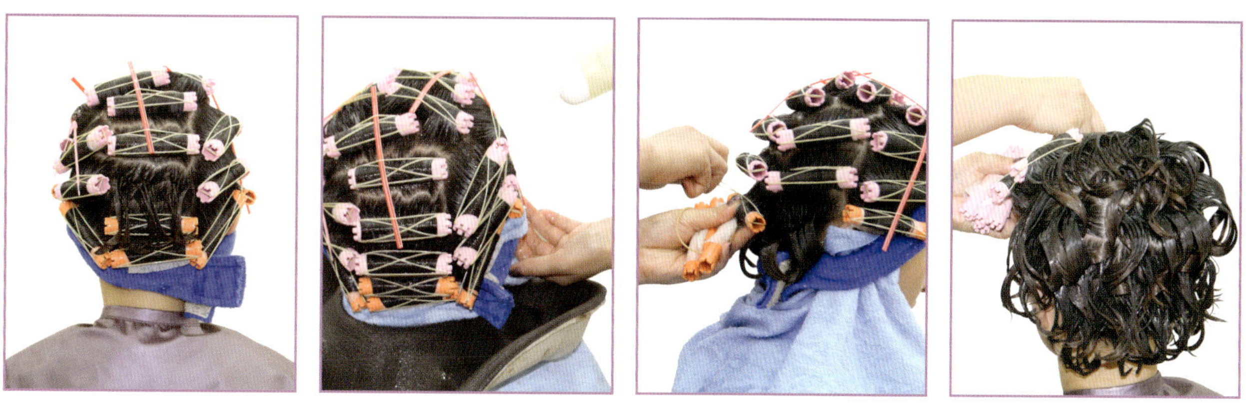

④ 비닐캡 씌운 다음 자연방치 15분 후(열처리:10분) 컬 테스트하고 원하는 컬이 나왔을 때 2제(중화제) 도포 15분 자연방치 후 로드 오프 한다.

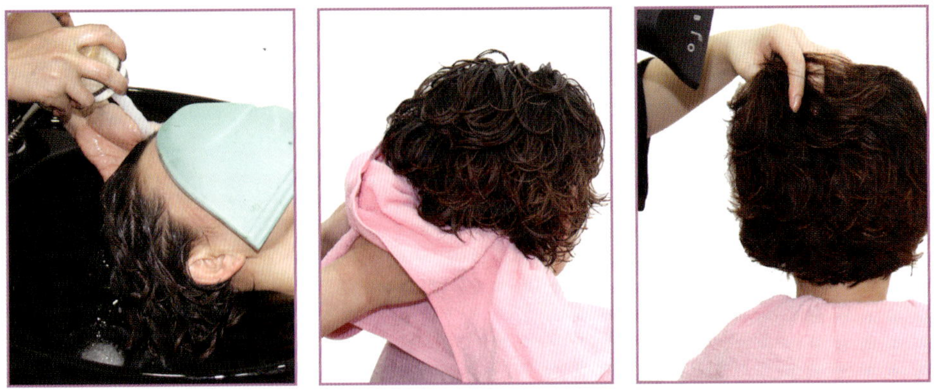

⑤ 약액을 깨끗이 헹궈 린스한 다음 타올 드라이 한다. 건조 후 모근쪽을 건조시키고 에센스나 왁스를 모발에 부분 적으로 도포하고 스타일링 한다.

After

(4) 짧은 웨이브 펌(건강모)

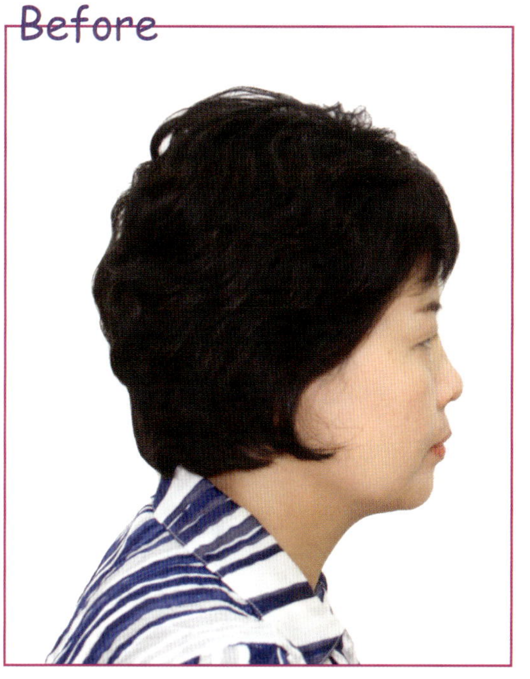

매우 짧은 길이의 중간 손상 모발

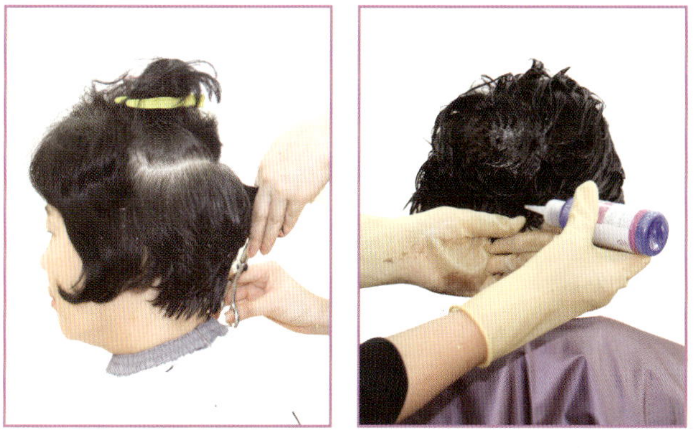

① 약간 거칠어진 모발에 프레커트 한다. 모발끝 손상 부분에 수분과 크리닉제품을 도포하고 시스테인 1액을 전체 도포한다.

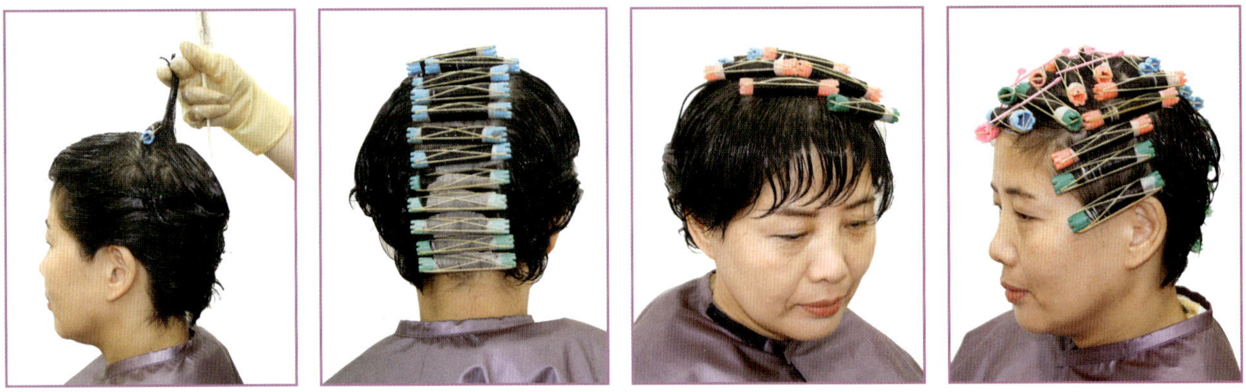

② 탑에서 백, 네이프로 와인딩한다. 사이드는 전대각 방향으로 와인딩 하고, 프론트는 지그재그 슬라이스하고 얼굴쪽으로 포워드 와인딩한다.

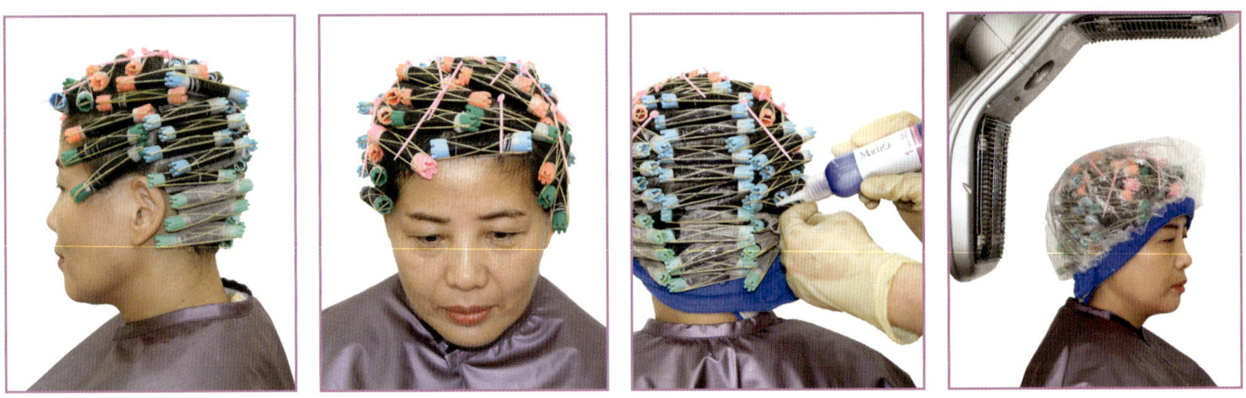

③ 탑에 볼륨을 살리기 위해 90° 이상으로 뒤쪽과 갈라지지 않도록 와인딩한다.
1액 재 도포 하고 가온처리 15분, 자연방치 20분 한다.

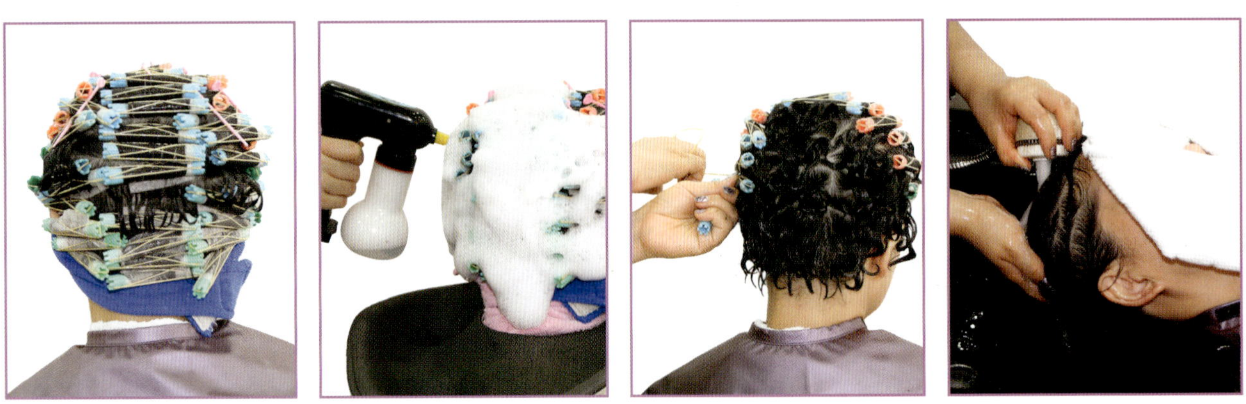

④ 컬 테스트 하고 원하는 컬이 나왔을 때 거품 중화 15분 정도한다. 중화 15분 자연방치가 끝나면 로드 오프한 다음 약액을 씻은 다음 린스로 헹군다.

⑤ 모근쪽을 헤어드라이로 건조시키고 에센스나 왁스를 모발에 부분 도포하여 스타일링 한다.

After

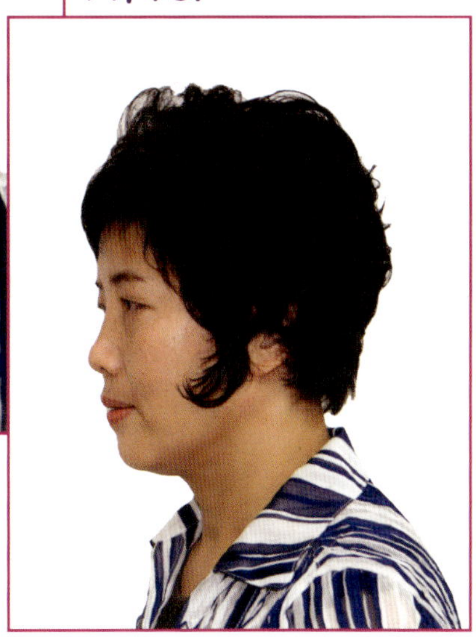

2. 열 펌(heat perm)

1) 열 펌의 원리

(1) 열 펌(heat perm)의 역사

아이론의 원형은 약 1500년대부터였다. 기록에 의하면 한 개의 둥그런 막대에 머리카락을 둘둘 말아서 컬을 만들기도 하였지만 사실상의 고안은 1875년 프랑스 마셀 그라또우가 마셀 아이론과 그 사용법을 발표한 것으로부터 시작되었다.

또한 1905년 영국의 챨스 네슬러가 (Charles Nessler) 알칼리와 열의원리를 이용한 히트웨이브(열퍼머)를 개발하였고 그 후 전기 아이론이 발명되어 가열, 단열 등의 온도 조절이 용이하게 되었으며 사용 범위도 확대되어졌다. 현대 아이론의 근원은 찰스 네슬러에 의해서 정착되었는데 웨이브를 영구적으로 지속 시킬 수 있는 방법으로 클립에 두발을 감고 모발에 붕사와 물을 반죽처럼 개서 바른 다음 금속성 원형 롤러를 이용하여 와인딩 하고 열을 가하여 웨이브를 만들어 내는 임상실험에 성공한 것이 오늘날의 열 펌과 아이론 펌 등의 근원이 되었다.

(2) 열 펌(heat perm)의 원리

① 약액 사용에 의한 화학작용

열 펌을 하고자 할 때 펌1액은 아주 중요한 역할을 한다. 1액의 사용량과 반응하는 시간, 반응하는 온도 등이 필요한 요소로 특히 제 1액은 화학 작용이라 짧은 시간에 연화를 해야 한다. 강모일 경우는 15~20분 정도 → 자연 방치, 손상모는 10~15분, 극손상모는 5~7분 정도가 적당하다. 또한 열 펌은 pH 9.0~9.7의 알칼리 콜드 2욕식으로 이루어졌기 때문에 가온하지 않는 경우가 있다. 알칼리의 화학작용은 1~35°C사이에서 화학작용을 일으키기 때문에 가온하면 손상(damage)이 그만큼 심해지는 걸 느낄 수 있다. 그 이유는 가온 시 알칼리 케라틴(keratin)이 굳어지기 때문이다.

② 기계적인 물리작용

로드 와인딩(winding) 작업 시 강한 텐션은 주지 않는다. 수분은 50% 전후가 이상적이다. 흔히 수분 체크를 쉽게 생각해보면 우리 모발을 물 속에 넣었을 때 수분 함유량이 35%, 타올 드라이 시 25% 그 상태에서 조금만 건조하면 20% 수분이라고 판단할 수 있을 것이다. 컬(curl)력은 로드의 2회전 반이 S컬이고, 1회전 반이 C컬로 측정된다.

③ 수분에 의한 열작용

극 손상모는 80°C~100°C가 적당하고, 손상모는 100~130°C, 건강모는 145~160°C가 가장 이상적이다.

단백질은 물에 의해 가수분해를 일으키는데 열 펌은 수소결합 하는 펌으로 모발에 수분을 가해주면 단절되고 수분을 다시 제거해주면 다시 결합한다.

(3) 열 펌 시술 시 꼭 알아야 할 사항

① 정확한 모발 진단(건강모, 손상모, 극손상모 여부)
② 모발 상태에 따른 연화 시간 조절(신생부, 기염부)
③ 모발 상태에 따른 클리닉 시스템(극손상모 - 강클리닉)
④ 모발길이에 따른 정확한 로드 사이즈 선택
⑤ 유도하고자 하는 웨이브에 따른 와인딩 회전수
⑥ 모발 상태에 따른 온도 조절
⑦ 중화제 방치시간 조절 등

(4) 열 펌(heat permanent wave)의 종류

열 펌의 종류에는 연화를 해서 모발의 결합을 끊어놓은 후에 열을 가하여 컬의 형태를 잡아주는 수소 결합을 이용한 연화 펌과 또한 모발에 약을 발라놓고 직접 열을 주어 일반 펌과 같은 시스테인 결합을 이용한 직 펌 등으로 구분된다.

① 연화 펌 : 아이론 펌(iron perm), 세팅 펌(setting perm), 곱슬 스트레이트 펌(flat iron perm), 디지털 펌(digital perm), 쭈 펌(A.I fuzzy system perm) 등
② 직 펌 : 옥(玉)펌(ok perm), 멀티 펌(multi perm), 네스큐 펌(rescue heat perm), 에너지 진동 펌(vibration perm)등.

2) 열 펌(heat Perm) 시술 과정

(1) 사전처치

① 시술 전 샴푸(pre-shampooing)

알칼리제 샴푸로 모발의 유분과 노폐물을 제거한다. 1액 도포 전 산성 샴푸는 적절치 않다. 그 이유는 모발은 산에 대해 강한 저항력을 가지고 있어 모발의 성분인 단백질이 산과 만나면 수축하는 성질이 있어 산이 가해지면 모표피가 닫혀 모발 내부에 약제가 들어가지 않도록 방어하기 때문이다.

또한 pH 4~5.5 정도의 염 결합을 이루고 있는 모발은 약산성으로 1액의 화학 작용은 어렵다고 본다. 즉 연화시간이 오래 걸리게 된다. 알칼리 샴푸는 1액의 화학 작용을 쉽게 하기 위함이고 모발을 유연한 상태로 1액의 반응 시간을 빨리할 수 있게 하여 1액으로 인한 손상을 최소한 줄일 수 있다.

② 커트(cut)

와인딩하기 전 커트를 하는 과정으로 고객이 원하는 스타일에 따라서 커트를 하게 되는데 일반 퍼머는 펌 시술 전에 프리커트를 하고 시술 후에 재 커트를 하는 반면, 열 펌은 펌 시술 후에 커트를 하는 것보다 스타일을 커트로 완성하고 난 후 펌 시술을 하는 것이 좋다. 모발 숱이 많을 경우 틴닝 가위(thining scissors)를 사용하여 숱을 감소시키는 질감 커트를 하되 레이져 사용은 가급적 하지 않도록 주의한다.

③ 헤어 클리닉(hair clinic) 단계

전처리는 모발 진단에 따른 손상 정도에 따라 피피티(PPT)를 도포하여 자연방치 또는 미스트(MIST)를 사용 가온한다. 펌은 모피질 속의 단백질 형태를 변형 시키는데 손상모는 인위적으로 단백질을 투입시켜 펌 시술 시 손상을 줄이고 아름다운 웨이브를 내기 위해서 클리닉 시술이 무엇보다도 중요하다. 모발 손상정도에 따라 PPT 도포량을 조절하여 극 손상모인 경우 30~35% 정도를 유지한다(모발이 함유할 수 있는 최대의 수분양은 35~40%임).

펌 1액 도포 전에 오존(O_3) 사용은 모표피 큐티클을 닫는 단단한 역할을 한다. PPT는 세척하지 않고 타올로 닦거나 냉풍으로 수분의 함량을 15% 정도 말려준다.

(2) 본 처치

① 1액 도포

- 1액 도포 시 두피에는 약액이 묻지 않도록 조심해야 한다. 모근에서 0.5~1cm 정도 떨어져서 약액을 도포해야 만이 모발이 꺾이는 것을 방지할 수 있다.
- 약액은 충분히 흐르지 않을 정도로 신생부와 기염부를 구별하여 도포하고 방치 시간과 온도에 유의해야 한다.
- 1액의 방치시간은 강모는 20분, 건강모 15분, 손상모 10분, 극손상모 5분 정도에 연화가 되는데 모발 상태에 따라서 전체적으로 $\pm\alpha$ 시간이 소요된다(연화란 어떤 딱딱한 물질이 부드럽게 변화되는 것을 말하는 것으로 모발에서는 머리카락이 알칼리제로 인해 부드럽게 늘어나는 것을 말한다).
- 적당한 연화작용은 머리카락 한 두 가닥 정도를 잡아 당겨 약 1.5~2배 정도 길이가 늘어났을 때 원하는 스타일을 연출할 수 있다.

② 중간 린스(plain rinse)

연화작용이 체크되면 미온수로 가볍게 헹구어 타올 드라이 한다(20% 수분 보유).

③ 와인딩(winding)

- 타올 드라이(towel dry) 한 모발에 수분 증발 예방과 윤기 부여, 매끄러운 와인딩 작업을 위해서 핫오일(hot oil)이나 열처리 전용 에센스(essence)를 골고루 도포한다.
- 모발의 길이와 컬(curl) 형성도에 맞춰 로드를 선정한다.
- 펌 디자인의 계획에 따라 와인딩 시술을 하되 무리하게 텐션을 주지 않도록 한다.
- S컬은 두 바퀴 반, C컬은 두 바퀴 이하로 와인딩한다.
- 와인딩시 완성될 스타일을 생각하면서 볼륨과 자연스러운 웨이브 위치, 인덴테이션(indentation)바깥마름 위치를 구상하며 섬세하게 시술해야 한다.

④ 온도조절

열 펌에서의 온도는 매우 중요하다. 모발의 단백질은 경단백질로 모발의 손상 정도에 따라 열로 인한 단백질의 변형 상태를 알 수가 있다. 모발 상태보다 높은 온도이면 단백질은 필요이상으로 굳어져 모발 상태는 와글거리거나 푸석한 상태가 된다.

⑤ 제 2제 도포

열 펌에서 제 2제는 과산화수소를 사용하게 되는데 보통 2회 도포하고, 약 7분~10분 정도 방치한다. 제 2제가 오버타임(over time)이 되면 모발의 탈색 또는 큐티클 손상이 올 수 있으므로 제 1제 이상으로 제 2제 시간(time)을 중요하게 생각하여야 한다.

⑥ 산성샴푸

중화 액은 과산화수소이기 때문에 깨끗이 씻어내지 않으면 모발변색 및 손상이 된다. 제 2제의 시간이 지난 후 헹굼은 산성 샴푸를 사용하는데 이는 제 1 제의 작용으로 아직은 큐티클이 약해져 있는 상태이기 때문이다. 또한 큐티클은 산성에는 강한 저항력을 가지고 있음은 즉, 펌 웨이브의 풀어짐을 방지하게 된다. 그러나 산성 샴푸 사용은 린스를 하듯이 가볍게 헹구어 주는 것이 좋다.

⑦ 드라이

타올로 물기를 많이 제거 한 후 두피 가까이는 온풍을, 모발 끝쪽은 냉풍을 사용하여 말리게 되는데 머리카락을 가볍게 움켜쥐듯이 하면서 스타일을 낸다.

⑧ 마무리

젤이나 무스는 수용성 제품으로 웨이브의 늘어짐을 초래하므로 스타일링 제품은 왁스나 헤어오일, 에센스 등 유분제품을 사용하는 것이 좋다. 수소결합 펌의 특징은 수분에 의해 웨이브의 늘어짐이 있기 때문이다.

3) 매직스트레이트(magic straight)의 시술순서

(1) 클리닉 샴푸로 모발의 유분 및 노폐물을 깨끗이 씻어낸다.

(2) 기염부 부분(컬이 남아 있는 부분)중심으로 수분을 충분히 분무하고 단백질 헤어트리트먼트로 골고루 도포한 후 5분 정도 냉 온풍으로 건조 시킨다.

(3) 1차적으로 신생부 부분에 1액을 골고루 도포한 후 캡을 씌운 후 가온 15분(모발 상태에 따라 시간은 조절 가능하다.)

(4) 기염부 부분에 2차 도포 후 모발 상태에 따라 가온을 8분(모발 상태에 따라 자연방치 할 수도 있다)한다.

(5) 1차, 2차 연화 과정을 마치고 테스트 한 후, 미온수로 헹구어 낸다.

(6) 타올 드라이 후, 수분이 30% 이상 있는 상태에서 모발 상태에 따라 오일을 선택해서 골고루 바른다.

(7) 곱슬 매직 기구를 이용해서 각도는 90°~120°로 신생부는 두피에서 4~5회 동작(프레스 작업)한 다음 기염부 부분도 3~4회 연결해서 동작해 주면서 유도하고자 하는 디자인에 맞게 마무리 한다.

(8) 볼륨을 주기 위해 액상전용 중화를 해야 한다. 중화 5분 후 미온수로 깨끗이 헹군 후 단백질 트리트먼트로 가볍게 마사지 후 헹구어 낸 다음 냉 · 온풍 드라이로 건조시키면서 마무리 한다.

4) 아이론 펌(Iron perm)

최근 흐름의 스타일을 연출하기 위해 모발의 질감을 이용하여 아이론 펌을 한다.

시대적 환경변화에 따라 대기오염이나 자외선, 유해한 환경적 영향에 따라 끊어지는 등 손상이 되어가고 있으며 강도를 잃어 모발 내 수분함량이 떨어져 푸석푸석해지는 가는 모발이 많아지고 있다는 것을 알 수 있다. 따라서 아이론 펌은 살아있는 실루엣, 볼륨, 정돈된 웨이브, 생생하고 강한 릿지, 과장되지 않는 자연스런 웨이브, 완벽한 C컬, S컬, J컬의 웨이브가 마른 상태에서 더욱 더 우아하고 세련되어 보일 수 있게 하는 특징을 가진 펌이기도 하다.

(1) 일반로드 펌과 아이론 펌의 원리

로드 펌	컬의 형성	모발 끝부분	끝부분에서부터 컬이 형성되므로 볼륨감이 약할 수 있다.
	시술 특징	1제(환원작용) + 2제(산화작용)	1액과 2액의 화학적 작용으로 컬이 만들어 진다.
아이론 펌	컬의 형성	모발 뿌리(모근)부분	컬이 뿌리부분부터 형성되는 장점이 있다(웨이브의 자연스러움과 풍부한 볼륨형성).
	시술 특징	1제(환원) + 연화 + 열, 수분 + 2제(산화)	1액 연화 과정 중 오버 타임 되면 열을 낮추어 시술할 때 손상을 초래 할 수 있으므로 연화가 조금 부족하더라도 수분과 열을 이용한 물리적작용을 이용한다. 즉, 뜸과 속도 조절을 이해 할수 있다면 손상 없고 탄력 있는 컬을 만들어 낼 수 있다. 1액의 화학적 작용+수분, 열을 이용한 물리적 작용으로 컬이 만들어진다.

(2) 컬의 탄력과 모발 불륨에 영향을 주는 요소

① 로드의 굵기
② 열(온도)
③ 수분
④ 오일의 종류 및 도포량
⑤ 모발에 가하는 텐션(와인딩 속도)

(3) 아이론 펌 시술과정

① 모발진단

모발진단은 아이론 펌을 바르게 시술하기 위해 꼭 필요한 과정으로 견진, 촉진, 문진을 통해 모질과 모발의 상태를 살펴 모발 상태에 맞는 전용 열 펌제를 선택하여 연화작업을 하여야 한다

② 전처리(트리트먼트) 과정

건조모, 손상모, 염색모 등 외 손상한 모발에 LPP, PPT를 사용하여 모발에 간충물질을 채워 모질의 균일화를 시켜준다.

③ 펌 제

티(치)오콜리콜산암모늄 pH 9.8(액상) D사, 치오콜리콜산암모늄. 엘-시스테인여산염 pH 8.0(액상)J사, 펌제2제 (중화제), 과산화수소 pH 3.5 등

④ 아이론기

· B사 아이론퍼머기 : 4mm, 8mm, 10mm, 13mm, 16mm, 19mm, 22mm(핸들)
· B사 아이론셋팅 퍼머기 : 13mm, 16mm, 19mm
· BPS(뜸기) : 볼륨 매직기, 삼각매직기, 플랫매직기 등

⑤ 시술도구 및 제품

펌제, 실크테라피, 핫오일, 아이론 빗, 호일, 호일 끈, 펀치, 핀클핀 등 사용

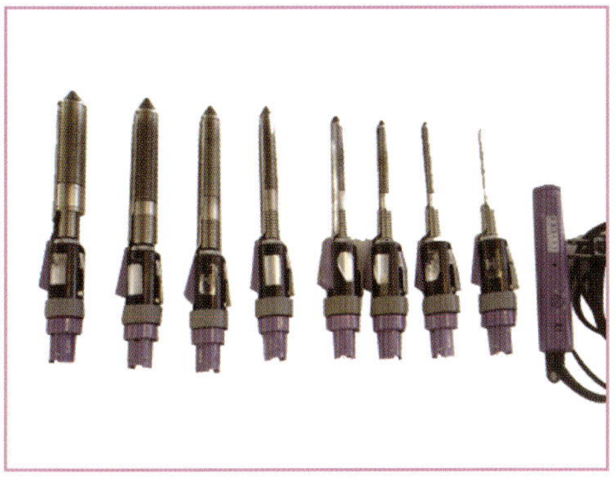

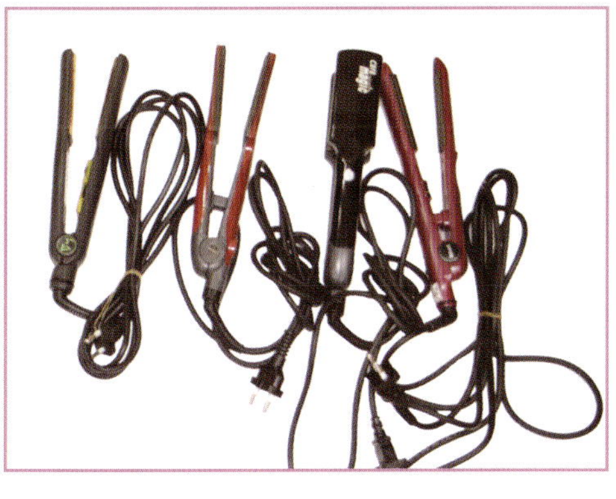

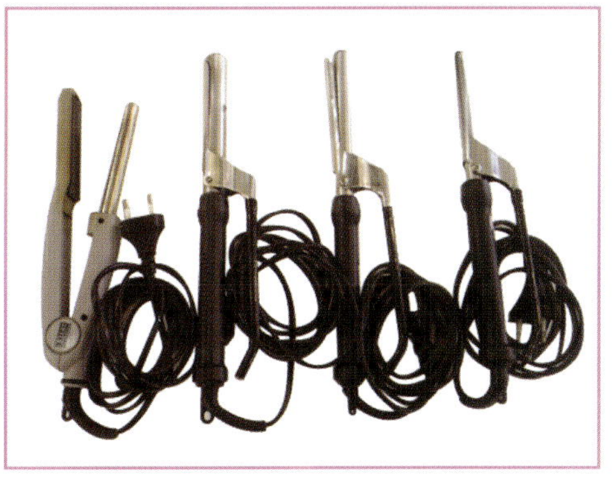

⑥ 모발의 따른 연화 시간

연화란 부드럽게 변화되는 것으로 열 펌에서는 매우 중요한 부분으로 연화는 신생부와 기염부를 분리해서 1차 2차로 나누어서 도포하는 것이 모발의 손상을 최소화할 수 있으며 따라서 열 펌에서의 연화시간은 펌 웨이브를 형성을 좌우 할 수 있는 중요한 요인이라고 판단된다.

강모 약 20분, 건강모 15분, 손상모 10분 전후, 극손상모 5분 전후, 연모(부드럽고 가는 모) 20분 이상 연화시킨다.

연화 테스트 방법은 모발을 만져 보았을 때 탱글탱글 탄력이 있는 느낌이나 까슬까슬한 정도이며 혹시 연화가 덜되었을 때는 아이론 기구 사이즈를 한 단계 낮추어 시술 하도록 한다.

(4) 남성 아이론 펌, 숱 없는 짧은 모발 S컬

① 클리닉 샴푸로 유분 및 노폐물을 깨끗이 제거한다.
② 타올 드라이로 한 다음 수분 20% 있는 상태에서 아이론 전용 펌 제를 골고루 도포 후 (가온 8분 자연방치 10분) 단 손상모는 모발 상태에 따라서 자연방치 한 후 연화테스트 한 다음 미온수로 깨끗이 헹군다.
③ 타올 드라이 한 다음 모발 상태에 알맞은 오일을 선택해서 골고루 바른다.
④ 모류에 방향과 볼륨을 충분히 주고자 할 때에는 오각 아이론을 이용하여 90°에서 180° 회전하면서 2/3부분까지 볼륨을 준 다음 모발 길이에 알맞은 아이론을 선택하여 와인딩 한다.
⑤ 와인딩이 끝난 후 세팅 망을 씌워 중화제를 도포하고 5분 후에 미온수로 깨끗이 헹궈 마무리한다.

(5) 바람머리

① 클리닉 샴푸로 유분 및 노폐물을 깨끗이 제거한다.
② 타올 드라이 한 다음 수분 20% 있는 상태에서 아이론 전용 펌 제를 골고루 도포 후 가온(건강모 가온 8분 자연방치 10분) 단, 손상모는 모발 상태에 따라서 자연방치 한 후 연화테스트 한 다음 미온수로 헹군다.
③ 타올 드라이 한 다음 모발 상태에 알맞은 오일을 선택해서 골고루 바른다.
④ 모류에 방향과 볼륨을 충분히 주고자 할 때에는 오각 아이론을 이용하여 90°에서 2/3 부분까지 볼륨을 준 다음 바람머리를 유도하고자 할 때에는 양사이드와 백 포인트 부분은 다대로 와인딩을 하고 네이프 부분은 기본으로 와인딩한다.
⑤ 와인딩이 끝난 후 세트 망을 씌우고 아이론펌 전용 중화제를 3분 간격으로 2회 도포한 후 헹구어 마무리 한다.

(6) 미디움 겉마름

① 클리닉 샴푸로 유분 및 노폐물을 깨끗이 제거한다.
② 타올 드라이 한 다음 수분 20% 있는 상태에서 아이론 전용 펌 제를 골고루 도포 후 가온(건강모 가온 8분 자연방치 10분) 단, 손상모는 모발 상태에 따라서 자연방치 한 후 연화테스트 한 다음 미온수로 가볍게 헹군다.

③ 타올 드라이 한 다음 모발 상태에 알맞은 오일을 선택해서 골고루 바른다.
④ 모류에 방향과 볼륨을 충분히 주고자 할 때에는 90° 에서 2/3부분까지 볼륨을 준 다음 C컬, S컬을 유도할 것인가에 따라서 로드선택을 신중히 해서 와인딩한다.
⑤ 와인딩이 끝난 후 세트 망을 씌우고 아이론펌 전용 중화제를 3분 간격으로 2회 도포 한 후 미온수로 헹구어 마무리 한다.

아이론 펌에 가장 중요한 요소는 신생부와 기염부 부분에 따라서 1액 도포 시 연화하는 과정에 있어서 세밀하게 해 줌으로써 아이론 펌에 효과를 더욱더 높일 수 있다.

(7) 아이론 펌 시술시 주의 사항

① 볼륨 디자인 스트레이트 시술 시 모근에서 4~5회 훑어준 다음 기염부로 오면서 2~3회 정도 훑어 주면서 연결한다.
② 모근을 살리고자 할 때 한곳에 오래 머무르게 된다면 극 손상모와 단모를 남길 수 있다.
③ 자연스러운 C컬을 유도하였으나 열을 가하게 된다면 S컬의 웨이브가 나올 확률이 많다.
④ 연화하는 과정에 있어서 신생부와 기염부 부분에 시간(time)조절을 정확히 해야 한다.
⑤ 신생부분에서는 천천히 와인딩 하면서 기염부 부분 쪽으로 와인딩 속도가 빨라져야 한다.
⑥ 아이론 펌 시술 시 와인딩 할 때에 열이 골고루 전달이 안 될 경우 유도 하고자한 컬을 기대에 못 미칠 수 있다.
⑦ 모질과 모발길이에 따라 아이론기구 선택을 잘 하여야 한다.
⑧ 볼륨을 주고자 하는 방향에 따라 각도가 달라져야 한다.
⑨ 모근 부분에 볼륨을 주고자 할 때에 세팅 롤 등을 이용한다.
⑩ 매직스트레이트나, 아이론 펌 시술시 1액 도포하는 과정에 있어서 두피에서 1cm 띄우고 도포함으로써 두피에 눌림 방지나 절모를 방지할 수 있다.
⑪ 연화 하는 과정에 있어서 오버타임하게 되면 모근 부분에 틀어져 있다가 서서히 단모가 발생하게 되면서 우수수 떨어지게 된다.
⑫ 블리치(bleach)나 재 염색, 재 펌에 의해서 손상이 많은 모발에 특히 강 클리닉을 하고 시술에 들어가야 한다.
⑬ 기염부 부분에서 손에 힘을 빼고 시술하는데 주의를 기울여야 한다.
⑭ 아이론 펌에 있어서 가장 중요한 포인트는 수분조절에 있다.
⑮ 정확한 슬라이스 폭과 몇 회전 와인딩 하느냐에 따라 유도하고자 했던 컬의 효과가 다를 수 있다.

수소결합

일반 펌, 직 펌과는 달리 수소결합에 의한 펌이다. 수소결합은 산소와 수소 사이의 당기는 힘에 의해 결합하는 것으로 모발에 수분을 가해주면 단절되고 수분을 제거하면 다시 결합이 이루어진다.

5) 세팅 펌(setting perm) & 디지털 연화 펌(digital perm)

(1) 세팅 펌의 이론

제1액의 티(치)오 글리콜산이 케라틴(keratin) 분자의 결합을 환원 절단하여 제2액의 과산화수소로 산화시키는 것에 따라 다시 시스틴 결합으로 돌아오는 화학반응의 원리로서, 세팅 펌은 일반 로드 펌과는 달리 수소결합에 의한 것이다.

제1액의 알칼리 작용에 의해 피브릴을 결합하고 있는 매트릭스는 팽윤 연화해서 1액의 작용에 의해 시스틴 결합을 절단 시킨다. 그 후 1액을 씻어낸다. 이 상태에서 로드를 말아주면 로드부분에 큐티클 안이 눌러져 반대 측 큐티클 안이 열려 피브릴 컬 형태로 바뀌게 된다. 또한 열을 가해주면 열려있는 큐티클 사이의 간격에서 수분이 증발하여 단절된 수소결합은 재결합하고 수분으로 단절되지 않은 수소결합은 열로 인해 단절되면서 냉각시켜주면 다시 재결합하게 된다. 수소 결합으로 인해 새로운 컬의 형태가 나온 상태에서 산화시키면 매트릭스는 다시 시스틴 결합을 일으켜 모발은 안정된 새로운 컬의 형태로 되는 것이다.

세팅 펌의 온도는 120°~160° 정도이며 펌 시술시 수분 함유량에 의해 온도가 하강하여 약 80°~120° 정도로 유지하는 것이 좋다. 모발 내 수분량은 절대적이며 약 20~30%가 적당하다. 세팅 펌은 드라이하지 않고도 자연럽고 우아한 웨이브 펌 스타일로 연출할 수 있는 것이 특징이다.

(2) 모발 종류에 따른 시술과정

① 건강모

샴푸한 후, 타올 드라이 → 케라틴 PPT 부분적 도포하고 빗질(전처리제) → 1제를 도포하고 20분 가온 → 연화가 충분히 될 때 헹굼 → 타올 드라이 후 수분 10% 상태에서 로드와인딩 → 20분 자연방치 후 2제를 도포(중화) → 7분 자연방치 후 로드 오프 → 마사지한 후, 깨끗이 헹굼 → 마무리(헤어 에센스, 왁스 등으로 모발 끝에서부터 골고루 도포하여 스타일링 한다).

② 손상모

샴푸한 후 타올 드라이 → 케라틴 PPT 전체 도포하고 빗질 → 펌 1제를 도포하고, 10분 자연방치 → 연화가 충분하게 될 때 헹굼 → 타올 드라이 후 수분 15% 상태에서 로드 와인딩 → 15분 자연방치 후 펌 2제를 도포 → 7분 자연방치 후 로드 오프 → 헤어 트리트먼트로 마사지한 후 깨끗이 헹굼 → 마무리(헤어에센스, 왁스 등으로 모발 끝에서부터 도포하여 스타일링 한다).

③ 극 손상모

샴푸한 후 타올 드라이 → 케라틴 PPT 전체 도포하고 빗질 → 펌 1제를 도포하고, 약 5~10분 자연방치 → 연화가 충분하게 될 때 헹굼 → 타올 드라이 후, 수분 20% 상태에서 로드 와인딩 → 15분 자연방치 후, 펌 2제를 도포 → 7분 자연방치 후 로드 오프 → 헤어 트리트먼트로 마사지한 후, 깨끗이 헹굼 → 마무리(헤어에센스 , 왁스 등으로 모발 끝에서부터 도포하여 스타일링 한다).

6) 직 펌

열 펌의 일종으로 유화시키지 않고 모발 클리닉 단계 후에 펌제와 직 펌 열기구 등으로 펌 웨이브를 형성시켰을 때 웨이브가 보다 탄력 있고 지속력이 유지되는 것이 특징이다.

옥 펌, 멀티 펌, 에너지 진동 펌 등이 속한다.

(1) 건강모

① 샴푸한 후 타올 드라이 → 케라틴 PPT 부분적 도포하고 빗질 → 펌 1제를 도포, 20분 가온 로드 와인딩 → 5~7분 후, 펌 2제를 도포 → 7분 자연방치 후 로드 오프 → 헤어 트리트먼트로 마사지한 후 깨끗이 헹굼

② 에센스 도포 : 왁스로 모발 끝에서부터 골고루 도포하여 스타일링 한다.

(2) 손상모

① 샴푸한 후 타올 드라이 → 케라틴 PPT 전체 도포하고 빗질 → 펌 1제를 도포하고, 약 5~10분 자연방치 → 로드 와인딩 → 5분 후 펌 2제를 도포 → 5분 자연방치 후 로드 오프 → 헤어 트리트먼트로 마사지한 후 깨끗이 헹굼

② 에센스 골고루 도포 : 왁스로 모발 끝에서부터 도포하여 스타일링 한다.

(3) 극 손상모

① 샴푸한 후 타올 드라이 → 케라틴 PPT 전체 도포하고 빗질 → 펌 1제를 도포하고 5~10분 자연방치 → 로드 와인딩 → 약 3~5분 후, 펌 2제를 도포 → 5분 자연방치 후 로드 오프 → 헤어트리트먼트로 마사지한 후 깨끗이 헹굼

② 에센스 도포 : 왁스로 모발 끝에서부터 도포하여 스타일링 한다.

7) 쭈 펌(A. I fuzzy system)

쭈 펌은 일반 콜드 펌이나 기존의 세팅 펌, 디지털 펌 등에서 연출하지 못했던 흘러내리는 듯한 느낌과 풀린듯한 자연스런 굵은 웨이브 컬, 끝머리가 뻗치는 듯한 세련된 스타일을 연출 할 수 있는 펌이다.

(1) 쭈 펌의 특징

① 가늘고 약한 모발도 풍성한 볼륨감이 가능

② 흘러내리는 듯한 느낌의 자연스런 굵은 웨이브 컬이 가능

③ 웨이브 펌의 뜨는 곱슬머리도 차분해진다.

④ 탄력 있는 굵은 웨이브 컬과 윤기를 부여

⑤ 매직스트레이트를 정기적으로 한 모발도 굵은 웨이브 컬이 가능

⑥ 드라이나 세팅한 느낌의 자연스런 스타일 가능

⑦ 머리손질이 편하고 지속시간이 길다.

(2) 쭈 펌의 시술과정

① 샴푸로 거품을 내고 마사지 한 다음 30초 후 헹구고 손으로 가볍게 물기를 닦아낸다(지성두피는 샴푸하고 헹구어 낸 다음 두피위주로 재 샴푸) 그리고 트리트먼트를 두피와 모발에 바르고 1~3분 후 헹구어 낸다.

② 타올 드라이하고 A.I 펌 제를 두피에서 1.3~1.5㎝ 띄우고 모발에 골고루 바른 다음 연화시킨다(연화는 세팅 펌이나 디지털 펌과 비슷하고 곱슬기가 심한 경우 크림타입의 약제를 사용, 모발상태에 따라 원터치, 투터치가 가능).

③ 연화가 끝나면 샴푸로 걷어내고 마사지 한 다음 30초 후 헹구고 타올로 가볍게 물기를 닦아내고 트리트먼트를 두피와 모발에 바르고 1~3분 후 헹구어 낸다.

④ 타올 드라이하고 트리트먼트를 모발에 골고루 바른 다음 섹션을 나눠 와인딩 해준다. 쭈 펌은 팽창압력을 이용하므로 기본텐션이 필요하고 볼륨감을 주기 위한 각도가 중요하다(보통 쭈펌 패드1장, 부직포패드는 2장을 사용하는데 페이퍼는 아래 2장, 위 2장 총 4장을 사용한다. 쭈 펌이 수분이 필요한 시술이기 때문에 또한 페이퍼는 물에 담갔다가 짜서 사용하면 좋다).

⑤ 와인딩이 끝나면 스틱과 로드선을 꽂는다. 20㎜ 이하-A.I Soft, 20㎜ 이상-A.I Naturel, 손상모-Damaged, 건강모-Nomel(쭈 펌 로드는 4개의 로드선 중에 3개만 사용됨).

⑥ 쭈 펌기가 작동되면 액션타임(action time-복원력) → 퍼지타임(fuzzy time-세팅력) → 쿨링타임(cooling time-지속력)이 나온다. 짧은 시간 내에 온도가 급상승하여 발생한 스팀열이 뜨거우므로 1~2분 간격으로 드라이로 스팀을 제거해주고 모발량과 모발상태에 따라 액션타임단계로 시간조절하고 수분이 30% 정도에서 피지타임 단계에 가서 건조시킨 후 쿨링타임 단계로 간다.

⑦ 쿨링타임이 끝나면 소리가 난다 그 후 로드선을 빼고 중화제를 바른다. 1차 중화는 5분, 2차 중화 하고 5분 후에 로드오프한다.

⑧ 모발을 잘 헹군 다음 트리트먼트를 두피와 모발에 골고루 바르고 1~3분 후 헹군다.

⑨ 타올로 물기를 잘 닦은 다음 헤어에센스, 왁스, 헤어로션 등 모발제품을 사용하여 스타일을 연출하여 준다.

8) 유화 작용에 따른 열 펌 웨이브

(1) 세팅웨이브 펌(setting wave perm)

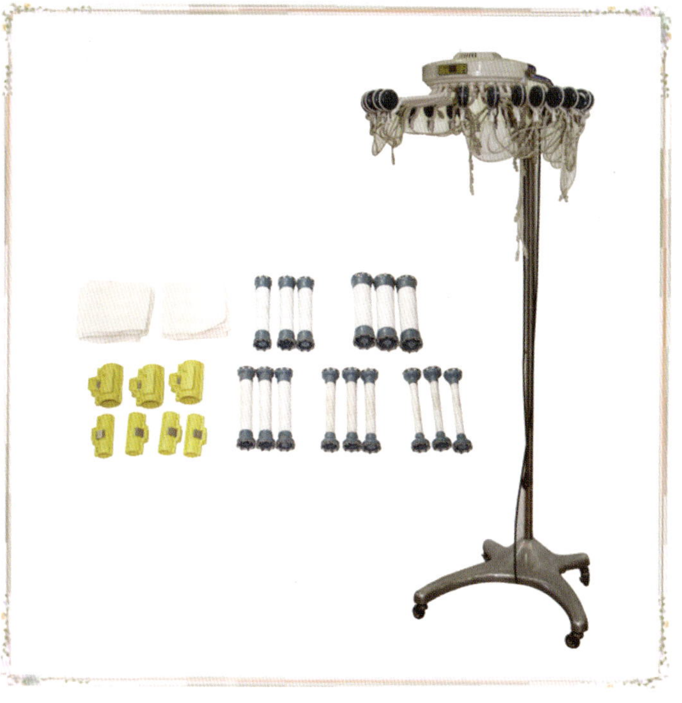

웨이브가 없는 길고 가늘은 모발

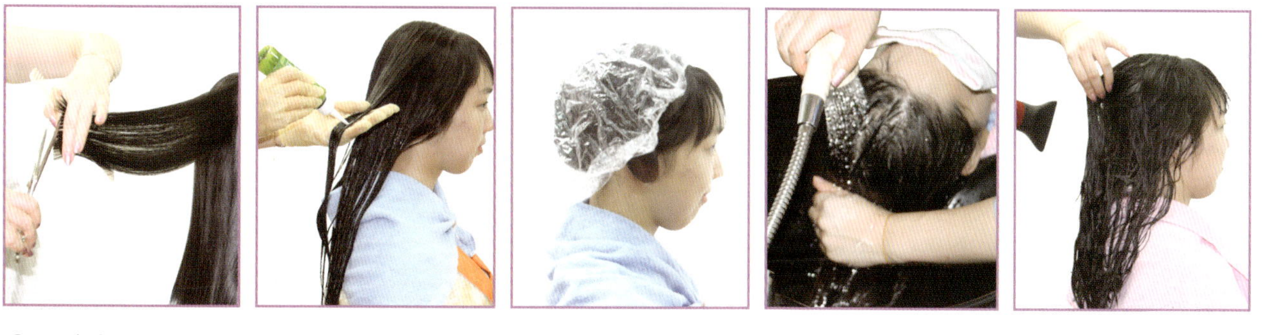

① 프레커트 시술 후 수분과 전처리제를 도포한다.
② 1액을 원터치로 도포, 비닐캡을 씌워 자연방치 10분 후 연화체크하고, 1액을 헹군다. 타올 드라이 후 찬바람으로 두피 쪽으로부터 모발을 건조 시킨다.

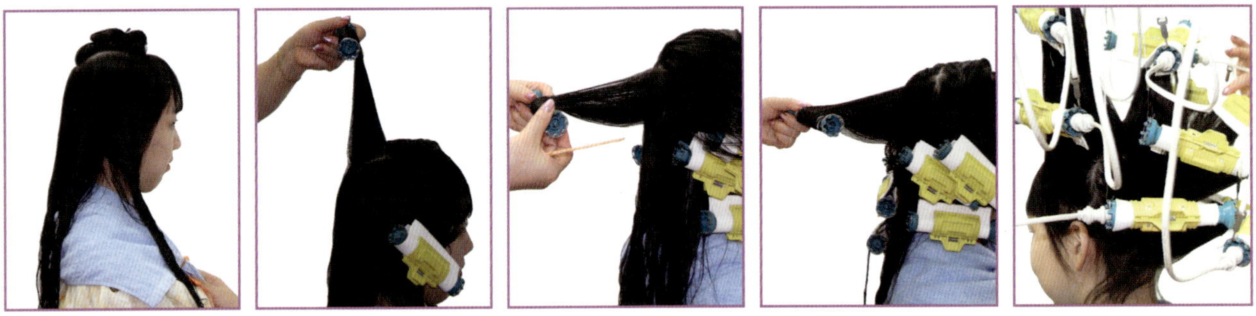

③ 약간의 수분을 주고 증발하지 않게 하고 윤기를 부여하도록 핫오일이나 열처리 전용 에센스를 도포한다.
④ 탑, 사이드, 백, 크라운 쪽으로 블로킹한 다음 와인딩한다. 부직포를 대고 셋팅펌기 전용 클립으로 고정시킨 다음 기기와 연결한다. 큰 웨이브를 만들기 위해 판넬의 양을 많이 잡고 텐션을 주지 않도록 주의한다.

⑤ 중간 로드 오프 하면서 컬의 늘어짐을 방지하기 위해 안으로 돌돌 말아서 핀컬핀으로 고정 시킨다.
⑥ 손상모발이므로 10분 방치 후 부직포와 핀을 빼고 열이 식으면 컬 테스트 한다.

⑦ 중화 7분방치 후 핀컬 핀을 빼고 난 후 pH 발란스 도포하고 5분 방치한다.

⑧ 충분히 헹군 다음 모발건조는 찬바람으로 하고 에센스 등을 모발에 충분히 부분 도포하여 핸드 스타일링 한다.

After

(2) 디지털 펌(digital perm)

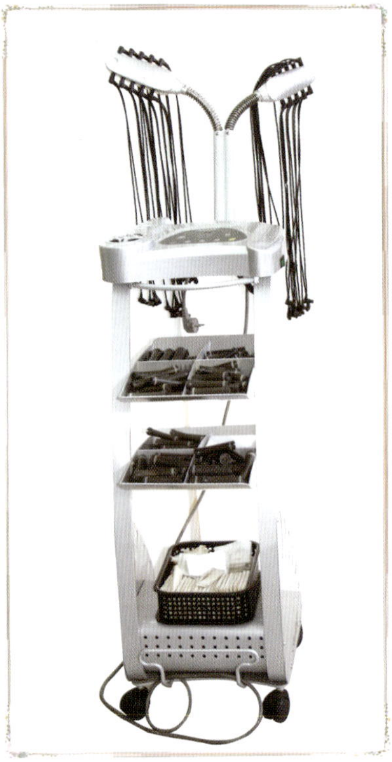

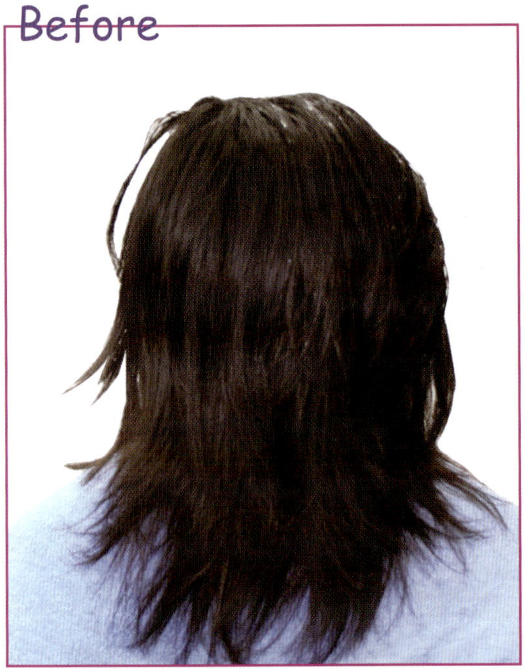

중간 길이 중간 손상 모발

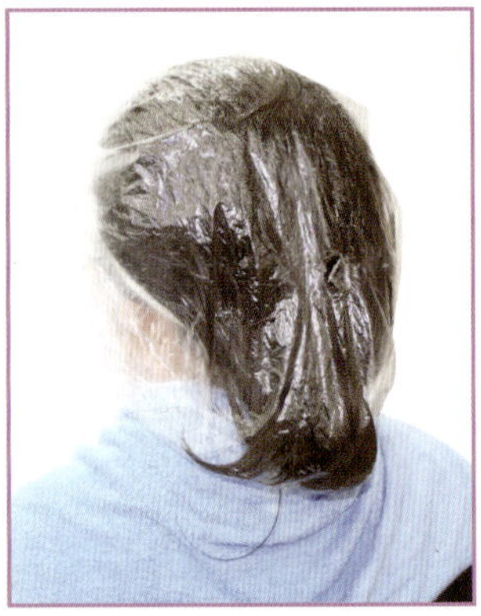

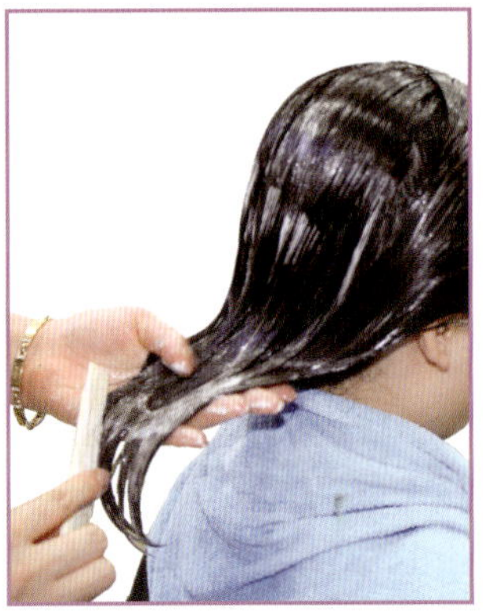

① 모발크리닉 과정 후 플레인 샴푸하고 약간의 드라이 건조한다. 수분 보유상태에서 펌1제를 도포하여 건강모 7분, 손상모 5분방치하고 연화 테스트 확인한다.

② 플레인 샴푸한 다음 냉풍 드라이로 말리고 핫오일 또는 열처리 전용 에센스 등을 도포한다. 두피 보호대를 사용하며 전두부부터 양쪽크라운, 사이드 순으로 와인딩한다.

③ 디지털 펌 열선과 연결시킨다. 중간 손상모는 15분 방치 후 열이 식으면 로드 오프 하면서 컬이 풀리지 않도록 안으로 돌돌 말아 놓는다. 중화제 분무하고 7분정도 자연방치한다.

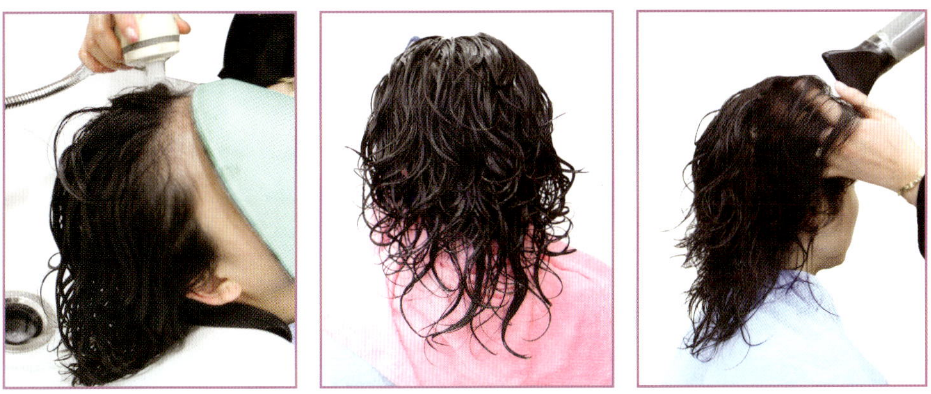

④ 물과 린스로 헹구어 드라이로 건조시킨 다음 헤어제품을 사용하여 자연스러운 웨이브로 스타일링 한다.

After

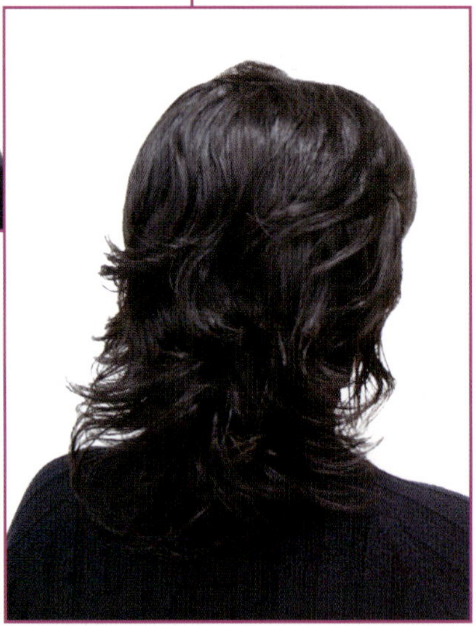

(3) 매직 스트레이트 펌(flat straight perm)

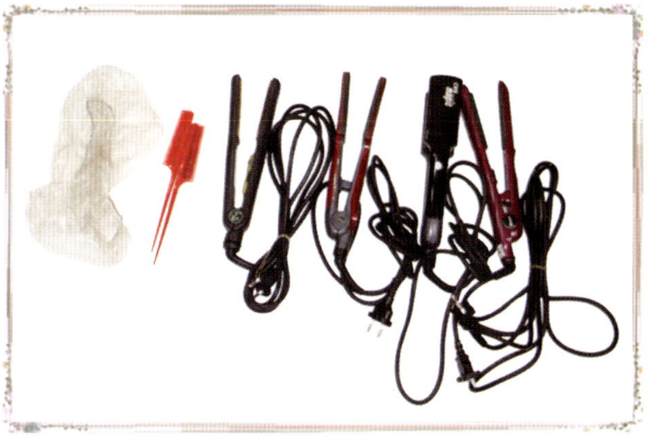

숱이 많고 곱슬 손상 모발

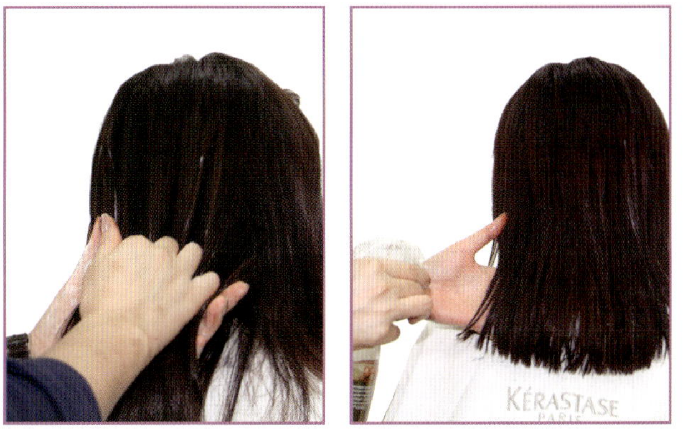

① 모발 손상을 방지하기 위해 전처리제로 LPP를 골고루 발라주고 PPT로 한번 더 도포해 준다.

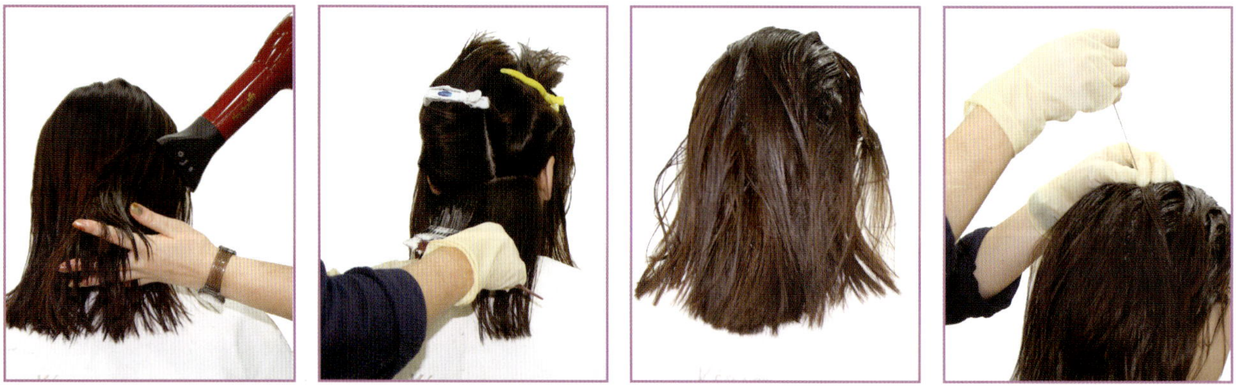

② 전처리제 침투가 잘되도록 드라이로 열을 가해준다. 1액 신생모에만 1차 도포하고 자연방치 10분 후 연화 테스트를 한다.

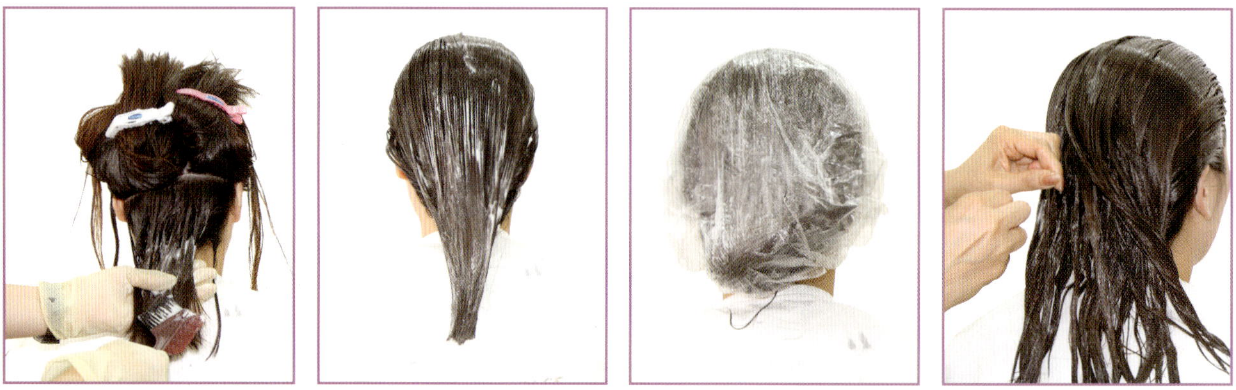

③ 건강모에 연화가 되었으면 손상 모발하고 연결해서 1액 도포한다.
비닐캡을 씌워 자연방치 5분 후 다시 연화 테스트 한다.

④ 1액을 헹군 다음 드라이 찬바람으로 건조 시킨다. 열로 인한 손상을 방지하기 위해 전처리제 도포하고 스트레이트 매직기로 160° 정도로 작업한다. 건강모발, 곱슬모는 텐션과 뜸을 들여 주면서 천천히 매직기로 시술하고 손상모발은 기기 동작을 빨리 빼주는 것이 모발 손상을 방지한다. 빗과 매직기는 함께 움직인다.

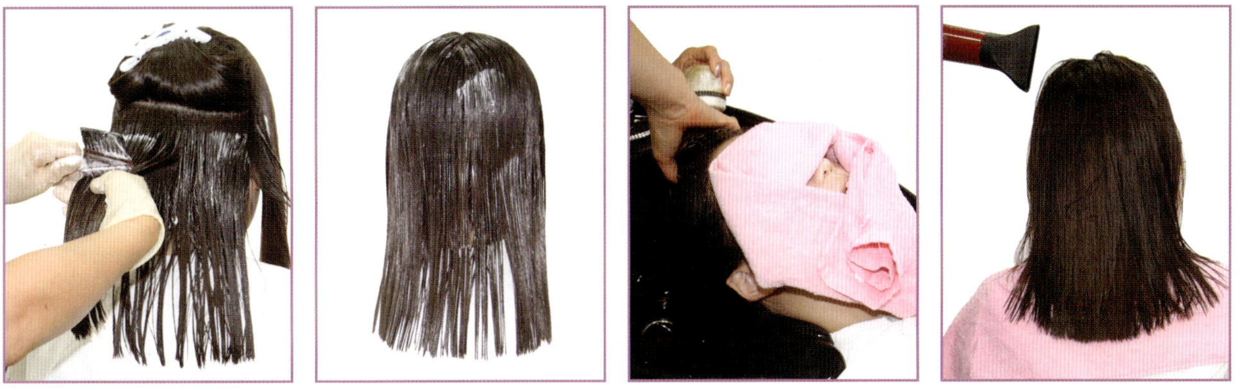

⑤ 2액 중화제 도포는 충분히 하되 모발이 겹치거나 흐트러지지 않게 반듯하게 빗어준다. 약 15분 후 컨디셔너로 헹군 다음 드라이 건조 후 바로 헤어 에센스를 도포해서 마무리 정돈한다.

(4) 아이론 펌(iron perm)

① 긴 머리 아이론 세팅 펌

가늘고 층이 많고 숱이적은 중간 손상 모발

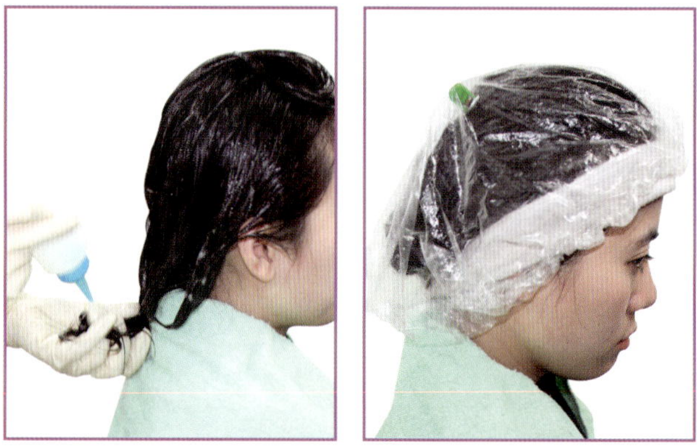

① 모발 상태분석을 하고 신생모발과 중간 길이의 손상모발에 수분과 클리닉 제품을 도포한다. 신생 건강모발에 1액 도포하고 유화되면 샴푸 5분전에 중간손상 모발에 1액 연결 도포한다.

② 플레인 샴푸로 가볍게 헹구고 30% 수분유지 상태에서 열펌전용 에센스 오일 등을 바르고 패널을 호일로 감싸 모발 끝이 꺾어지 않도록 주의하며 세팅 아이론으로 컬링한다. 원하는 웨이브 굵기에 따라서 아이론 크기, 호수를 선택 모발량을 조절한다. 볼륨정도에 따라서 시술각을 조절한다.

③ 호일을 감싸 컬 아이론으로 전체 와인딩한 후 열이 식으면 오프하고 핀컬핀으로 컬이 풀리지 않게 고정한다. 2액 중화제 분무하고 5~7분 자연방치 후 플레인 린스하고 헤어스타일링제품을 사용하여 마무리한다.

After

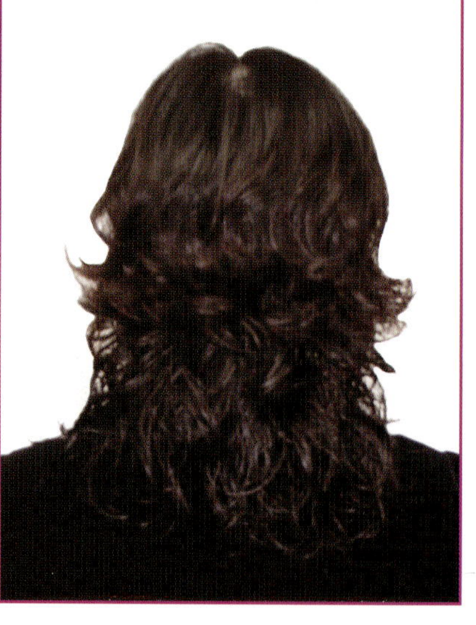

② 긴 머리 아이론 트위스트 웨이브 펌

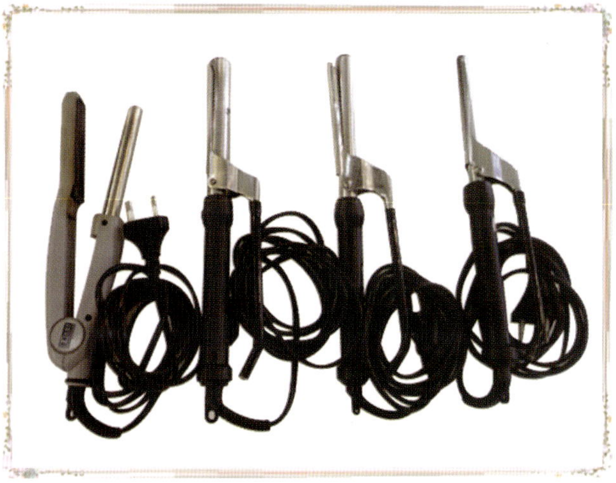

숱이 적으며 매우 가늘고 심한 손상
부석거리는 긴 모발

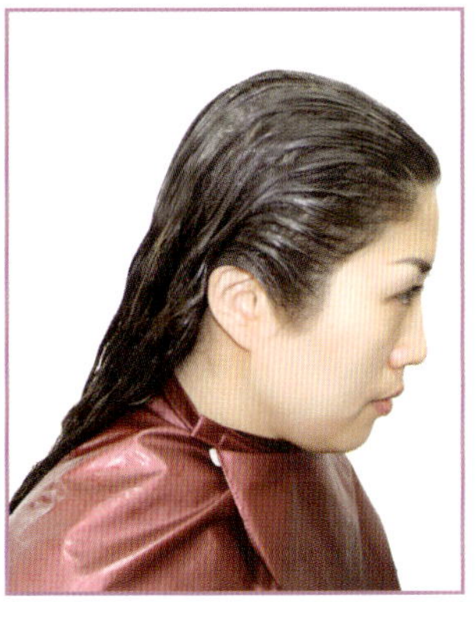

① 모발 상태 분석하고 극 손상모발에 프레커트를 한다. 수분과 영양크리닉 하고 헹군다.
② 전처리로 도포한 다음 연화시키고 모근쪽 건강 모발에 1액 도포 10분 후 손상 모발에 재도포한 즉시 약액을 헹구고 가볍게 말린다.

③ 보조 끈을 모발 패널에 고정하고 세팅 아이론에 모발과 보조끈을 돌려 트위스트 와인딩을 한다.

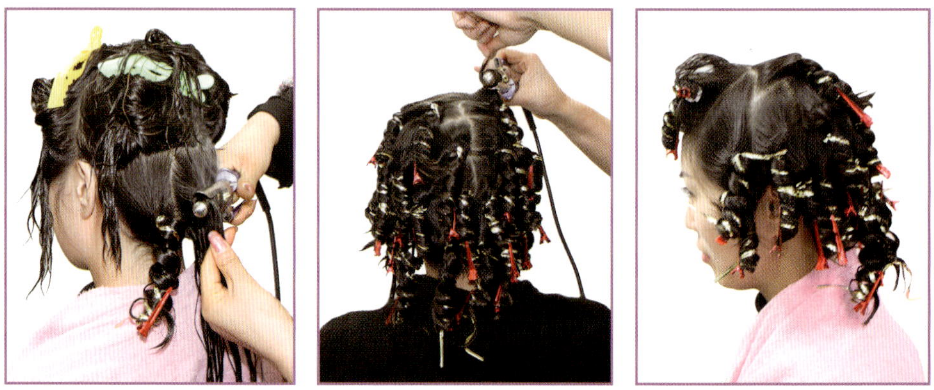

④ 네이프부터 탑으로 트위스트 와인딩을 진행하고 양쪽 사이드까지 완성한다.

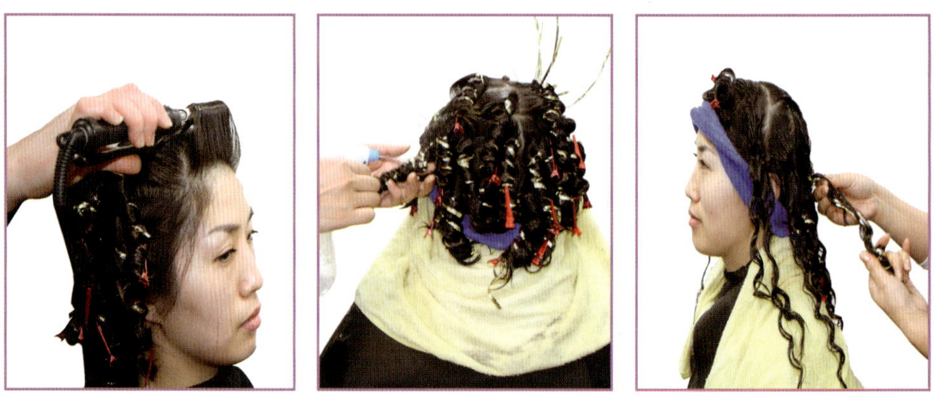

⑤ 중화도포 약 5분~10분 자연방치 후 보조끈 오프 한다. 플레인 샴푸후 린스한 다음 헤어제품 등으로 스타일링 한다.

After

③ 볼륨 매직 펌(volume magic perm)

중간길이의 중간손상 모발

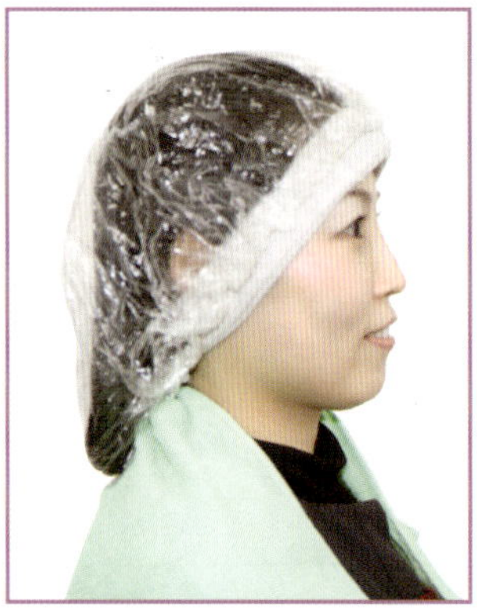

① 중간 손상 모발에 신생모에 1액 도포, 5분 자연방치, 연화 테스트 후 기염모에 1액 재도포, 5분 자연방치 다시 연화 테스트한다.

② 아이론 기기로 뿌리 볼륨을 살려준 다음 모발 길이 1/2 지점까지는 볼륨을 주며 끝까지 펴준다.
③ 판넬의 양을 많이 잡아서 세팅 아이론 16호로 호일을 접어서 모발을 감싸고 끝에서 위로 머리길이 1/2 지점까지 말아 올라간다.
④ 컬링된 모발에 뜸 아이론 기계를 이용 탄력있는 컬 형성을 위해 적당하게 뜸을 준다.

⑤ 탑의 볼륨을 살리기 위해 각도를 들어서 감는다. 중화전에 호일을 빼고 핀컬로 고정시킨 다음 분무기로 분사 중화하는데 2회정도 모근까지 충분히 도포한다.

After

④ 짧은 머리 아이론 웨이브 펌

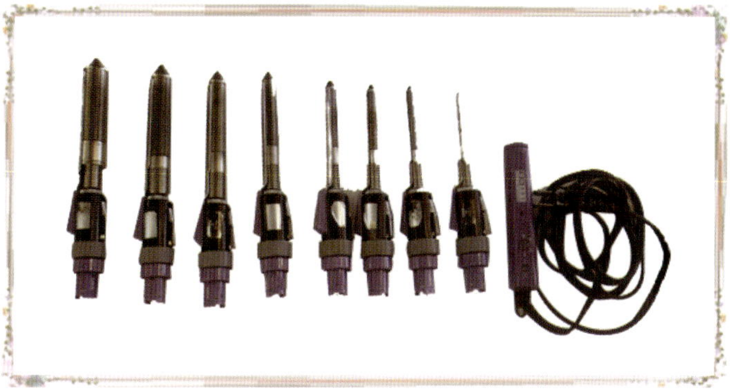

짧은 길이 중간 손상 모발

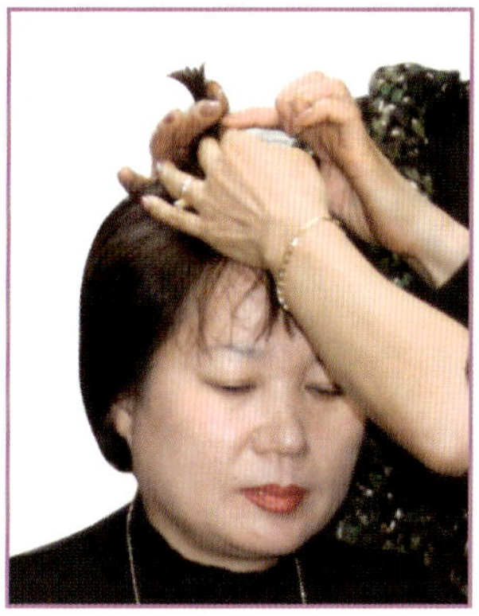

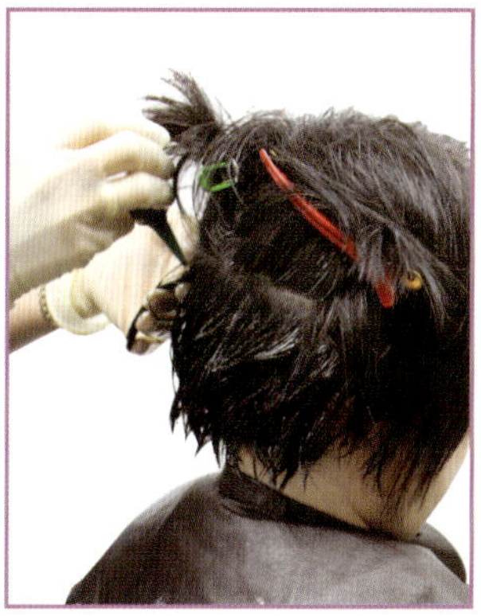

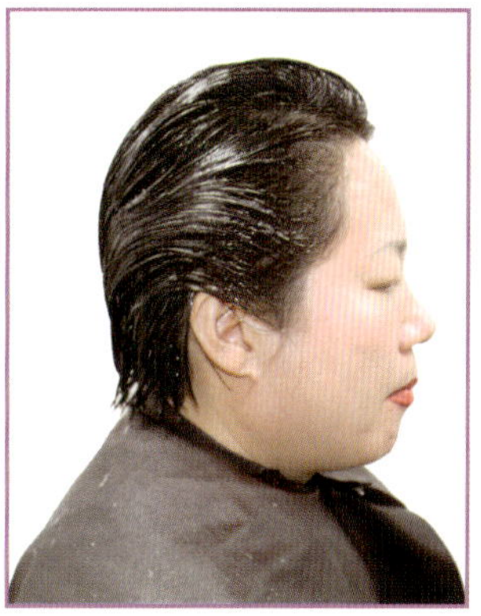

① 모발 상태를 분석하고 전처리는 실크 에센스와 오일 등을 도포하고 가온한 다음 헹구고 1액을 도포한다.

② 컬보다는 볼륨을 살리기 위해 원터치로 도포해 주고 7~10분 정도 자연방치한다.

③ 볼륨을 원하는 탑부분에서는 아이론을 120°로 컬링한다. 네이프 쪽으로는 45°에서 0°로 컬링한다.

④ 한바퀴 돌리고 뜸 들이고 반바퀴 돌리고 뜸, 레버를 누른 상태에 움직여서 모발 1/2 정도 된 상태에서 볼륨을 주기 위해 약간의 텐션이 들어가도록 한다. 아이론 시술 온도는 140°~150° 정도가 적당하다.

⑤ 헴라인이나 네이프 라인쪽으로는 다운 쉐이핑하여 컬링한다.

⑥ 사이드 역시 볼륨이 원하는 부분은 시술각도를 올려빗기해서 컬링하고, 볼륨을 원하지 않는곳은 내려빗기 해서 컬링한다.

⑦ 중화제는 분무기로 분사 2회 정도 하고 샴푸한다.

After

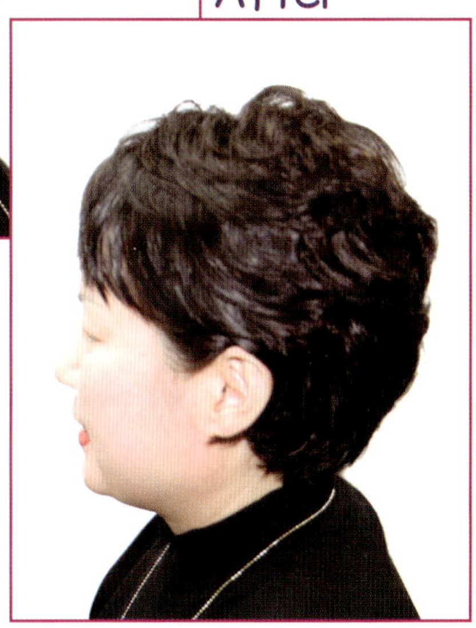

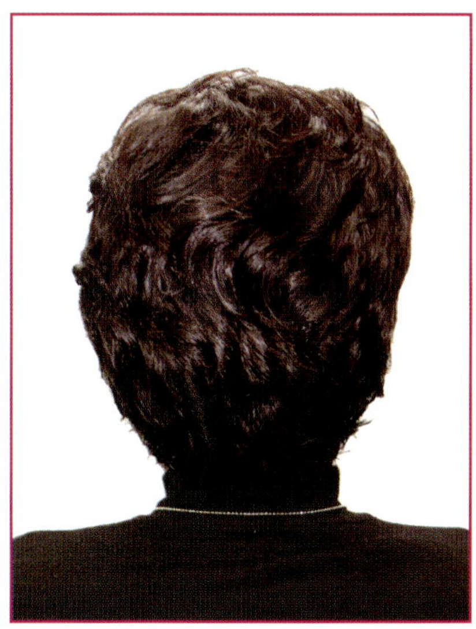

(5) 남성 아이론 펌

① 내추럴 웨이브

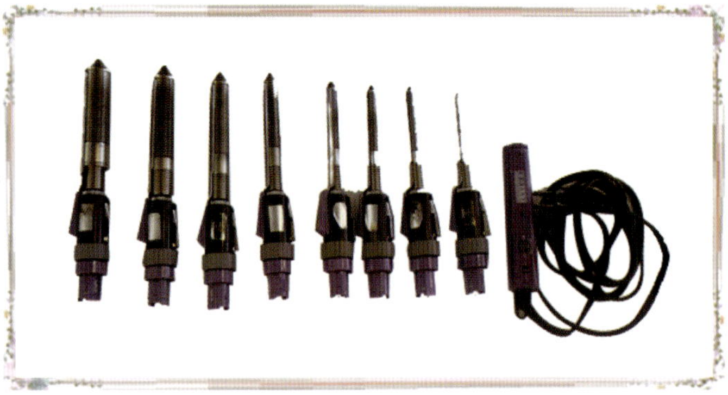

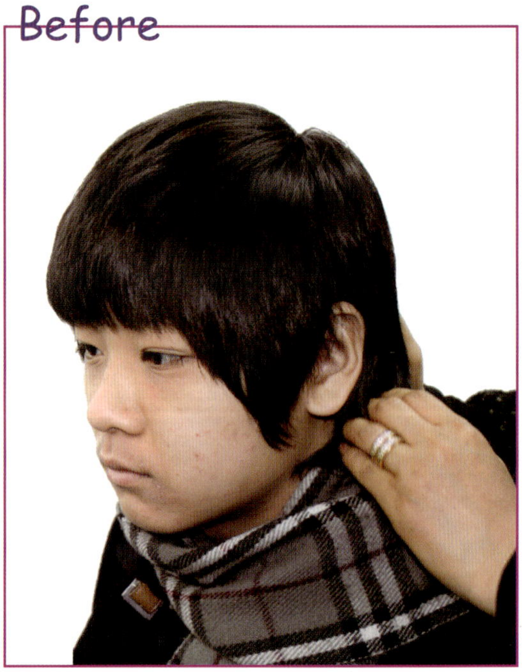

짧은 길이 건강한 모발

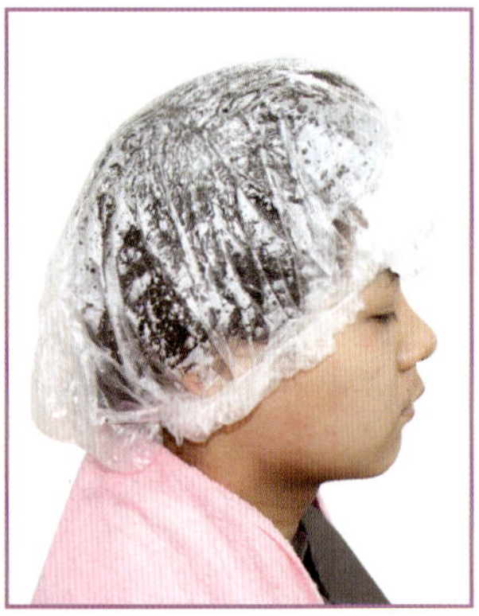

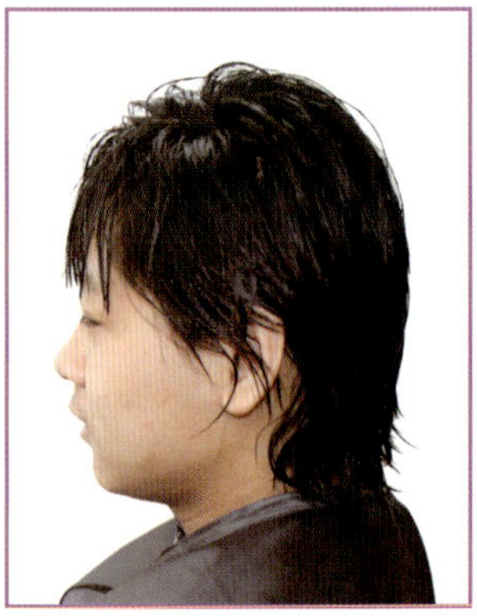

① 전처리제로 실크 에센스와 오일을 모발 끝 부분에 도포 한 후 1액을 전체 모발에 도포한다. 5분 동안 가온하고, 5분 자연방치 후 약액을 행구어 모발의 수분 50% 이상 유지하며 건조시킨다.

② 아이론 기기온도는 140°~150° 사용하여 탑에서 부터 컬링한다.
③ 시술각도는 120°, 90°, 45° 순으로 아이론 레버를 돌려주고 뜸 들이는 동작을 반복하며 와인딩한다.

④ 양쪽사이드는 자연스러운 C컬을 형상하기 위해 보륨 매직기기로 컬링한다.
⑤ 헤어라인 주변은 15° 이하의 각도로 모근 볼륨이 나오지 않도록 와인딩한다.

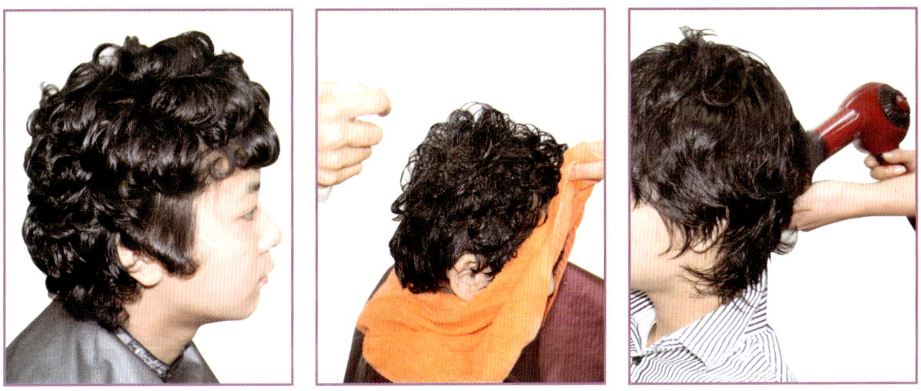

⑥ 와인딩이 끝나고 열이 식으면 분무중화 또는 거품중화로 5분씩 2회 정도 도포한다. 헹궈내고 두피 쪽을 건조시킨다.

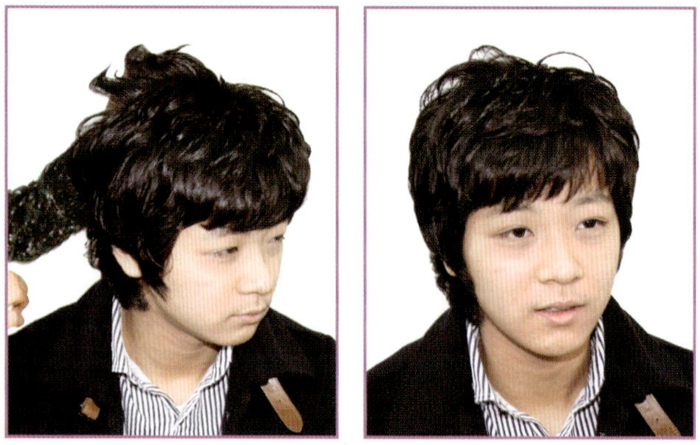

⑦ 왁스, 글레이즈, 에센스 등 헤어제품으로 스타일링 한다.

After

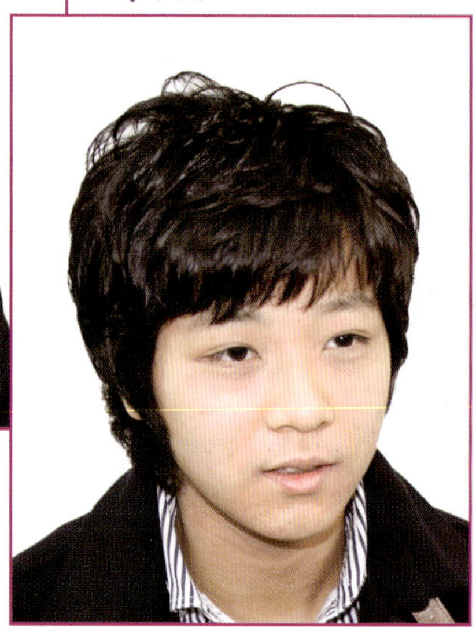

② 짧은 스포츠 아이론 펌

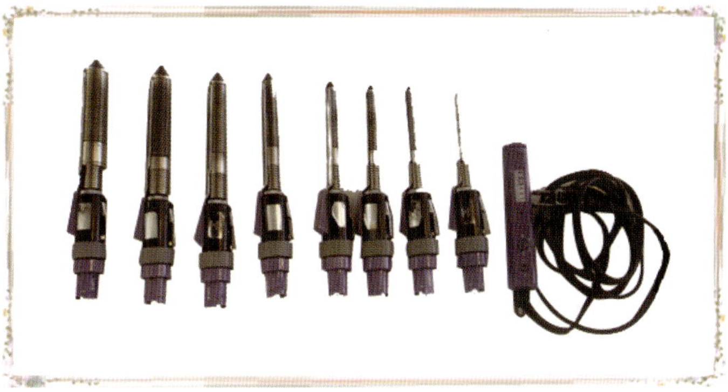

심하게 뻣는 강모

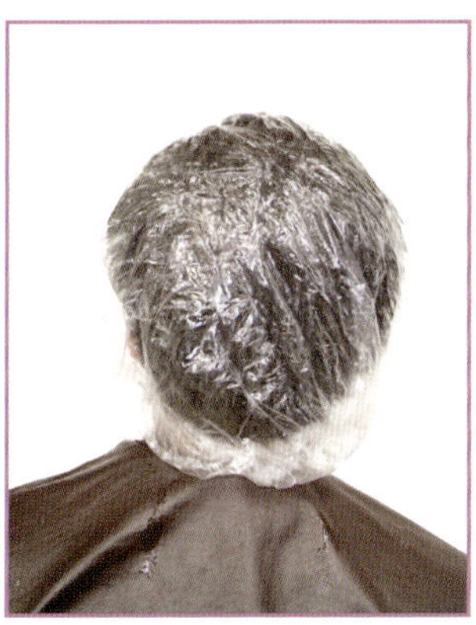

① 모발 상태에 따른 아이론 크기와 약액을 선정하고 원터치로 1액 도포한다.

② 비닐캡을 씌운 상태에서 10~15분 자연방치한다. 연화되면 헹군다음 열처리 전용 에센스나 오일을 도포한다.

③ 8mm 아이론으로 탑에서부터 백 → 크라운 → 네이프 → 양쪽사이드 → 프린지 순으로 컬링한다.

④ 볼륨보다는 모발 끝에 C컬을 원함으로 한 바퀴씩만 돌려준다.

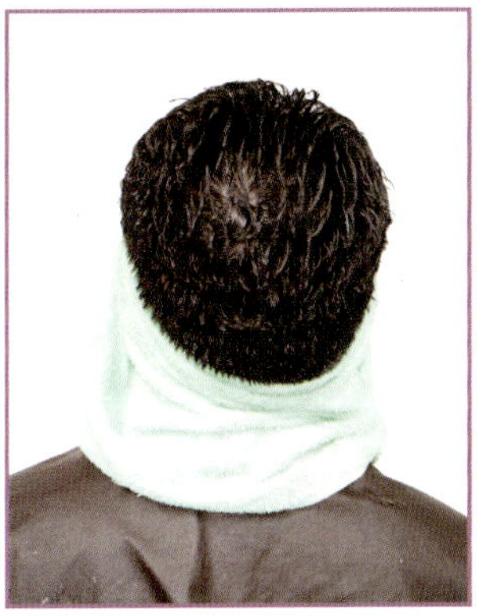

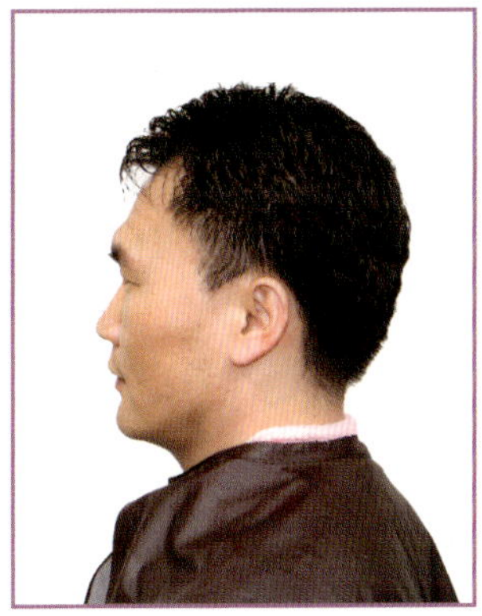

⑤ 분무 중화후 약 5~7분 자연방치 후 헹구고 왁스나 헤어제품 등으로 스타일을 정돈 한다.

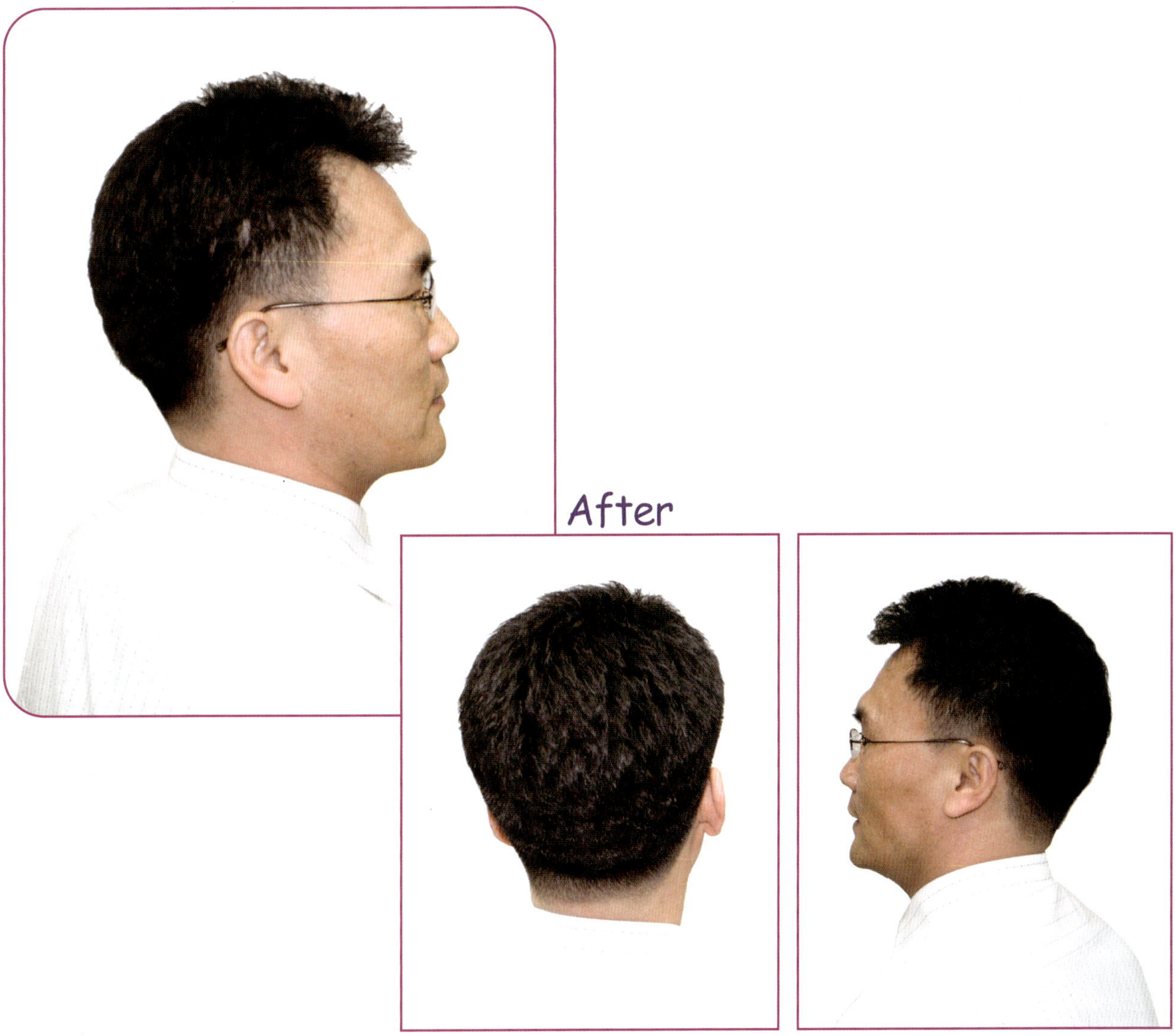

(6) 쭈 펌(A.I Fuzzy System)

① 롱 헤어 쭈 펌 웨이브 스타일

가늘고 중간 손상 모발

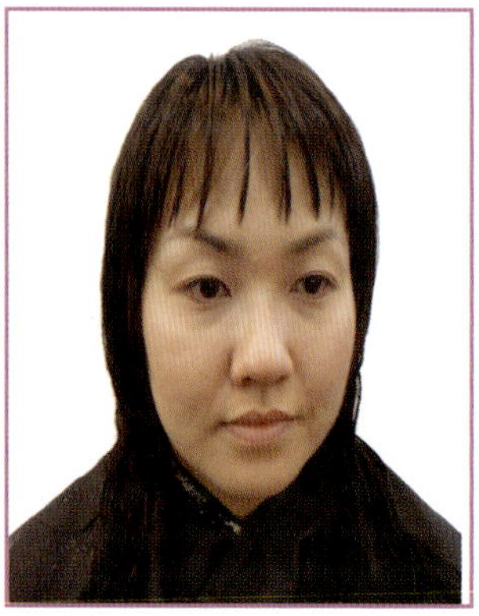

① 롱 헤어스타일과 중간정도 손상 모발에 쭈 펌 웨이브를 형성한다.

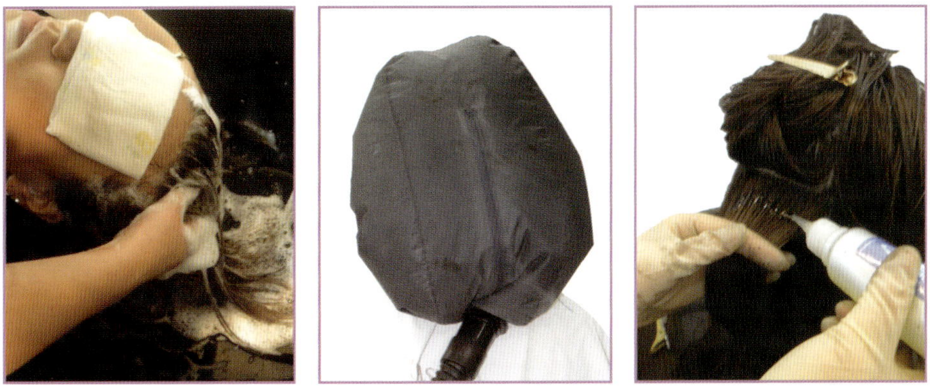

② 두피모발클리닉 샴푸하고 PPT사용으로 전처리 트리트먼트 도포하고, 가온 10분 후 헹군다. 타올로 물기를 닦아내고 펌 제를 두피에서 1.3~1.5cm 떼고 모발에 골고루 도포하고 연화한다.

※ 연화시간 : 신생모 - 건강모용 치오 클리콜산 1액 10분
기염모 - 손상모용 치오 클리콜산 엘시스테인 염산 pH 8.0

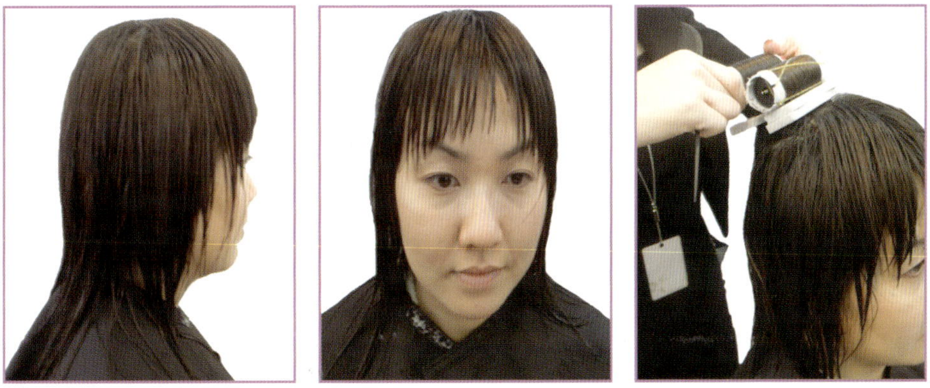

③ 연화테스트할때 모발을 5cm정도 만졌을때 탄력있게 흩어지면 연화가 됐으므로 미온수로 충분히 중간세척을 한다.

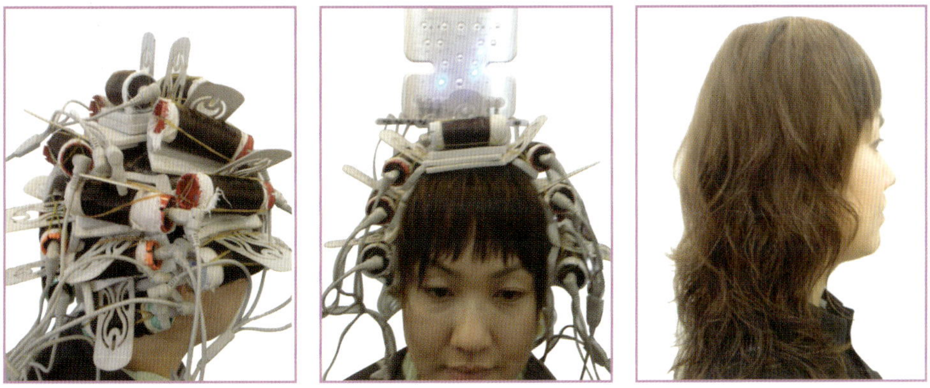

④ 와인딩 작업은 수분 100%와 에센스를 전체적으로 도포하고 온도는 natural - normal - action 10분 - Puzzy 10분 - Cooling 7분

⑤ 와인딩 : 로드크기는 F 29, 26, 23, 20으로 하고 중화 2액은 과산화수소 10분한다.

⑥ 플레인 샴푸하고 타올 드라이 후 따뜻한 바람과 찬바람 교대로 모발을 건조시켜 헤어제품 등을 도포 스타일링 마무리 한다.

After

② 중간 길이 쭈 펌 웨이브 스타일

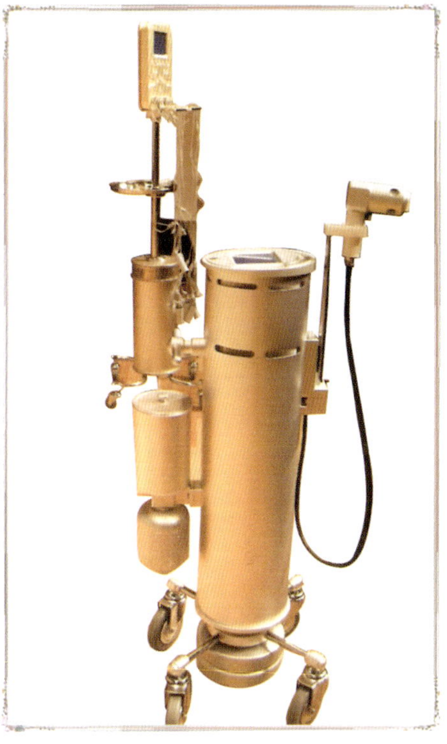

Before

모량이 적고 가는 약손상 모발

① 중간 길이 헤어스타일과 약손상 모발에 쭈 펌 A.I펌 스타일을 형성한다.

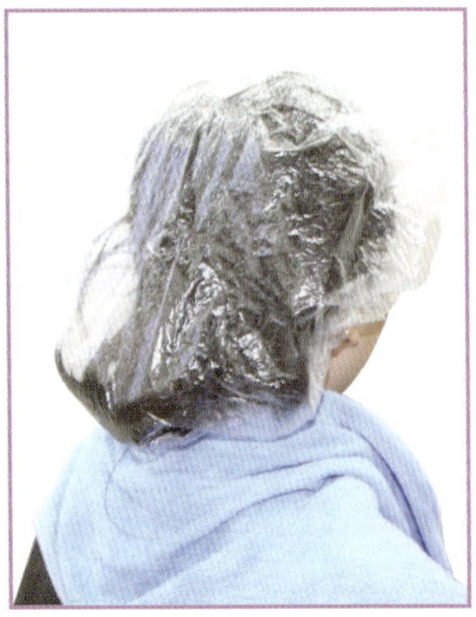

② 두피모발 클리닉 샴푸하고, 타올 드라이 한 다음 PPT로 전처리 트리트먼트 한다. 가온 10분 정도.
③ 연화과정 : 신생모 - 건강모용 약 1액(치오글리콜산암모늄)도포 후 10분 방치
기염모 - 손상모용 약 1액(치오글리콜산엘시스테인염산염)
④ 연화테스트 : 모발을 5cm정도 만졌을 때 탄력 있게 흩어지면 연화가 됐으므로 미온수로 충분히 헹군다.

⑤ 와인딩작업 : 수분조절 100%와 에센스를 전체적으로 도포한다.
온도설정 : natural - normal - action 10분 - puzzy 10분 - cooling 7분
⑥ 와인딩 로드 : F 29, 26, 23, 20으로 와인딩하고 중화작업은 과산화수소 10분 후 로드아웃한다.

⑦ 약액을 충분히 헹구고 따뜻한 바람, 찬바람으로 모발을 교대로 건조시키며 헤어 스타일링 제품으로 마무리 한다.

After

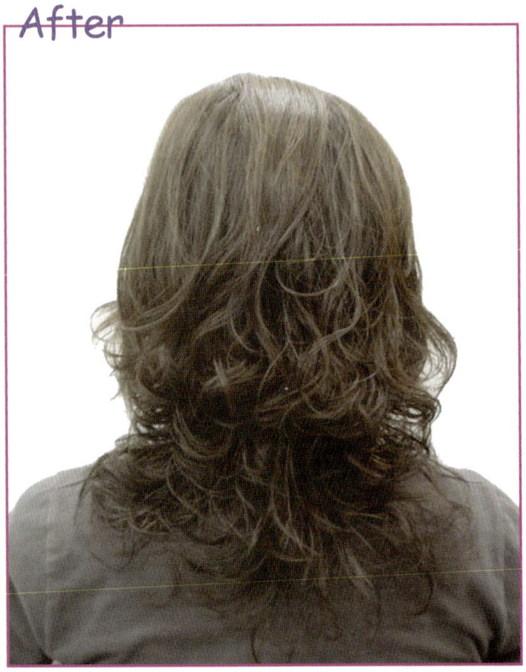

③ A.I 짧은 보브 스타일 볼륨 펌

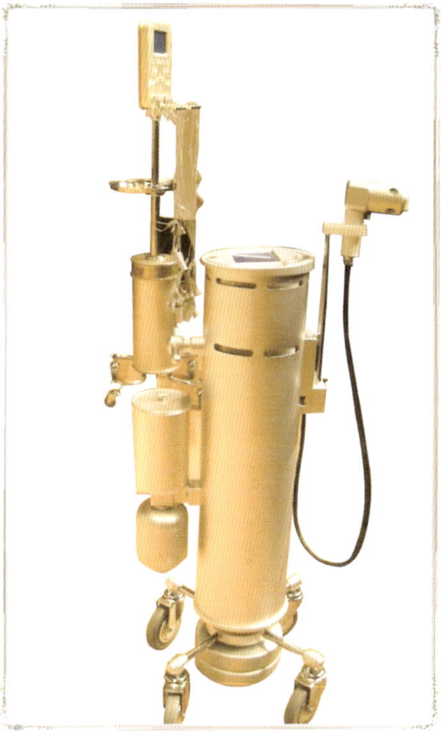

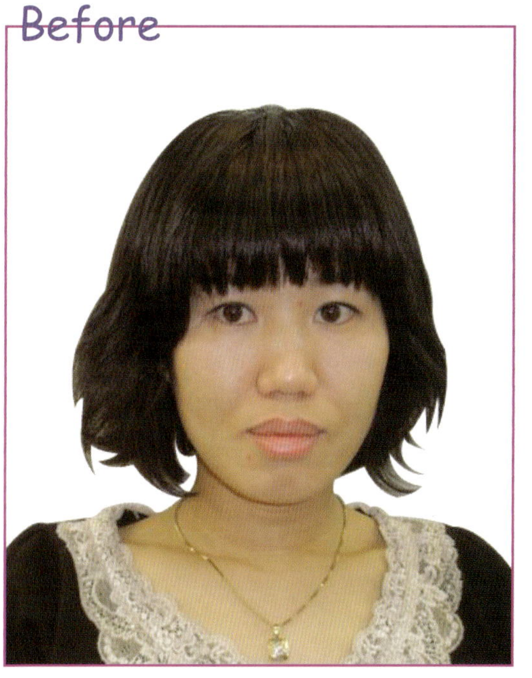

중간손상과 중간길이 모발

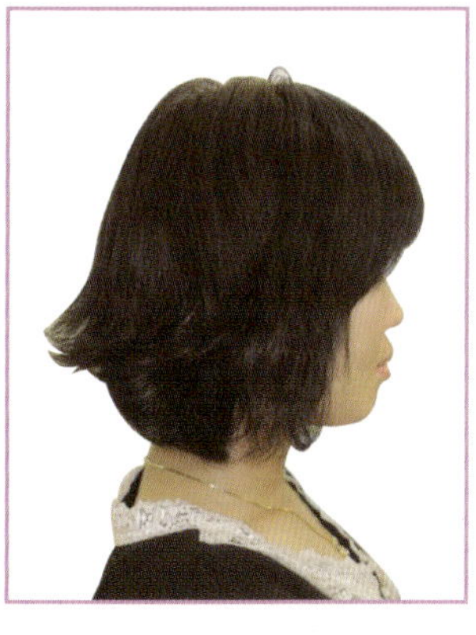

① 짧은 보브 스타일과 중간정도의 손상모발에 쭈펌 A.I펌 스타일을 형성한다.

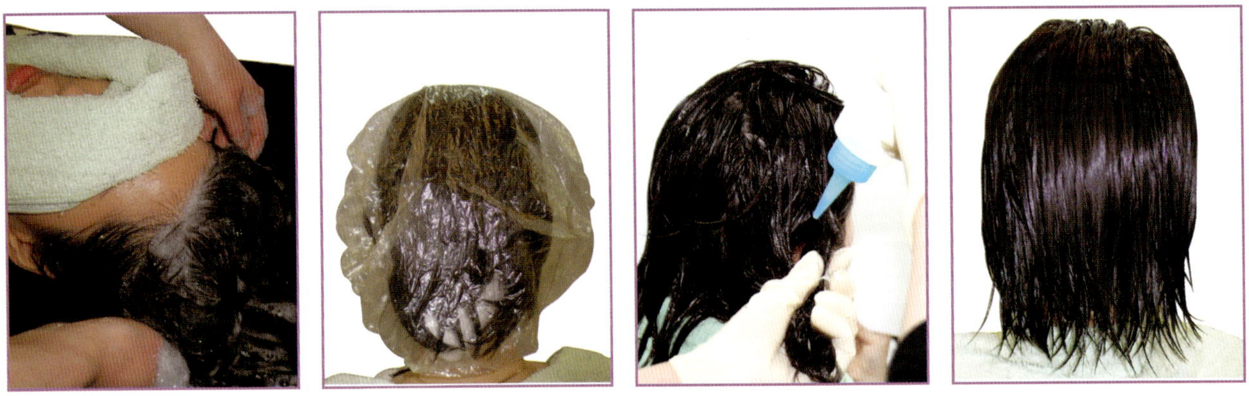

② 클리닉 샴푸 후 타올 드라이하고 PPT를 사용 전처리 트리트먼트 한다(가온 10분).

③ 연화과정 : 신생모 : 건강모용 약 1액(치오글리콜산암모늄)도포 후 10분 방치

기염모 : 손상모용 약 1액(치오글리콜산엘시스테인염산염)

④ 연화테스트 : 모발을 5cm 정도 만졌을 때 탄력 있게 흩어지면 연화가 됐으므로 미온수로 충분히 헹군다.

⑤ 와인딩 작업 : 수분조절 100%와 에센스를 전체적으로 도포한다.

⑥ 온도설정 : natural - normal - action 10분 - Puzzy 10분 - Cooling 7분

⑦ 와인딩 로드 : 트리트먼트를 모발에 골고루 뿌린 다음 섹션을 타서 부직포 패드 2장씩 사용하며 로드는 F 29, F26, F23, F20, F17으로 와인딩한다.

⑧ 스틱과 로드선을 꽂고 기기를 작동한다.

⑨ 로드선을 빼고 중화작업은 과산화수소 5분씩 2회 모발에 골고루 바른 후 로드 아웃 한다.

⑩ 모발을 잘 헹군 다음 두피와 모발에 클리닉제품을 골고루 바르고 1~ 3분 후 헹군다. 타올로 물기를 잘 닦은 다음 따뜻한 바람과 찬바람으로 건조시키고 헤어제품 등을 도포하며 스타일링 마무리 한다.

After

9) 직펌 웨이브

(1) 옥펌(O.K perm)

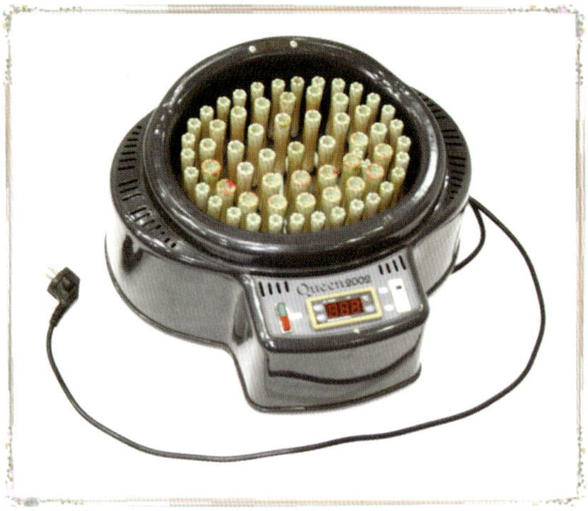

가늘고 숱이 적으며 푸석거리는 모발

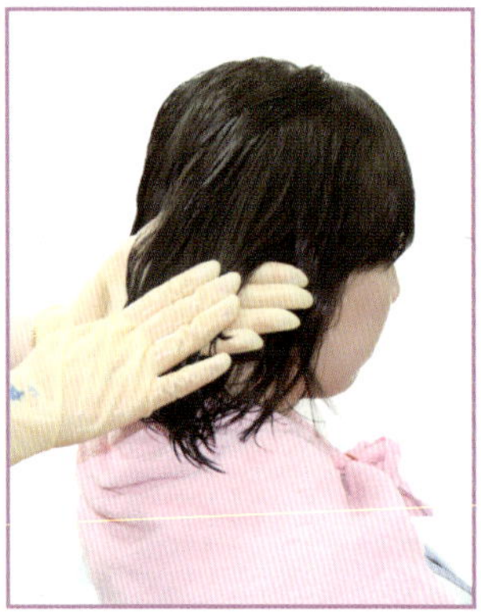

① 모발상태 분석 후 로드 선정과 약액 선정한다.
② 건조한 모발에 수분을 준 다음 전처리제를 도포한다.

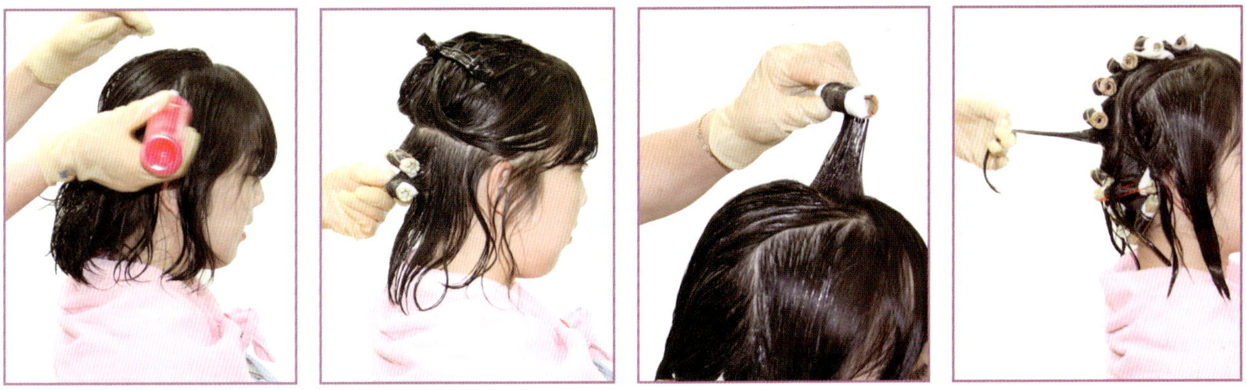

③ 1액 도포 후 네이프는 다운 스탬 와인딩한다.

④ 탑은 90° 이상 백은 90°로 텐션을 주지않고 와인딩한다.

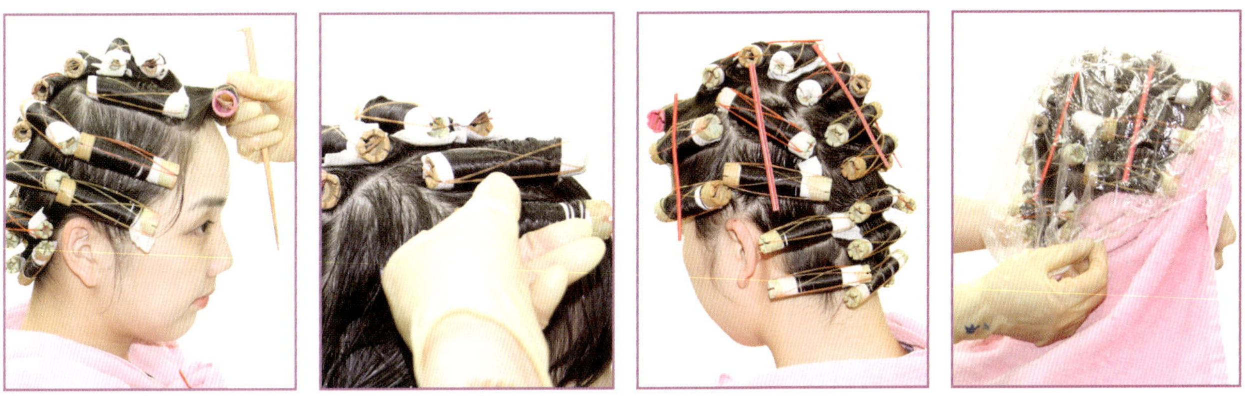

⑤ 양쪽사이드와 크라운 전두부에 모량과 시술각을 조절하며 밴드 자국이 나지 않게 모근쪽 벤드에 스틱을 끼워 고정한다.

⑥ 로드에 열이 남아 있음으로 비닐 캡을 씌운 상태에서 자연방치 20분 후 컬 테스트 한다. 중화제는 네이프에서부터 꼼꼼하게 충분한 양을 도포한다.

⑦ 프린지는 자연스러운 웨이브가 형성되게 먼저 풀어준 다음 10분 방치 후 로드 오프 한다.

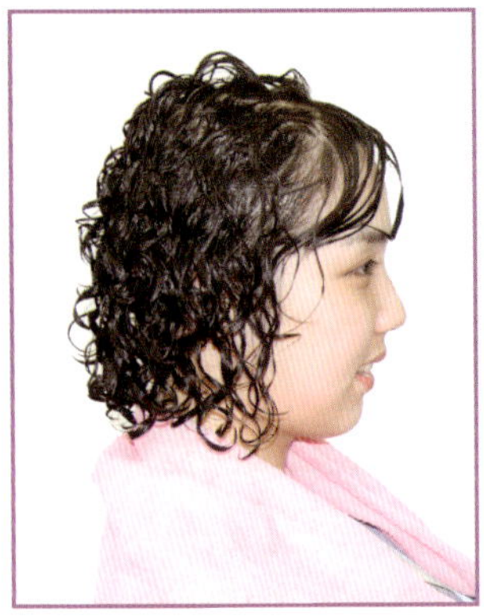

⑤ 2제를 깨끗이 헹군 후 헤어제품을 사용하여 스타일링 해 준다.

After

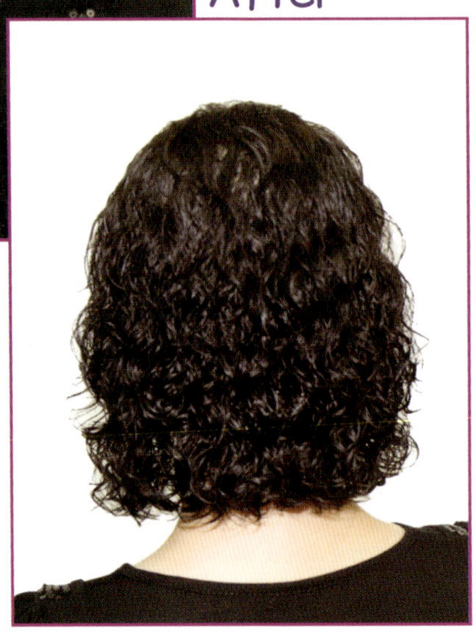

(2) 멀티 펌(multi perm)

① 긴 머리 멀티 펌

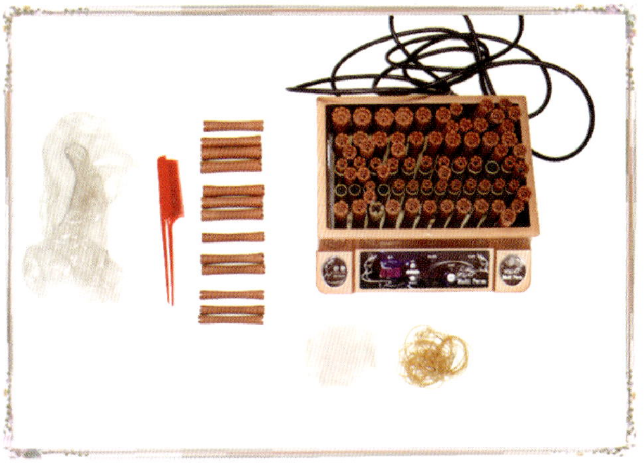

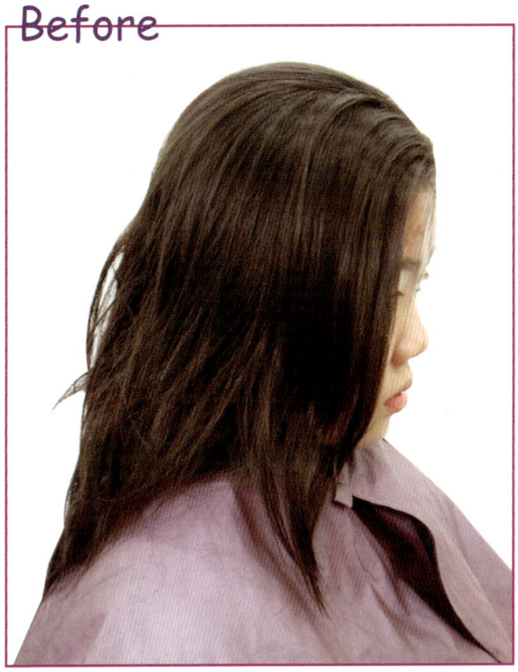

숱이많고 중간정도 손상된 염색모발

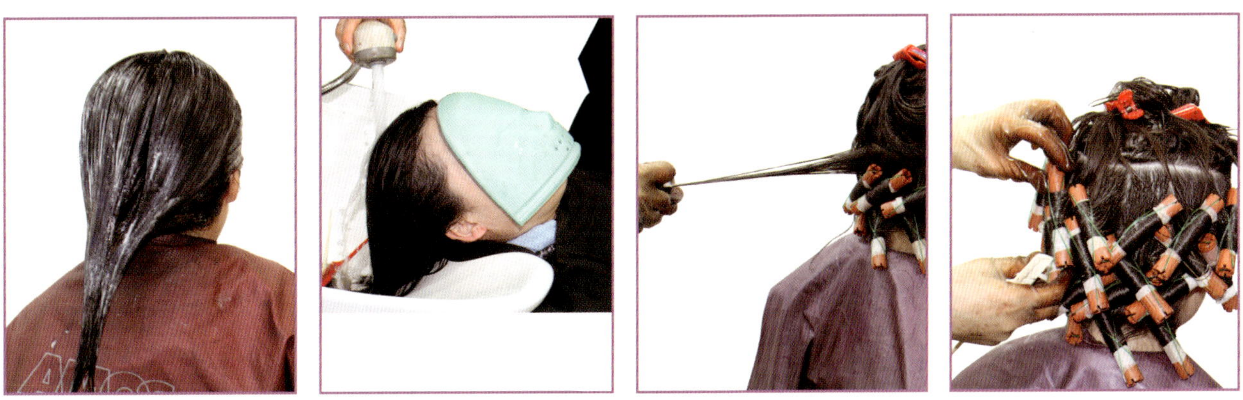

① 중간정도 손상된 모발에 모발클리닉 후 헹군다. 네이프부터 위로 1액 도포하면서 와인딩한다.

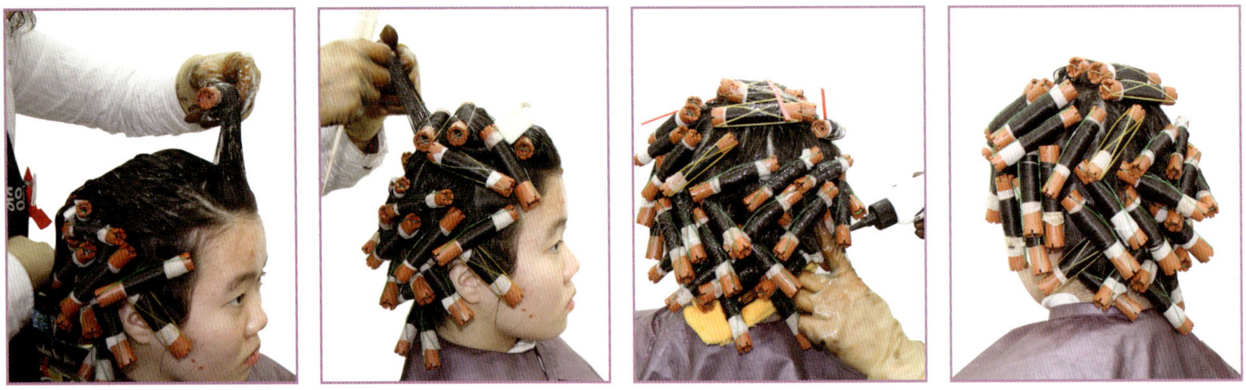

② 백, 사이드, 전두부까지 모발 끝이 꺾이지 않도록 매끄럽게 빗어 와인딩한다.

③ 1액 재도포하고 가온 10분, 자연방치 10분 후 컬 테스트 한다.

④ 중화는 네이프 부터 위로, 로드 오프 할 때도 네이프쪽 아래서 위로 풀어준다.

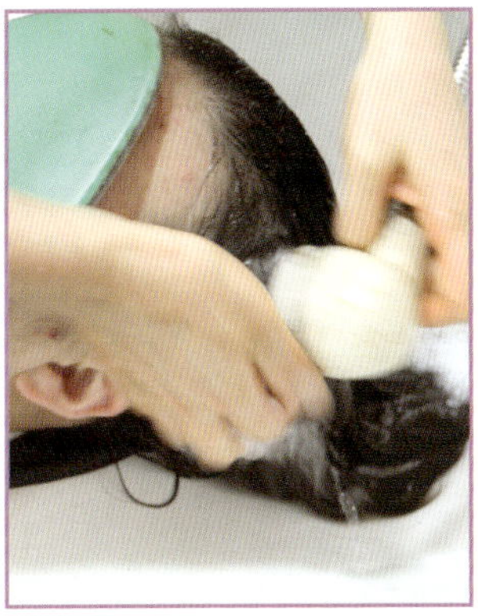 

⑤ 샴푸 후 드라이 건조 하고 스타일링 한다.

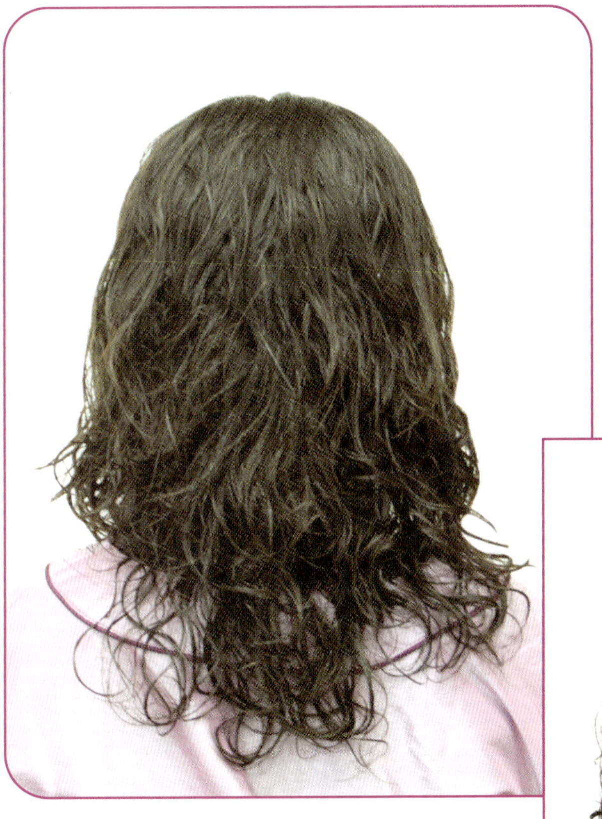

After

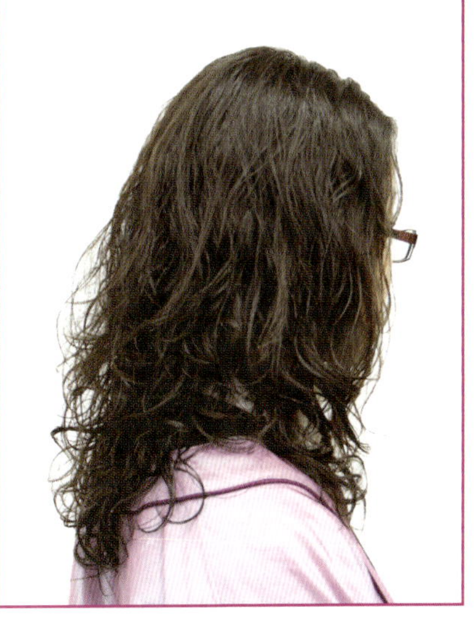

② 남성 멀티 펌

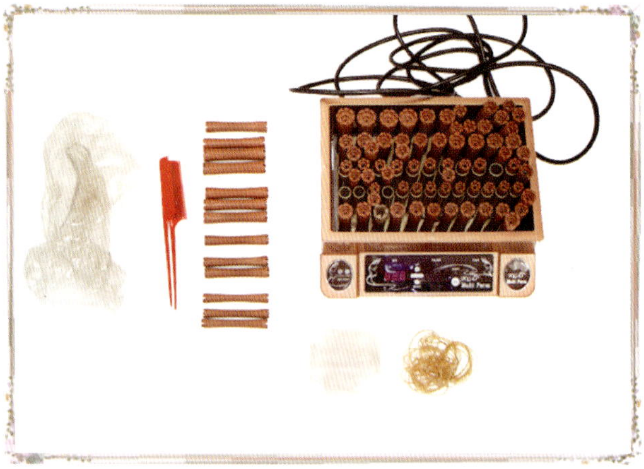

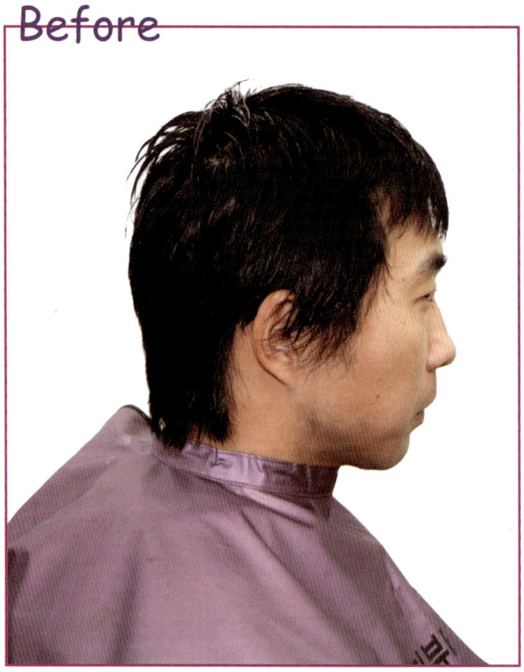

짧은 길이와 건강모발

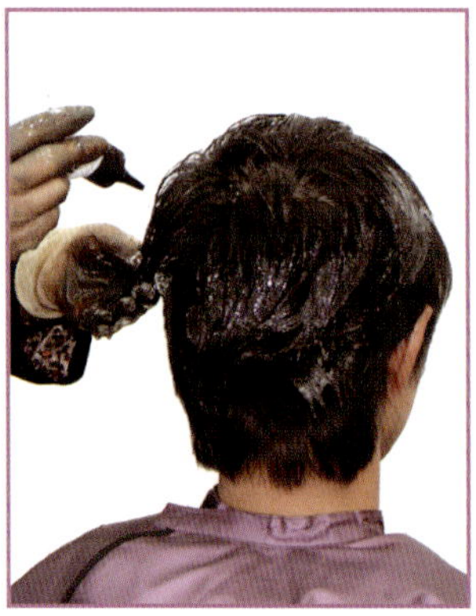

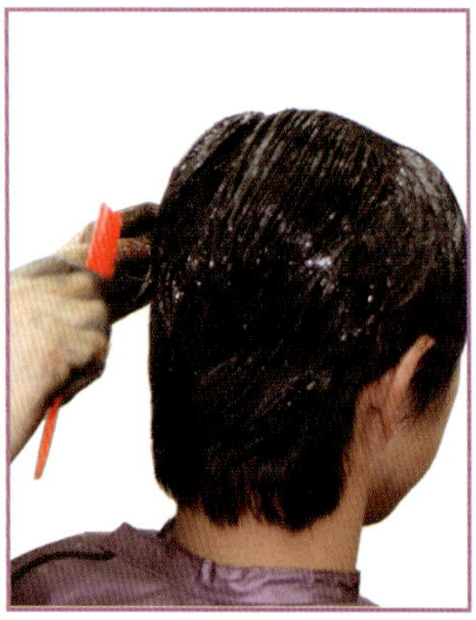

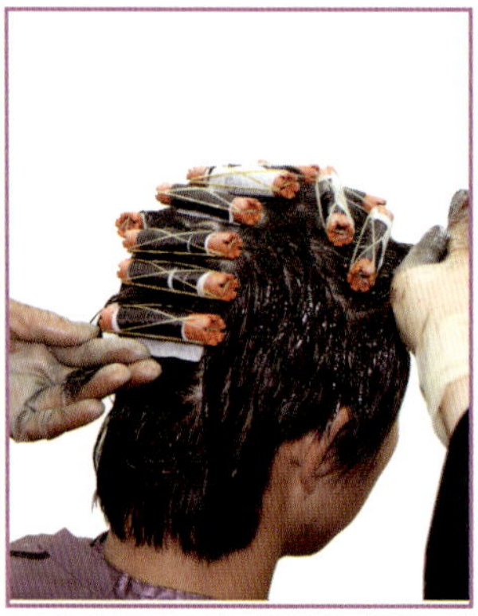

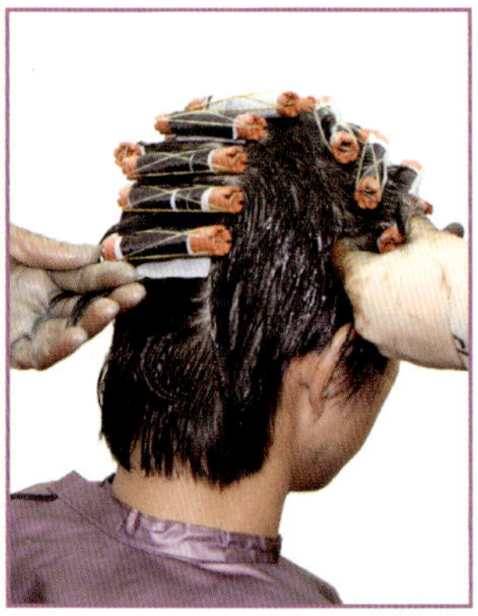

① 손상 모발 부분에 수분과 헤어클리닉 제품 도포한다.
② 모발 전체에 1액을 도포하고 로드 굵기를 선정 위쪽부터 와인딩한다.

③ 원하는 웨이브 정도의 로드 굵기를 선정, 탑 → 백 → 네이프 → 크라운 → 사이드 순으로 와인딩한다.
웨이브의 자연스런 연결을 위해 하단 와인딩 된 로드를 풀고 전체 중화 도포 한 다음 자연방치 10분 후 로드 오프한다.

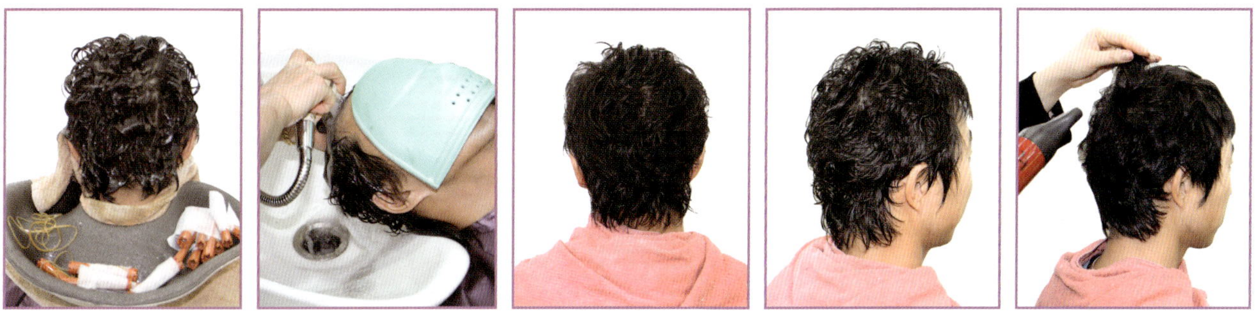

④ 샴푸 후 드라이로 건조시킨 후 헤어에센스, 왁스 등으로 얼굴형에 어울리도록 스타일링 한다.

After

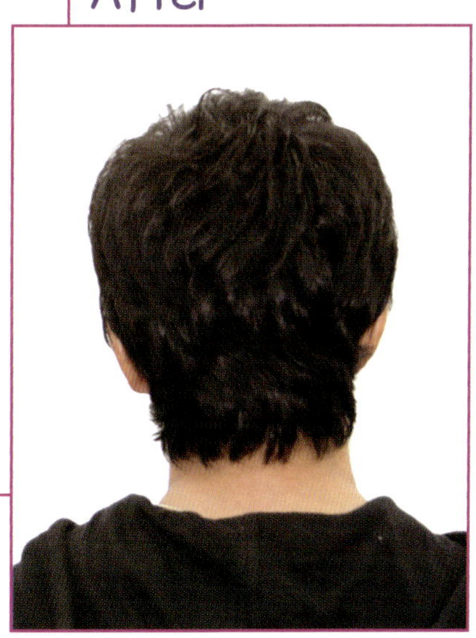

(3) 에너지 진동 펌

중간 손상 정도의 긴 모발

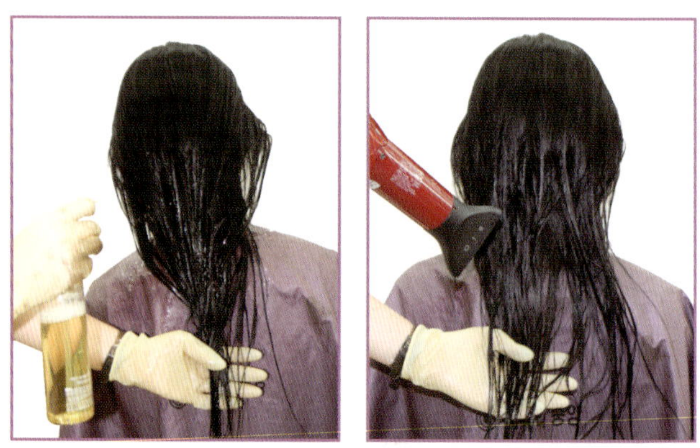

① 손상된 모발을 위해 전처리제 PPT 도포 후 침투가 잘 되도록 따뜻한 바람으로 건조 시킨다.

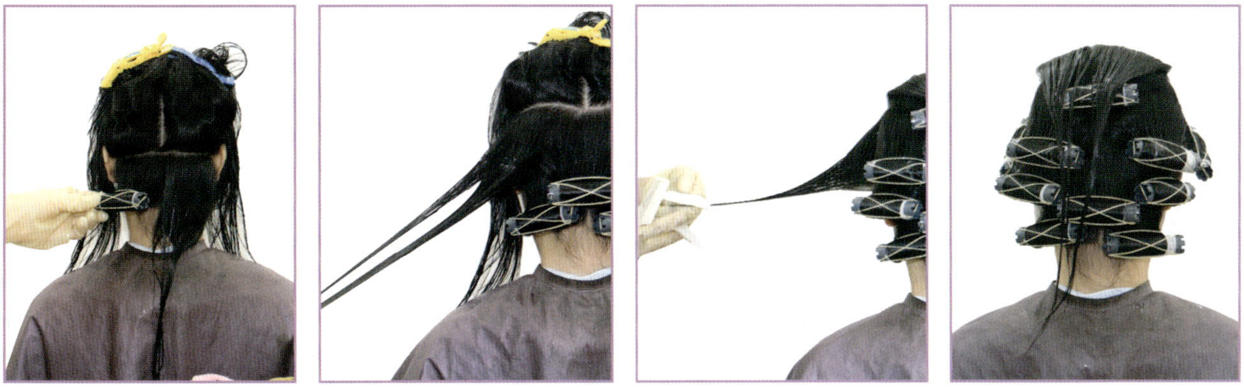

② 1액을 도포하면서 네이프부터 굵고 자연스러운 웨이브 형성을 위해 슬라이스 양을 크게 많이 잡고 벽돌패턴으로 전체 와인딩한다.

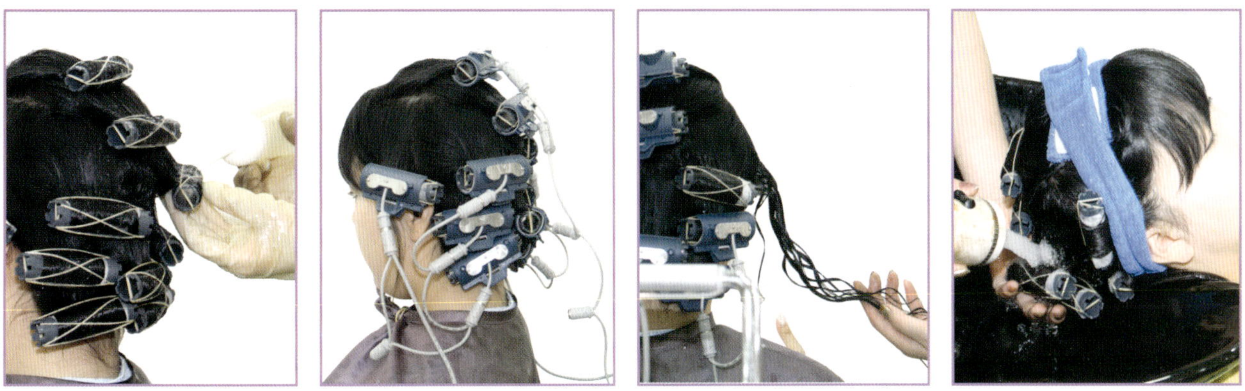

③ 1액을 도포하고 클립을 끼워 에너지진동기로 연결해준다. 클립에서 열과 진동이 오기 때문에 모발손상이 덜하다.
④ 진동 15분, 자연방치 10분 컬 테스트 후 세척한다.

⑤ 물기를 타올로 꼼꼼하게 닦아내고 2액을 도포한다.
⑥ 중화 클립을 다시 끼워서 진동 10분 준 후 로드 오프 한다.

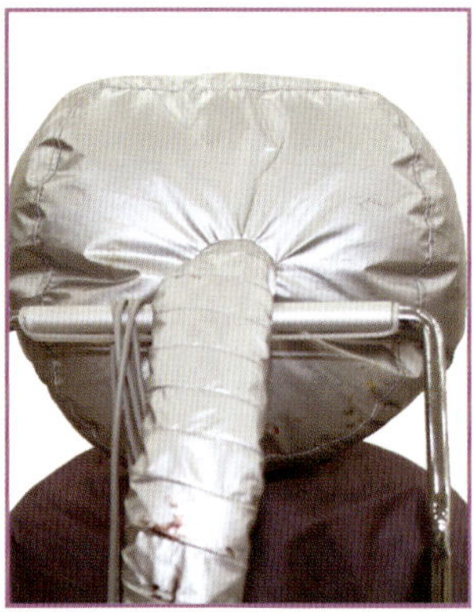
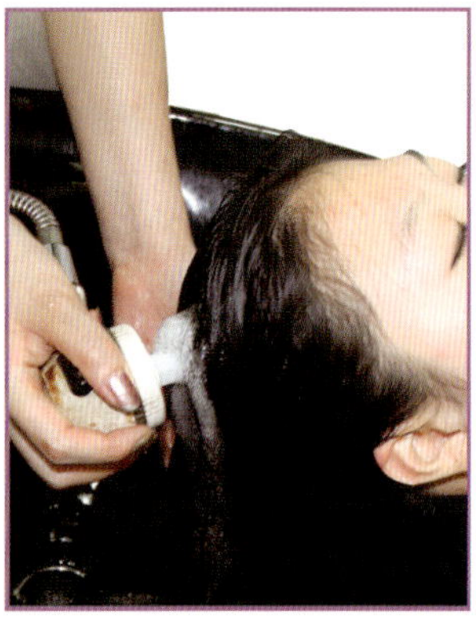

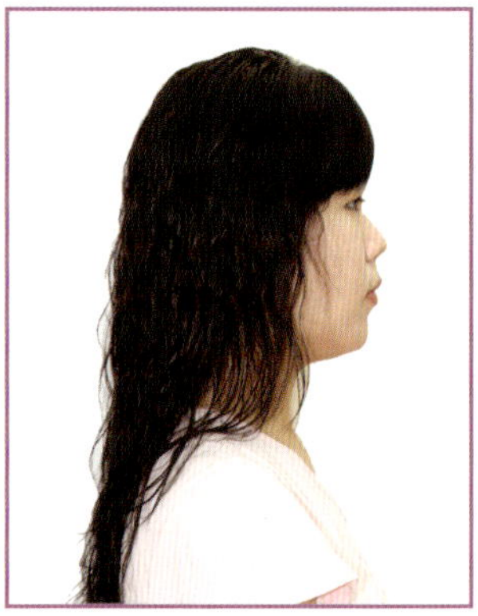

⑦ 냉풍 5분, 헤어린스로 헹군 다음 타올 드라이 후 찬바람으로 건조시키고 헤어제품으로 스타일링 해준다.

After

(4) 레스큐 히트 컬 펌(rescue heat curl perm)

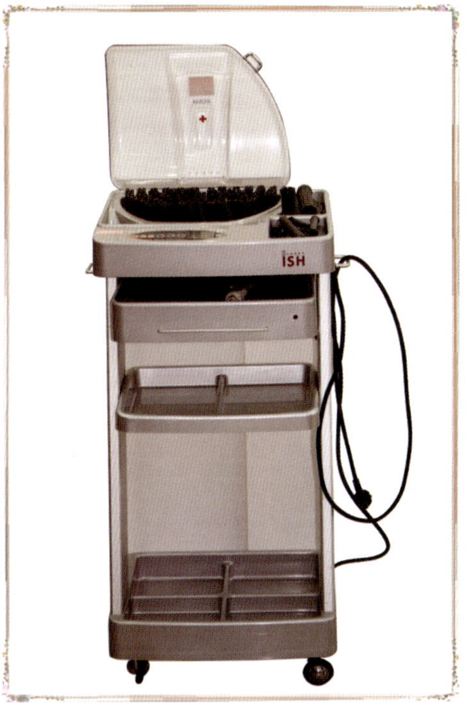

중간 손상 염색된 모발

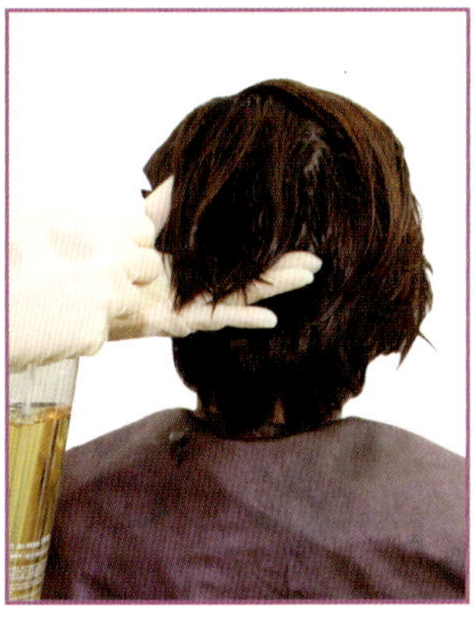

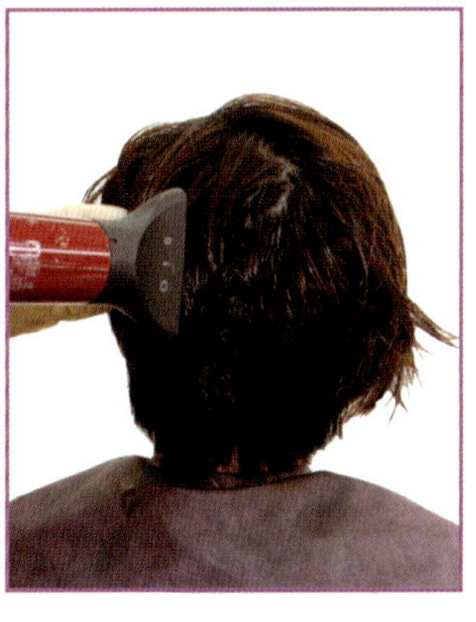

① 중간 정도 손상 모발에 전처리제 PPT 도포 후 침투가 잘 되도록 따뜻한 바람으로 드라이 건조시킨다.

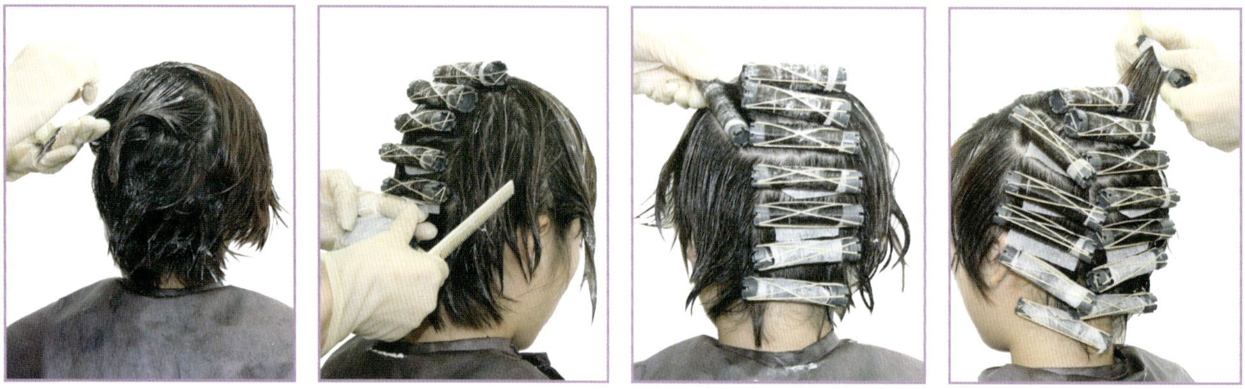

② 1액 도포 하면서 웨이브형태에 따른 로드 굵기를 선정하여 백, 크라운, 네이프 부분을 와인딩한다.

③ 볼륨 위치와 얼굴형에 따라 로드 방향 시술각도를 디자인하며 와인딩한다. 앞 이마 뱅모발은 와인딩하지 않는다.

④ 1액을 재 도포 하고 열처리 10분, 자연방치 10분 후 컬 테스트로 웨이브 상태를 확인한다.
⑤ 2액 중화제 도포한다.

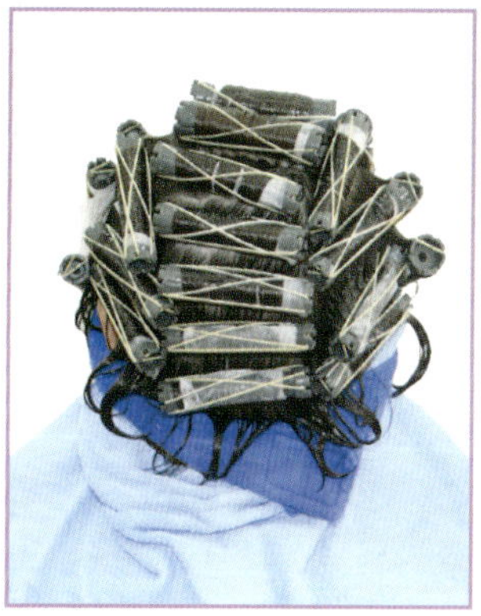
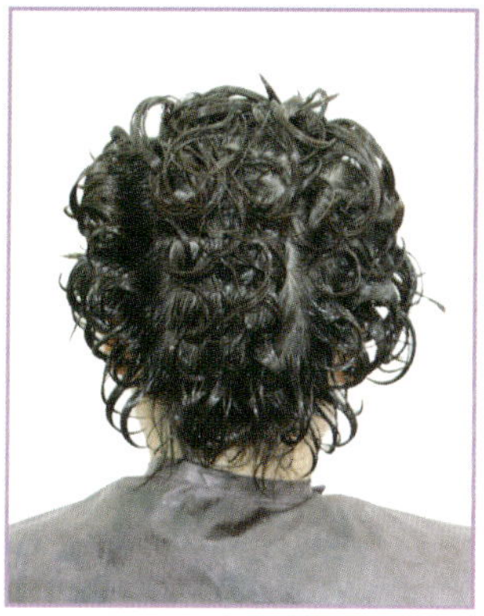
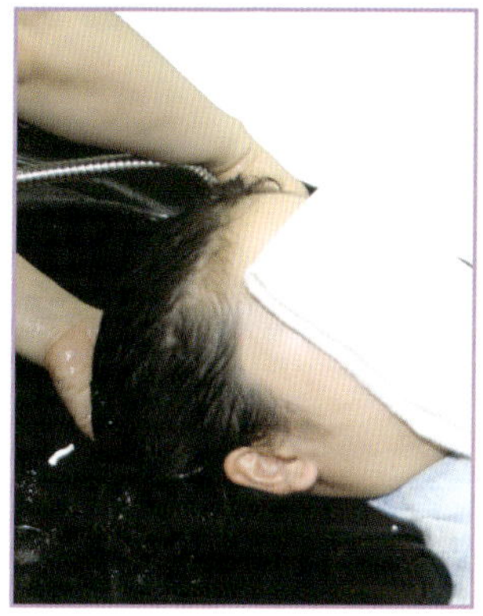

⑥ 2액 중화제 도포 15분 후에 헹구고 모근 쪽을 말려준다. 스타일링 제품으로 모델 얼굴형에 맞게 디자인한다.

After

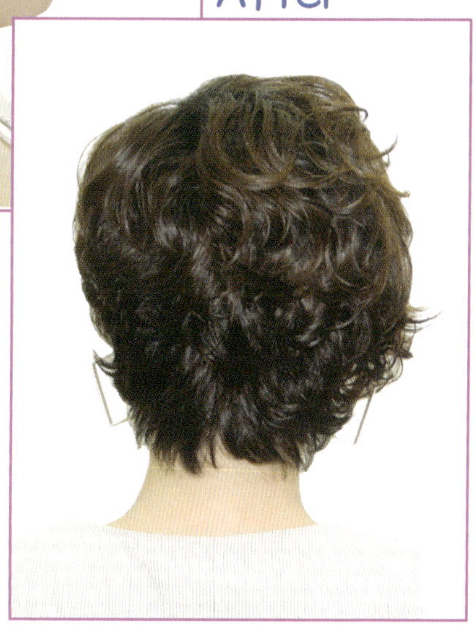
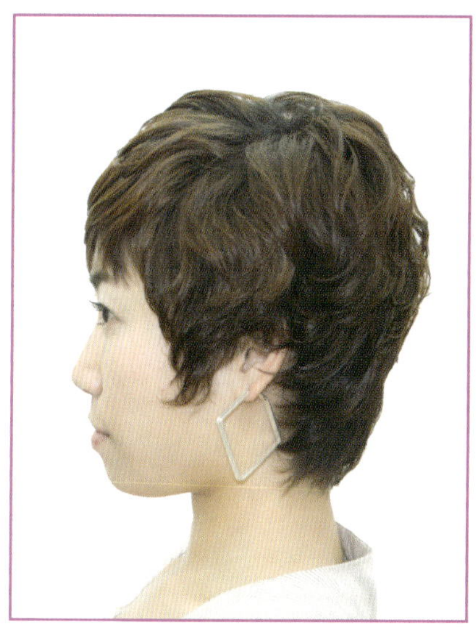

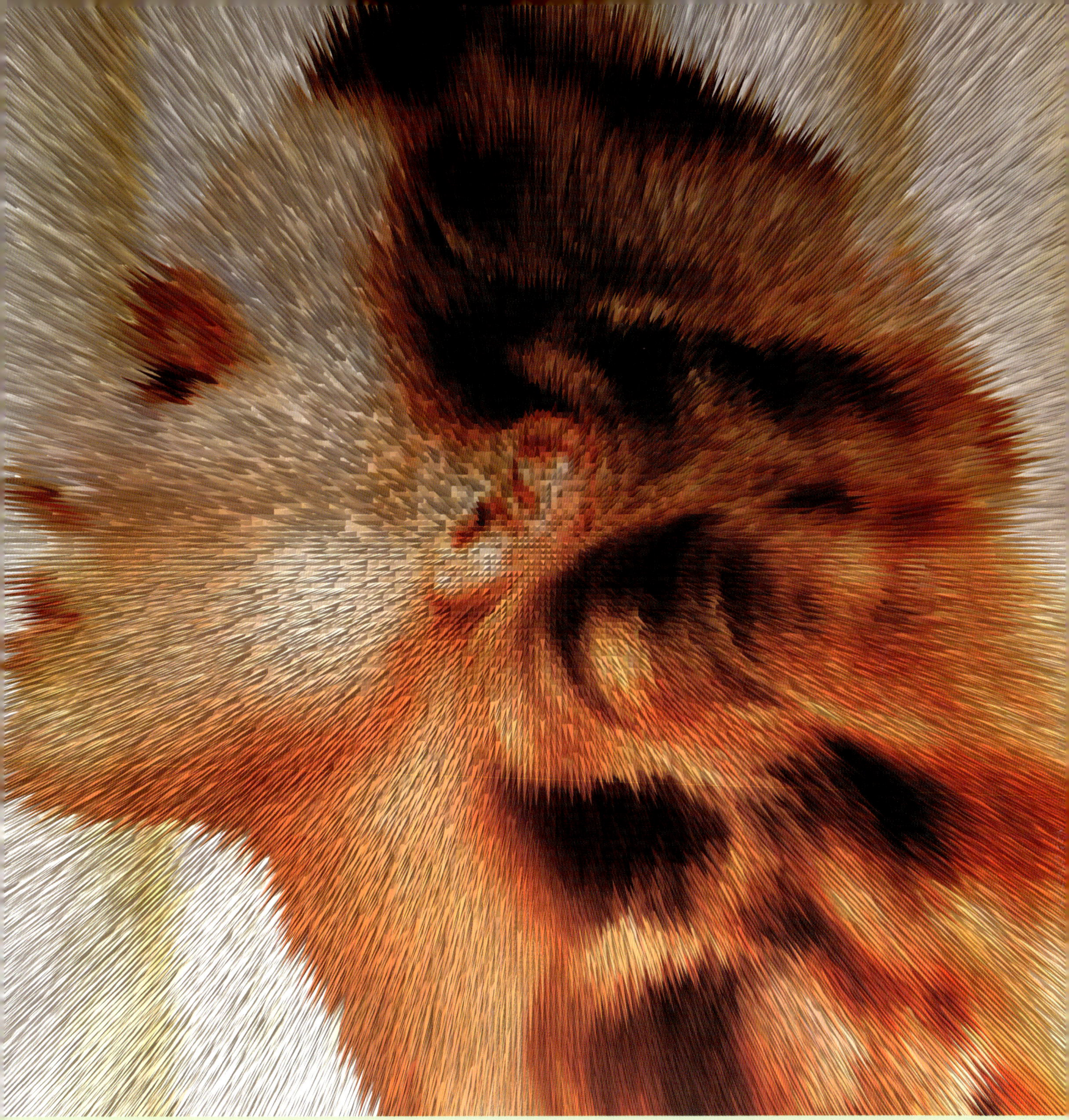

제 8장 미용사 자격증 시험에 따른 퍼머넌트 웨이브

제 8 장 미용사 자격증 시험에 따른 퍼머넌트 웨이브

1. 미용사 자격증 시험에 따른 사항

1) 국가기술자격 검정 퍼머넌트 와인딩 실기시험

(1) 자격종목 : 미용사

(2) 시험시간 : 35분

2) 수검자 유의사항(시험용 준비도구)

(1) 준비도구

위생복(가운), 마스크, 타올, 삼각머리수건, 민두 마네킹, 홀더, A급 가발, 분무기, 흰 수건, 퍼머 로드 6호, 7호, 8호, 9호, 10호, 11호 로드 종류, 고무밴드, 꼬리빗, 앤드페이퍼(습지), 바구니 등

(2) 주의사항

① 수검에 임할 때에는 반드시 위생복, 머리수건 및 마스크를 착용하여야 하며 복장 등에 소속기관을 암시하는 표시가 없어야 한다.
② 요구사항에 반드시 시험위원이 지정하는 형을 시술하여야 한다.
③ 작업과정 시술 전에는 준비작업시간을 부여하므로 시험위원의 지시에 따라 행동하고 각종 도구도 잘 정리 정돈한 다음 시술에 임하여야 한다.
④ 시험 진행 과정 - 제2과제
⑤ 헤어커트작업 종료 후 제3과제의 퍼머넌트 웨이브 와인딩 전에 무리 없는 작품의 연결을 위해 재 커트를 약 15분 동안 실시한다.

⑥ 시술에 필요한 가위나 펌 로드 등 각종 미용 기구를 바닥에 떨어뜨리는 일이 없도록 하여야 한다.
⑦ 시간 종료 후 빗질 등 시술 작업을 계속하거나 작품을 만지는 경우는 미완성으로 간주해 과제는 0점으로 처리한다.
⑧ 채점이 종료된 후 시험위원의 지시에 따라 다음 시술 준비를 한다.

(3) 경우에는 득점과 관계없이 채점대상에서 제외되므로 유의할 사항

① 위그를 미리 시술하여서 오는 경우
② 수검 과정을 응시하지 않은 경우
③ 검정 도중 시험실을 무단이탈한 경우
④ 부정한 방법으로 타인의 도움을 받거나 타인의 수검에 방해를 끼친 경우

3) 세부항목별 채점기준

(1) 퍼머넌트 웨이브 와인딩

① 블로킹 및 기법 : 블로킹의 정확성, 기본기법,
② 와인딩 : 와인딩 순서, 부위별 로드호수의 적당한 배치
③ 슬라이스방향, 빗질의 숙련도, 로드의 간격, 앤드페이퍼 사용법
④ 각도, 밴딩 처리, 텐션정도 : 부위별 각도, 11자 밴딩, 매끈함
⑤ 전체적 조화가 중요

(2) 요구사항(제2과제 또는 제3과제)

다음 형 별 중 심사위원이 지정하는 형을 시술하시오.

형	스타일	요구 작품 내용	비고
1	가르마 없는형 (A형)	- 블로킹 9등분 또는 10등분(시험위원이 지정하는 등분으로 할 것) - 고무밴딩(replacement rubber)기법은 반드시 11자형으로 하여야 한다. - 로드(rod)는 55개 이상을 사용하되, 머리 전체에 알맞은 규격의 로드를 각 부위에 따라 적당히 배치해야 한다. - 와인딩된 로드는 두피와의 각도 및 텐션(tension)에 무리가 없도록 하여야 한다.	- 한번 와인딩 한 로드는 다시 풀어서는 안됨. - 전체적인 작품순서를 정확히 지킬 것
2	가운데 가르마형	- 5등분 블로킹 - 11자형 고무밴딩 - 약 53개 이상 로드 사용하되 머리전체에 알맞은 규격의 로드를 각 부위에 따라 적당이 배치해야 한다. - 로드배치 : 앞부분은 가운데 가르마선에서 안마름형으로 와인딩하여 로드를 배치한다. - 와인딩된 로드의 위치는 두피에서 90도가 되도록 할 것	〃
3	왼쪽 옆 가르마	- 로드배치 : 왼쪽 옆 가르마에서 안마름으로 와인딩한다.	〃
4	오른쪽 옆 가르마	- 로드배치 : 오른쪽 옆가르마에서 안마름으로 와인딩한다.	〃

2. 미용사 자격증 시험에 따른 퍼머넌트 웨이브

- 먼저 퍼머넌트 와인딩에 적합한 길이의 레이어 커트(layer cut)를 한다.
- 블로킹을 할 때 마네킹을 바로세우고 시술자의 몸의 위치에서 시술한다.
- 마네킹과 시술자의 거리는 30cm 간격으로 허리는 구부리지 않고 한발을 앞으로 내어서 한다.

1) 미용사 자격증에 따른 5가지 퍼머넌트 웨이브

(1) 10등분 퍼머넌트 웨이브

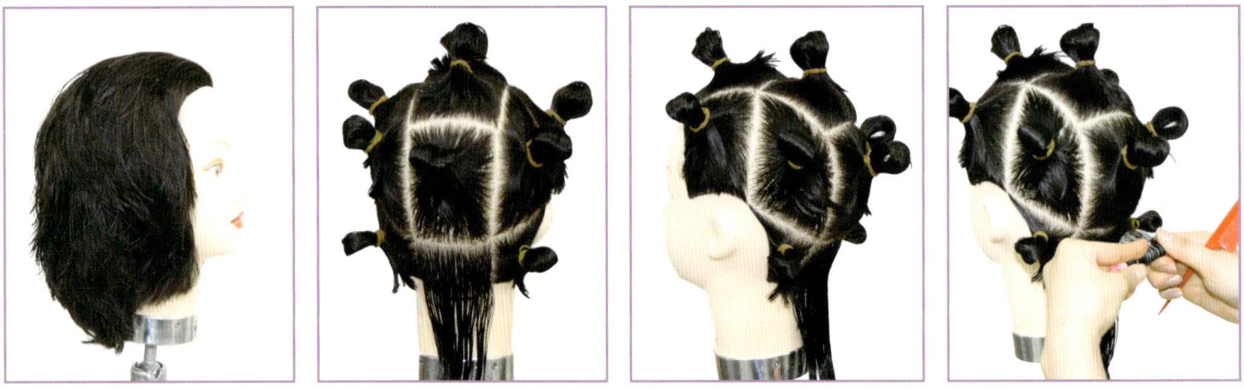

① 퍼머넌트 블로킹은 전두부에서 시작하고 순서는 네이프에서 시작하고 센터를 중심으로 좌 · 우 3.5cm씩 하고 세로 길이는 뒤로 7cm정도 직사각형으로 블로킹한다. 블로킹 다발은 중앙으로 매끄럽게 정돈한다.
② 네이프부터 시술하되 두상 곡면을 생각해서 15° 정도 고개를 숙인 상태에서 시술하도록 한다.

③ 네이프 중앙 스트랜드는 45° 로 와인딩하고, 로드(小) 4개 정도로 와인딩한다.
④ 양쪽 네이프 사이드는 사선으로 와인딩하되 가운데 로드와 부딪치지 않게 배열한다.

⑤ 백(back)은 두상의 곡면 부분 90° 정도로 와인딩한다. 슬라이스양은 약 1cm 정도와 각도는 90°로 적당한 텐션으로 와인딩한다.

⑥ 크라운사이드 부분은 첫 슬라이스에서 120° 정도 들어 와인딩한다. 특히 후대각 방향에 좌우균형을 맞추어 와인딩한다.

⑦ 사이드는 귀위부분 두상곡면이 둥글기 때문에 헤어라인에 따라 C의 흐름으로 와인딩한다.

⑧ 전두부의 첫 슬라이스는 두상의 곡면에 따라 0.5cm 정도 약간 둥글게 한다. 스트랜드 각도는 125°~90° 순으로 슬라이스 간격은 1cm 정도씩 하면서 로드의 간격을 조절하며 세워 말기한다. 고무밴드는 모근쪽이 꺾이지 않도록 주의하며 와인딩한다.

⑨ 전체 와인딩 완성하고 수분 분무로 윤기를 더하고 부분적으로 밴드와, 로드간격, 모발결을 매끄럽게 정돈한다.

(2) 9등분 퍼머넌트 웨이브

① 블로킹은 전두부에서 9등분 크게 나눈다.
② 네이프부터 시술하고 약 15° 정도 앞으로 숙여서 시술한다.

③ 네이프 중앙 스트랜드 각도는 45° 로, 로드(小) 4개 정도로 와인딩한다.
④ 양쪽 네이프 사이드는 사선으로 가운데 로드와 겹치지 않도록 와인딩 배열한다.

⑤ 탑부분의 로드는 대, 중, 소로 패널 각도는 90° 정도로 와인딩한다. 슬라이스는 1cm 정도씩 수평으로 하고 정확히 빗어 시술각도와 로드 배열 및 머릿결을 매끄럽게 정돈하며 와인딩한다.

⑥ 양쪽 크라운 사이드는 첫 번째 슬라이스 120° 정도 들어 와인딩한다. 특히 대각 방향에 주의하면서 좌 · 우 균형을 맞추고 로드와 로드사이 슬라이스나 블로킹 선이 보이지 않도록 조절하며 와인딩한다.

⑦ 양쪽 사이드의 귀위 블로킹선 두상곡면이 둥글기 때문에 헤어라인 따라 C형 약간의 부채모양으로 와인딩한다.

⑧ 전두부 1, 2개 슬라이스는 두상 흐름에 따라 0.5cm 정도하고 스트랜드 각도는 전방 125°~90° 순으로 와인딩한다. 각도에 맞게 텐션조절과 밴드조절, 로드의 간격을 맞추어 와인딩한다.

⑨ 전체적으로 위치에 따라 머릿결 정돈, 밴드조절, 로드배열 상태를 정돈하여 매끄러운 9등분 퍼머넌트 와인딩을 완성한다.

(3) 5등분 가운데 가르마 퍼머넌트 웨아브

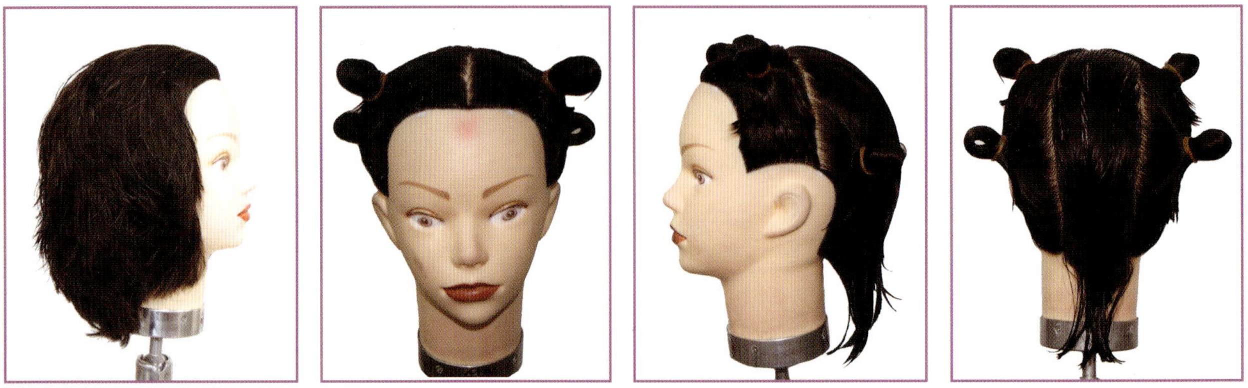

① 센터 파트하고 7cm 탑 지점에서 양쪽 귀부분과 백의 3등분 총 5등분 블로킹한다.

② 탑부분부터 와인딩 하되 세워말기 또는 안쪽말기로 탑 → 백 → 네이프 중앙부분을 와인딩한다.

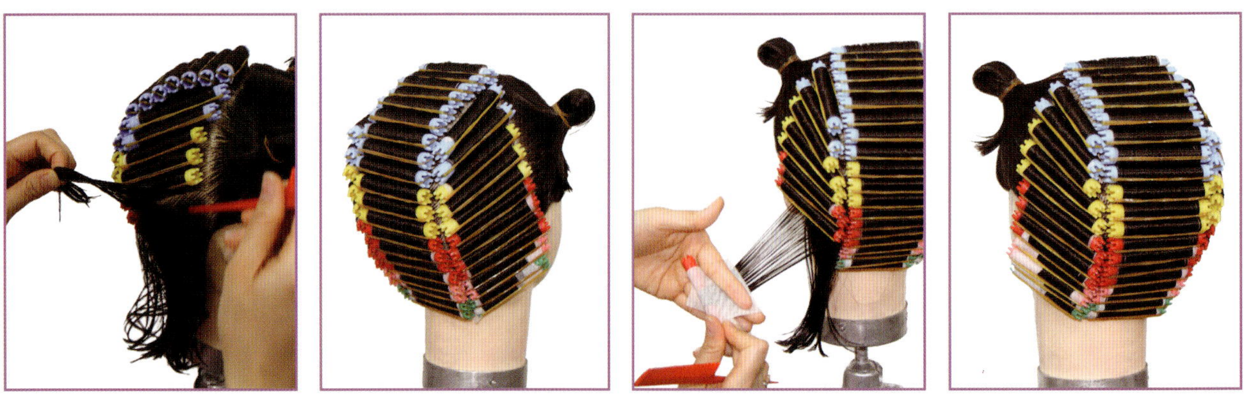

③ 양쪽 크라운 사이드 첫 번째는 세워말기로 하고 후대각 사선으로 와인딩한다. 양쪽 네이프 사이드는 강한 사선으로 로드가 서로 벌어지지 않게 와인딩한다.

④ 전두부 센터를 중심으로 세워말기 한다. 두상곡면을 조절하며 와인딩하고 사이드 완성 후 로드배열 형태가 C자형이 되도록 한다.

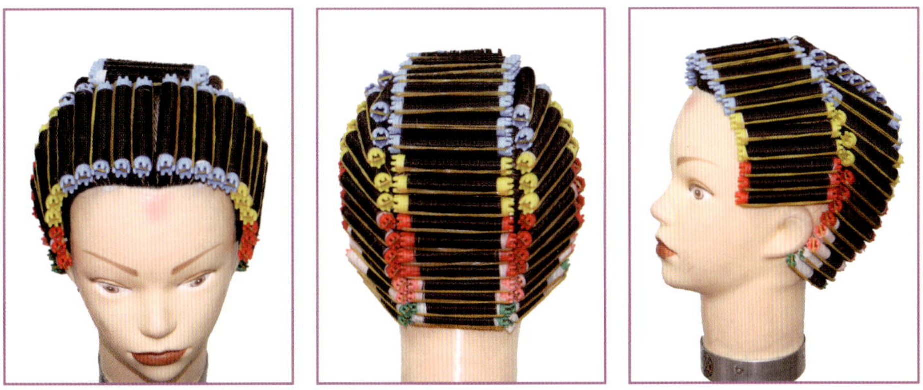

⑤ 전체적인 균형과 로드배열, 밴딩처리 기술을 확인하며 모발결을 매끄럽게 정돈한다.

(4) 5등분 오른쪽 가르마 퍼머넌트 웨이브

① 오른쪽 사이드 파트하고 귀위에서 탑을 지나 반대쪽귀(E.T.E)까지 블로킹하고 백은 3등분으로 나누어 총 5등분 블로킹한다.

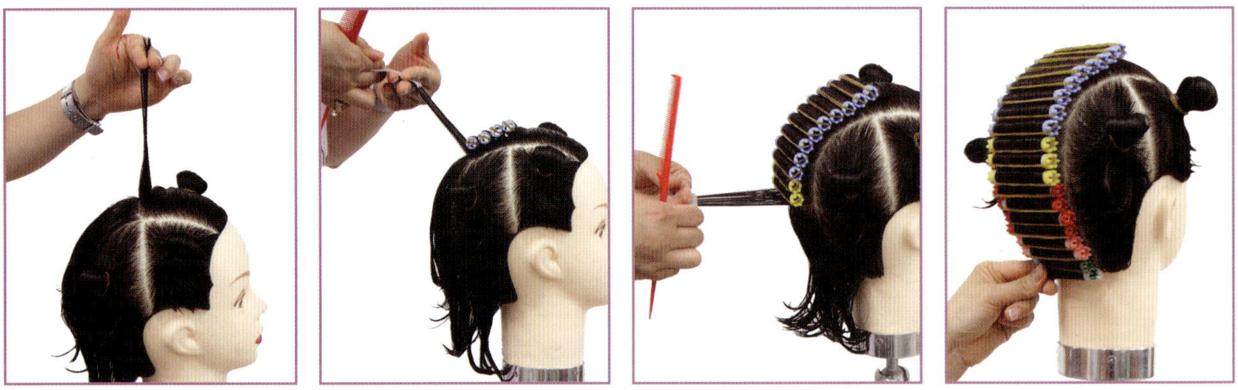

② 탑부분부터 → 백 → 네이프 90° 세워말기 한다. 스트랜드 각도와 텐션 정도를 정확하게 조절하며 와인딩한다.

③ 크라운 - 첫 번째 슬라이스는 약 1cm 정도 후대각 사선으로 세워말기 한다. 백(back)과 크라운 로드끼리 벌어지지 않게 와인딩한다. 양쪽 네이프 사이드 와인딩된 로드가 벌어지지 않게 강한 사선 슬라이스해서 와인딩한다.

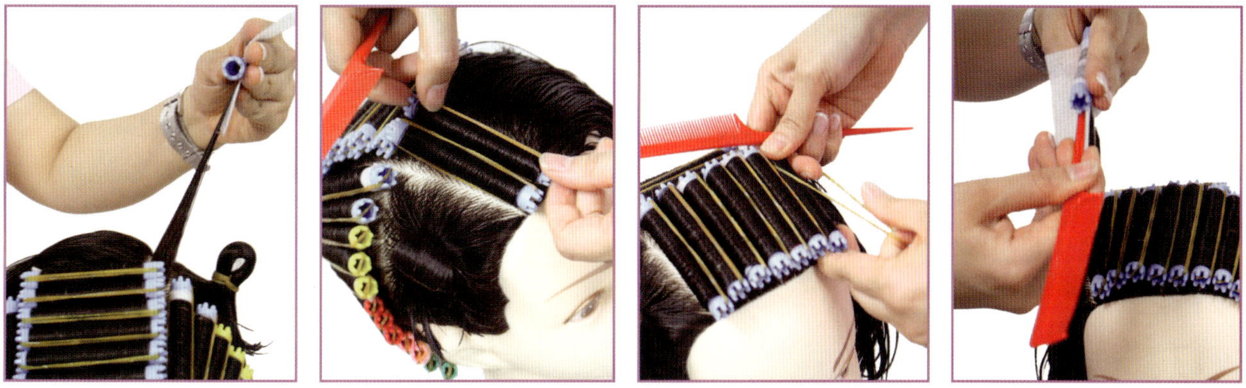

④ 전두부 부위는 큰 머리다발부터 와인딩한다. 스트랜드는 120°~90° 정도로 세워말기와 안쪽 바로말기 한다. 두상의 곡면에 맞게 각도와 텐션을 조절하여 로드사이가 벌어지지 않게 주의하며 와인딩한다.

⑤ 시술이 완성되면 분무하여 와인딩 방향에 따라 머릿결, 로드배열 등을 맞추어 전체적 조화미를 완성한다.

(5) 5등분 왼쪽 가르마 퍼머넌트 웨이브

① 왼쪽 사이드 파트하고 곱게 빗어 다발을 묶는다. 백, 크라운은 3등분으로 하고 총 5등분 블로킹으로 머리 다발을 중앙 위치로 곱게 빗어 묶는다.

② 탑 → 백 → 네이프
첫 번째 슬라이스 양은 0.5cm~1cm 정도씩 90° 세워말기 한다. 2~3개 정도 세워서 와인딩하고 텐션과 머릿결을 정돈하며 와인딩한다.

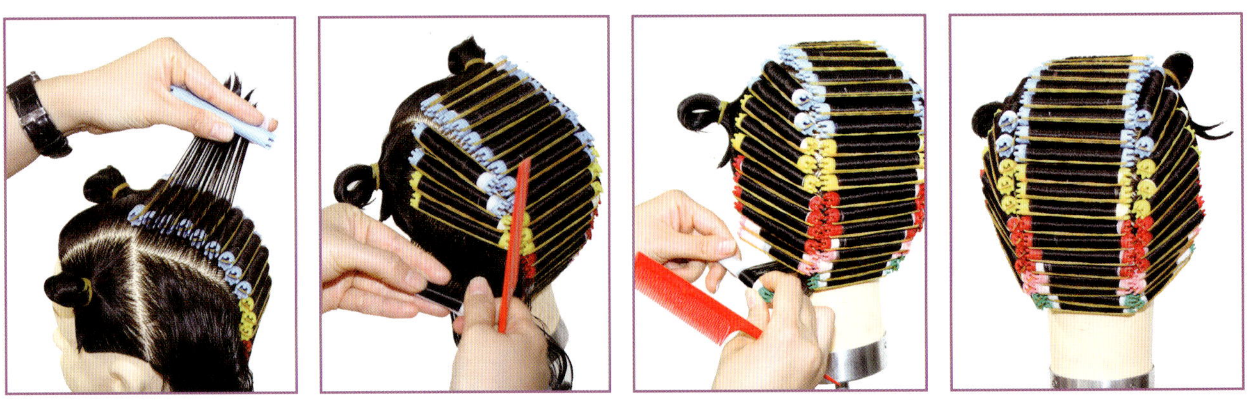

③ 크라운
첫슬라이스는 1cm가 넘지 않게 사선으로 120°~90° 순으로 세워서 와인딩한다. 두상 곡면에 따라 백(back)과 크라운의 로드 배열 상태가 벌어지지 않게 와인딩한다. 양쪽 네이프 사이드는 로드가 벌어지지 않게 강한 사선으로 슬라이스하고 각도와 텐션을 조절하며 매끄럽게 와인딩한다.

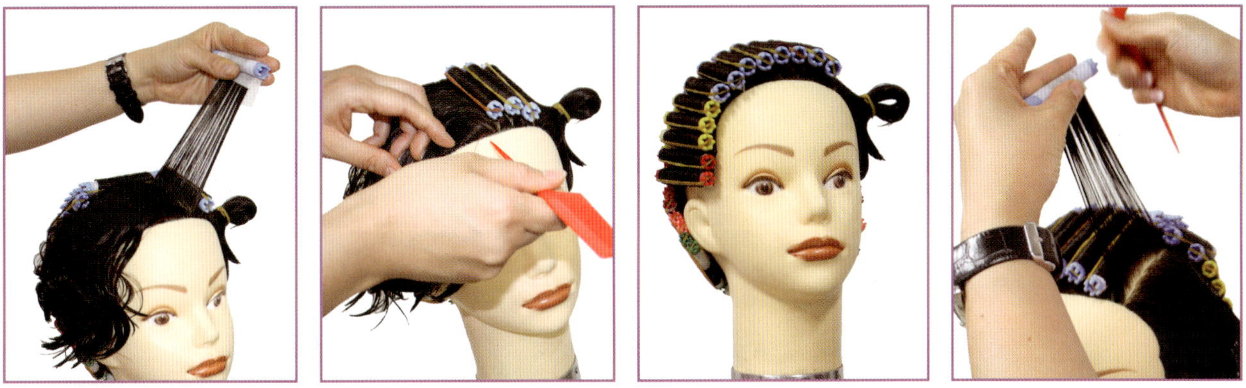

④ 전두부는 왼쪽 큰 머리다발부터 와인딩한다. 시술 각도는 120°~90° 정도로 세워 말기한다. 두상의 곡면에 맞추어 각도와 텐션을 조절하여 로드와 로드사이가 벌어지지 않게 주의한다.

⑤ 와인딩 방향에 따라 머릿결과 로드 배열을 정돈한다.
※ 와인딩할 때 주의할 점은 각도 조절하며 빗어놓은 스트랜드는 좌 · 우, 위 · 아래로 움직이지 않도록 하며 베이스까지 와인딩한다.

2) 미용사자격증에 따른 예상 퍼머넌트 웨이브

(1) 8등분(부채꼴 모양) 퍼머넌트 웨이브

① 블로킹은 8등분으로 나눈다. 사이드 귀 윗부분은 곡 섹션으로 나눈다.

② 와인딩은 전두부부터 시작한다. 직사각형 파팅으로 하며 각도는 120° 로 세월 말기 하고 탑 부분은 90° 로 빗어 모발 끝이 꺾어지지 않도록 와인딩한다. 백 부분은 90° 로 빗어 스트랜드의 좌우 균형을 맞추어 와인딩한다. 네이프는 45° 로 로드사이가 벌어지지 않도록 슬라이스와 각도조절에 주의한다.

③ 사이드는 두상의 곡면을 파악하고 부채꼴 모양으로 사다리꼴 베이스 파팅하고 120° ~90° 순으로 모발 끝을 주의하며 매끄럽게 와인딩한다.

④ 귀 윗부분은 귀바퀴 방향으로 핀컬을 하여 고정시킨다.

⑤ 반대쪽 사이드도 동일한 방법으로 베이스 모양이 부채꼴이 되도록 각도와 텐션, 균형을 맞추어 로드를 잘 배치시킨다. 전체적으로 너무 넓지 않게 슬라이스 한다. 와인딩 방향에 따라 머릿결 정돈과 로드배치를 확인한다.

⑥ 전두부 → 탑 → 백 → 네이프는 직사각형 파팅을 하고 사이드는 부채꼴 모양으로 와인딩한다. 모발의 뿌리가 꺾어지 않도록 모근쪽 고무밴드에 스틱을 꽂아준다. 양쪽 크라운 로드 배열은 부채 모양으로 균형과 조화미를 살려 머릿결을 정돈한다.

(2) 벽돌디자인 퍼머넌트 웨이브

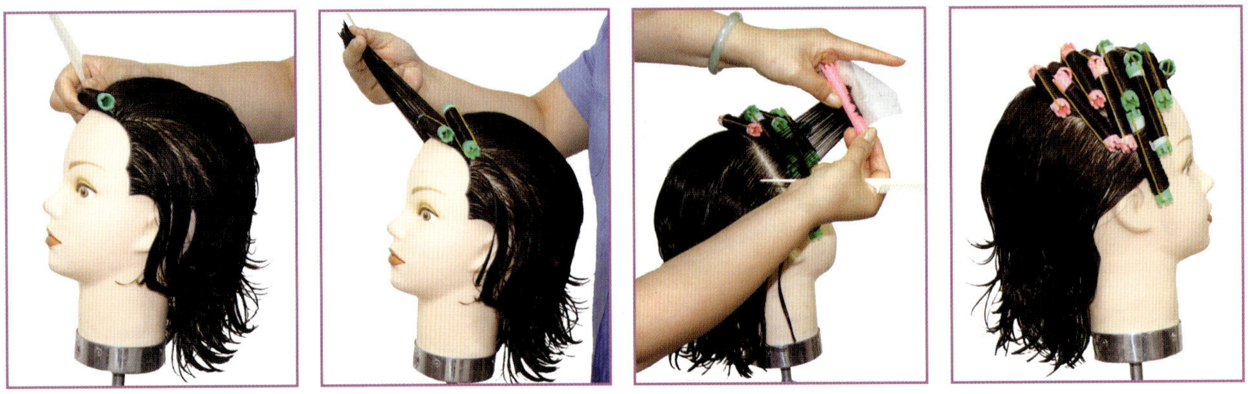

① 전두부 중앙에서 시작하여 베이스 사이에 틈이 생기지 않도록 쌓은 벽돌형태의 와인딩을 하는데 있어 수평과 대각으로 파팅하며 120˚로 와인딩하되 좌 · 우 텐션을 균일하게 유지시키며 와인딩한다.

② 모발을 120˚로 빗어 모발 끝이 꺾이거나 너무 모아지지 않도록 주의하고 두상곡면에 따른 좌 · 우 텐션과 균형을 유지하며 매끄럽게 와인딩한다.

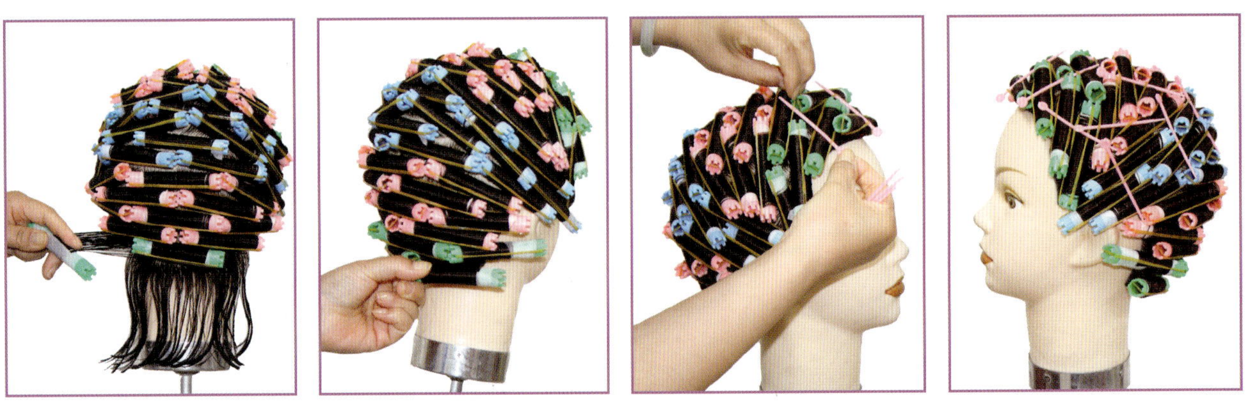

③ 백에서 네이프는 90˚ 시술각으로 좌 · 우 균형을 맞추고 매끄럽게 와인딩한다. 두상 곡면을 파악하며 로드가 서로 부딪치지 않도록 쌓은 벽돌 형태로 와인딩 상태를 배열한다.

④ 두상곡면에 따라 2~3개 정도씩 로드를 감고 있는 모근 쪽의 고무 밴드에 스틱을 꽂아준다.

퍼머넌트 웨이브 와인딩 시술시 주의사항

1. 로드는 두피에 평행으로 하고 모발은 로드에 대해 직각이 되도록 빗질하여 와인딩한다.
2. 로드와 머리길이, 베이스폭, 모발량과 웨이브 관계, 특히 두피나 슬라이스에 너무 가깝게 고무 밴드를 걸지 않도록 하는 방법 등을 주의한다.
3. 스트랜드를 120°로 와인딩하면 베이스 위에 고정되고 볼륨이 가장 커진다. 90°로 와인딩하면 중간 정도 볼륨이 된다. 45°로 와인딩하면 로드가 베이스를 벗어나 볼륨감이 가장 적어진다.
4. 와인딩 할때는 텐션(tention)을 적절히 사용하여 좌·우·위·아래 머리결을 균일하고 매끈하게 말아가는 것이 중요하다.

(3) 스파이럴 퍼머넌트 웨이브

① 시술하기 편하게 먼저 8등분 블로킹한다. 네이프 하단부터 스파이럴 형태로 모발을 가지런히 빗어 로드에 돌리며 와인딩한다.

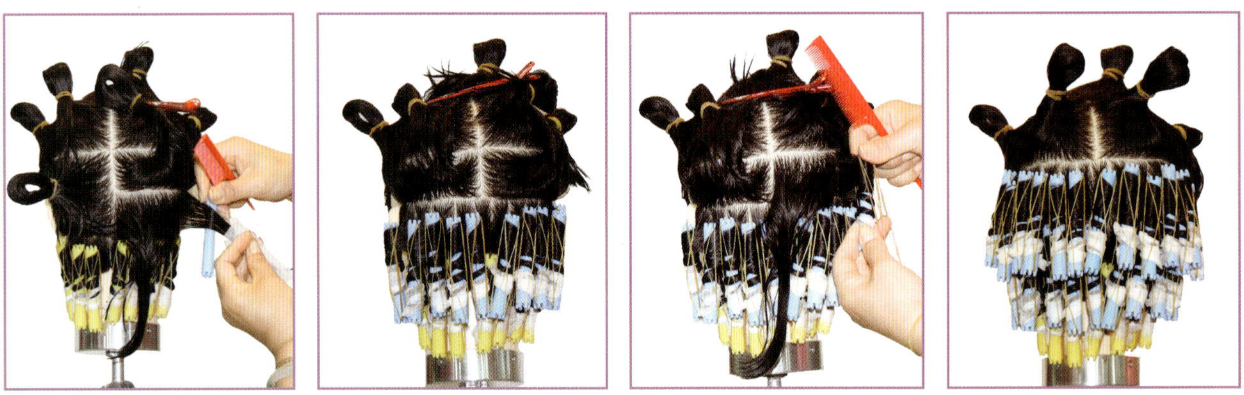

② 스트랜드 각도가 블로킹선보다 올라오지 않도록 45° 정도의 시술각도를 사용하고 모발끝을 엔드 테이퍼로 감싸서 스파이럴 형태로 쌓은 듯이 와인딩한다.

③ 탑쪽으로 점점 굵기를 크게 사용하고 텐션 조절과 모발끝 부분이 꺾이지 않도록 매끄럽게 감아 밴드로 감싸서 와인딩 고정한다.

④ 1/4원형 섹션으로 피봇, 방사형 슬라이스 하고 시계반대 방향으로 온베이스, 하프베이스, 오프베이스 순으로 와인딩한다. 전체적으로 로드 배열 상태와 앤드테이퍼 기술, 머릿결을 매끄럽게 정돈하여 균형을 이룬다.

(4) 수직말기 퍼머넌트 웨이브

① 수직말기 퍼머넌트 와인딩을 하기위해 8등분으로 블로킹하고 수직 슬라이스하며 와인딩한다.

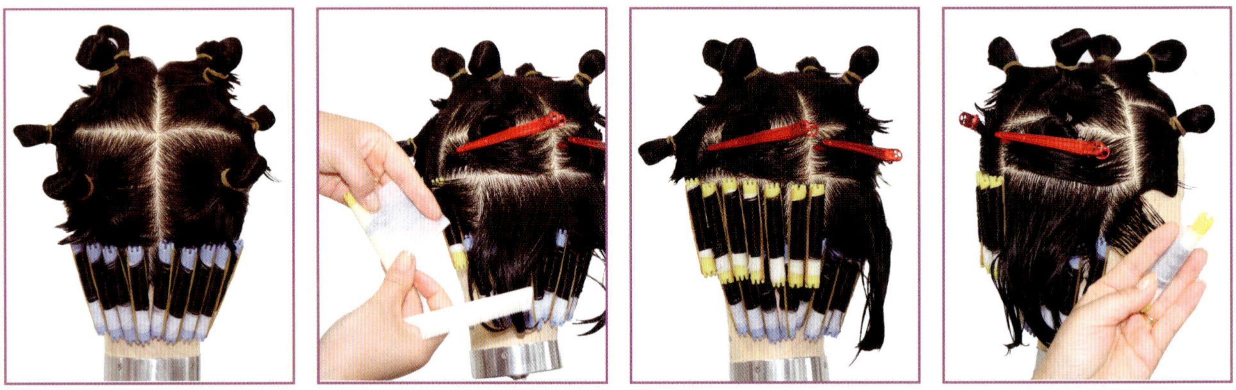

② 네이프에서 45°~90° 빗어 포워드 방향으로 와인딩한다. 한쪽 사이드에서 백중앙, 반대쪽 사이드 백 중앙까지 가운데에서 끝날 수 있도록 와인딩한다.

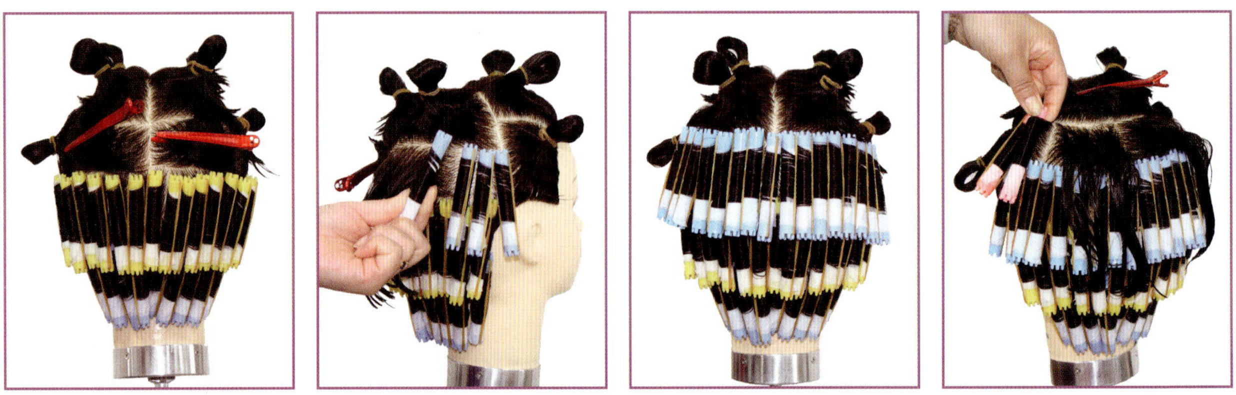

③ 수직 파팅과 사다리꼴 파팅하고 로드배열 상태가 수직으로 되게 와인딩한다. 로드와 로드사이가 벌어지지 않도록 배열한다.

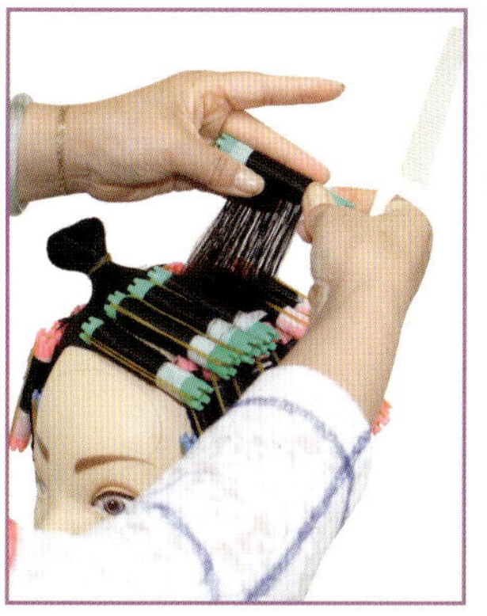

④ 수직으로 쌓아 올라가면서 위로 계속 와인딩한다. 전두부는 120°로 직사각형 패턴으로 온베이스로 와인딩한다.

⑤ 모발끝 부분이 꺾이거나 겉으로 튀어 나오지 않도록 주의하며 각도와 텐션을 조절하며 와인딩한다. 로드 배열 상태와 머릿결을 정돈하여 매끄럽게 조화미를 갖춘 수직말기 와인딩을 완성한다.

(5) 트위스트 퍼머넌트 웨이브

① 9등분으로 블로킹하고 네이프 하단 구간에서 와인딩 시작한다.

② 모발끝을 앤드페이퍼로 로드를 감싸서 2~3회전 감고 트위스트 하며 단계적으로 와인딩한다.

③ 로드 호수와 앤드페이퍼 처리 기술 트위스트 와인딩 기법 및 각도에 주의하면서 탑까지 와인딩한다.

④ 전두부는 사이드 파트하고 직사각형 파팅하여 온베이스, 하프베이스, 오프베이스 와인딩한다.
전체적으로 페이퍼 끝부분이 너풀거리지 않도록 매끄럽게 처리하고 로드 배열과 와인딩된 모발을 정돈하여 트위스트 와인딩을 완성한다.

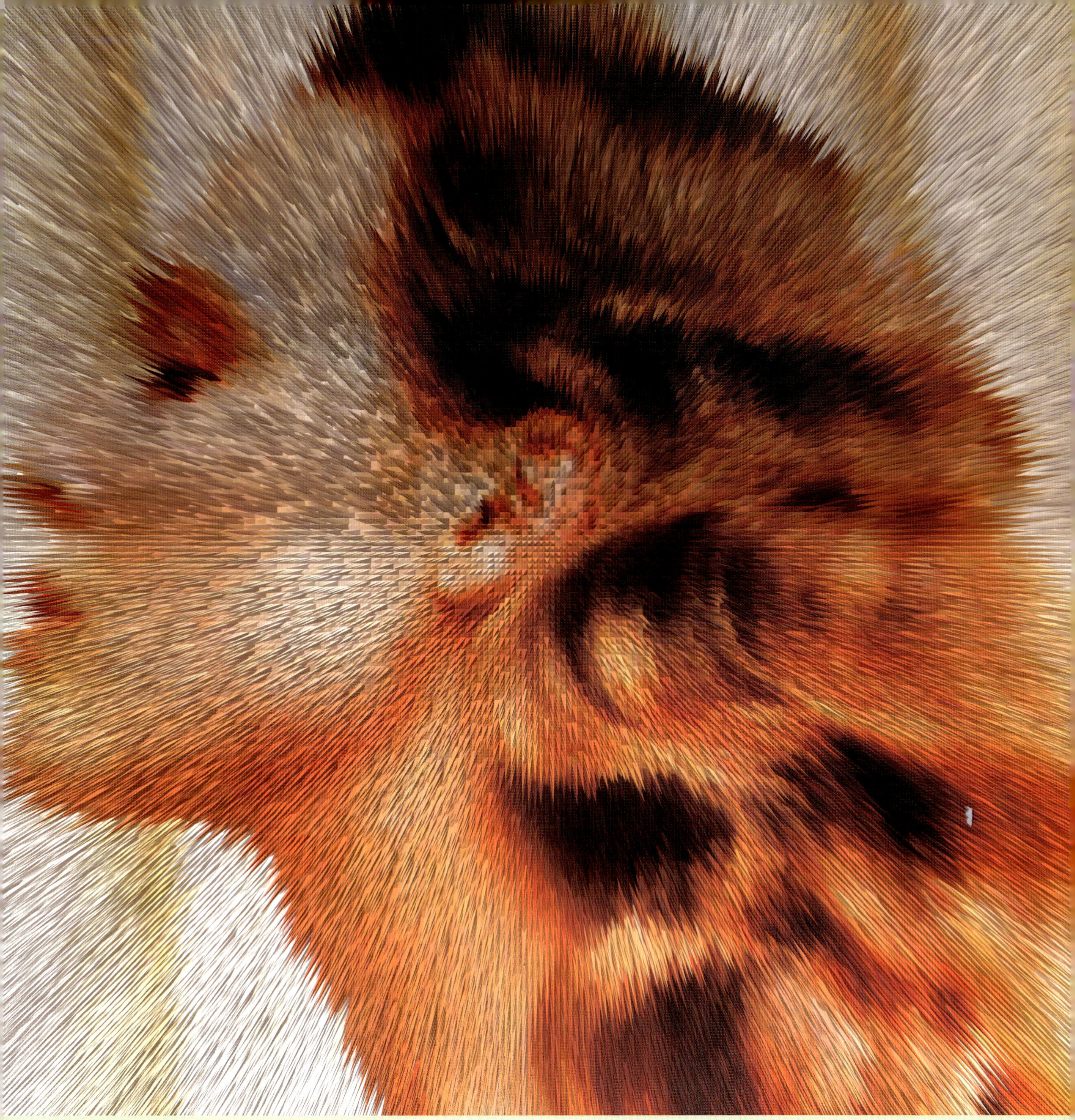

제 9장 미용기능장 시험에 응용된 펌 디자인 창작 실기편

matahari

제 9 장 미용기능장 시험에 응용된 펌 디자인 창작 실기편

1. 미용장 실기시험에 따른 준비물 및 주의사항

1) 미용장 실기지참 준비물목록

재료명	규 격	단 위	수 량	비 고
위그모델	네이프에서 20㎝이상 긴 머리	개	1	구입된 상태로1개(커트금지)
가위	커트용	세트	1	-
분무기	미용용	개	1	-
타올	미용용	장	2	-
굵은빗	미용용	세트	1	-
커트빗	미용용	세트	1	-
브러시	미용용	세트	1	-
퍼머넌트 로드	3~4호	개	60	호별30개이상,구입당시형태로 지참
퍼머넌트 로드	5~6호	개	60	호별30개이상,구입당시형태로 지참
퍼머넌트 로드	7~8호	개	60	호별30개이상,구입당시형태로 지참
고무밴드	와인딩용	개	100	-
스트롱(퍼머넌트스틱)	7~10㎝	개	30	-
꼬리빗	미용용	개	2	-
퍼머넌트페이퍼	7~10㎝	장	100	-
핀컬핀	핀컬용	개	50	-
탈지면	핀컬용	개	30	-
핀셋	미용용	개	5	-
홀더	위그모델고정대	세트	2	-
위생복	백색(긴소매,반팔)	벌	1	-

※매회마다 변경될 수 있음

2) 미용장 펌 실기시험 유의사항

① 미용기능장은 미용사 자격증 취득 후 8년 이상, 현장 실무 11년 이상에 해당하는 미용인들만이 응시 할 수 있는 종목으로 정확한 이론과 실기를 겸비한 국가 공인 자격증이다.
② 검정 중에 시술에 관계된 질문은 할 수 없으며, 예기치 않는 불편한 상황 시는 손을 들어 질의 요구할 수 있다.
③ 중도포기하거나 검정도중 무단이탈 하는 경우 타인의 수검에 부당하게 영향을 끼치는 경우에는 득점과 관계없이 채점대상에서 제외된다.
④ 요구사항을 지키지 못한 경우 오작 혹은 감점 처리되며, 제한시간 내 시술을 완성하지 못할 경우에 그 과제의 해당점수를 0점으로 처리한다.
⑤ 펌 과제 시 로드사용은 제품에 불필요한 변형을 금지한다.
⑥ 사전 커트시 커트를 제외한 다른 작업은 허용되지 않는다.

3) 미용장 펌 채점 기준표

① 기본 기법 : 작품명의 와인딩을 시술한 상태
와인딩 기법 처리 상태
헤어파트에 따른 요구사항과 펌 디자인 로드배열 상태
핀컬의 방향과 배열상태
② 섹션과 각도 처리 : 섹션 연결, 섹션 각도의 적정성
③ 전체 조화미 : 전체의 균형 및 매끈도, 조화미

2. 미용기능장 시험에 응용된 펌 디자인

1) 직사각형 / 후대각 / 전대각 방향의 펌 디자인

① 먼저 7등분 섹션을 나눈다. 탑에서 백 네이프 순으로 베이스 패턴(base pattern)으로 와인딩한다.

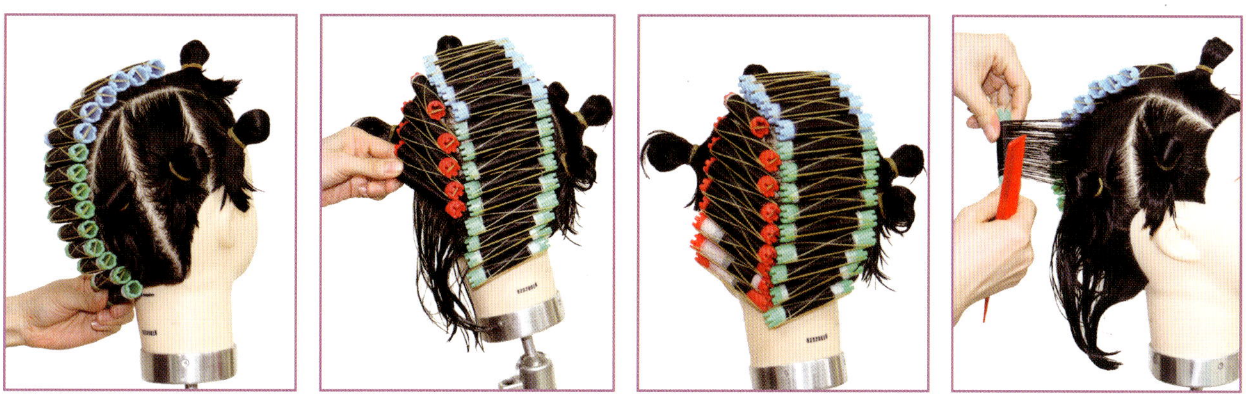

② 로드는 온베이스 또는 하프베이스로 와인딩한다.

③ 백 크라운 지점은 전대각 파팅, 사이드 크라운은 수평과 후대각 파팅으로 적당한 텐션과 120°, 90°, 45°의 시술각을 유지하며 베이스 위치에 로드를 고정한다.

④ 탑에서 전두부는 우대각 파팅과 120˚, 90˚ 시술각을 유지하며 포워드 방향으로 와인딩한다.

⑤ 왼쪽 사이드는 수평, 오른쪽 사이드는 전대각 방향으로 인덴테이션(indentation = 아웃컬, 겉말음) 45˚ 다운 스템으로 와인딩한다. 스틱을 꽂아 밴드자국과 각도의 흐트러짐을 예방한다.

⑥ 전체적으로 베이스 컨트롤(base control)을 유지하며 매끄럽고 작품성 있는 디자인을 연출한다.

2) ¼원형 / 오블롱 / 벽돌패턴의 혼합형 펌 디자인

① 1/4원형 섹션과 이어 백 이어로 섹션 한다. 전두부의 1/4원형 섹션 내에 방사형 파팅으로 나누어 온베이스(on base), 하프베이스(half base), 오프베이스(off base)순의 위치로 와인딩한다.

② 사이드, 크라운, 백은 2단 오블롱 패턴과 온베이스 위치에 로드를 고정하면서 와인딩한다.

③ 대각파팅과 온베이스 컨트롤을 유지하며 오블롱 패턴(oblong patten)으로 와인딩한다.

④ 네이프는 벽돌쌓기 형태(brickly pattern)로 온베이스, 하프베이스, 오프베이스 순으로 와인딩한다.

⑤ 전체적으로 전두부는 1/4 원형 사이드 백 크라운을 연결 오블롱, 네이프는 벽돌쌓기로 혼합형 퍼머넌트를 디자인 와인딩한다.

⑥ 혼합형인 펌 디자인의 조화로움을 연출한다.

3) $\frac{1}{2}$원형/ 더블/ 겉말음 /트위스트 기법을 응용한 혼합형 펌 디자인

① 전체 7등분 섹션으로 구분한다. 네이프부터 시작하는데 트위스트 패턴(twist pattern)으로 와인딩한다.

② C컬 방향으로 트위스트 패턴 와인딩 2단으로 진행한다.

③ 탑 → 백 → 크라운은 크고 작은 로드를 사용하여 더블 로드(double rod) 와인딩한다.

④ 직사각형 베이스로 더블 와인딩하고 사이드는 인덴테이션으로 와인딩한다.

⑤ 전두부는 1/2 원형으로 방사형(피봇) 파팅하고 포워드 방향으로 온베이스, 하프베이스, 오프베이스 컨트롤로 디자인 와인딩하여 스틱으로 고정한다.

⑥ 전체적으로 디자인에 따른 조화미를 연출 완성한다.

4) 다운 프로젝션 / 오블롱 / ¼ 원형을 응용한 창작 펌 디자인

① 8등분 섹션하고 네이프는 자연스러운 웨이브를 위해 다운 프로젝션(down-projection)기법으로 와인딩한다.

② 하단을 다운 프로젝션 하는데 점점 스템의 길이가 길어지도록 로드를 점차 큰 사이즈로 선택해서 웨이브가 자연스럽게 진행되게 와인딩하고 스틱으로 고정한다.

③ 사이드와 크라운은 45° 대각 파팅으로 2단의 오블롱한다.

④ 왼쪽 사이드 파트하고 1/4 원형으로 섹션 내에서 5개 피봇 파팅을 하고 온베이스, 하프베이스, 오프베이스로 조절하며 포워드(forward)로 와인딩한다.

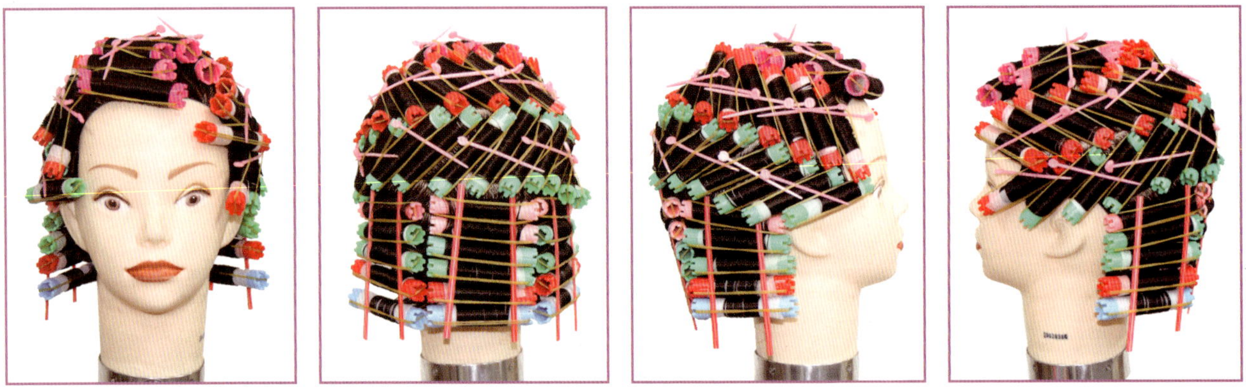

⑤ 밴드 자국이나 모발 꺾임을 방지하기 위해 스틱을 고정하고 웨이브연결이 매끄럽고 자연스럽게 창작 와인딩한다.

5) 수평 프로젝션 / 벽돌패턴 / 사이드 파트와 혼합형 펌 디자인

① 전두부, 후두부를 7등분 섹션으로 나누고 네이프는 벽돌쌓기 와인딩한다.

② 이어 백에서 탑은 다운 스템으로 와인딩하되 스템 길이가 점점 길어지도록 빗질하여 모발 끝부분만 수평으로 디자인 와인딩한다.

③ 양쪽 사이드도 수평으로 로드 배열하며 와인딩하고 스틱으로 수평 프로젝션 형태를 고정한다.

④ 양쪽 사이드 역시 다운 스템 으로 빗어 로드 배열이 수평이 되게 시술 각도를 유지하며 와인딩한다.

⑤ 전두부는 왼쪽 사이드파트 하고 로드의 큰 사이즈를 선택 자연스러운 C컬의 펌 웨이브를 디자인 형성한다.

⑥ 보브 헤어스타일에 네이프는 벽돌쌓기와 백은 수평 프로젝션 와인딩, 전두부는 얼굴형에 어울리도록 방향을 설정하며 디자인 와인딩한다.

6) 업 프로젝션 / 오블롱 / 벽돌패턴 / 핀컬 종류의 혼합 창작 펌 디자인

① 11개의 섹션으로 나누어 탑, 골덴 포인트 부분은 벽돌 쌓기나 지그재그 기법으로 와인딩한다.

② 이어 백에서 크라운 골덴 포인트 쪽으로 스템의 길이를 점점 길게 빗어 로드의 각도와 크기를 높이며 업 프로 젝션(up-projection)으로 와인딩한다.

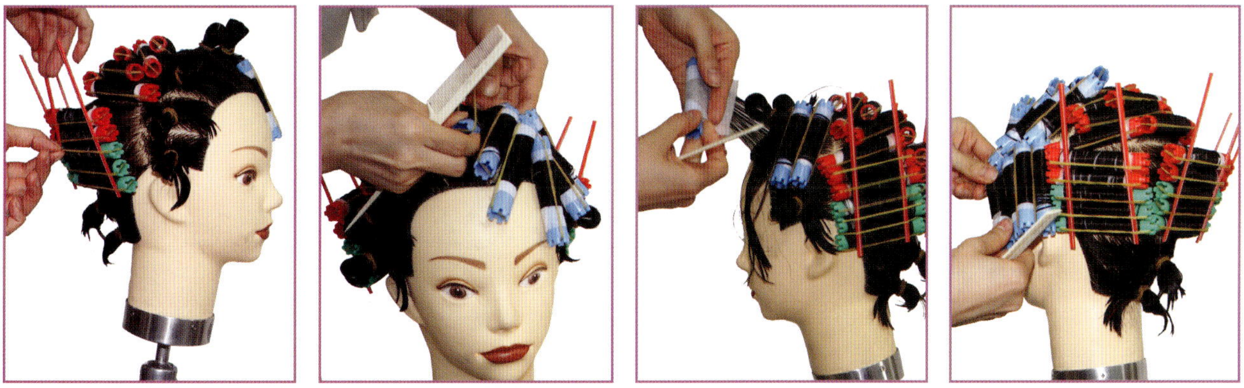

③ 스틱을 사용하여 업 프로젝션 형태를 배열 고정한다. 전두부는 센터를 중심으로 좌측은 오블롱 패턴으로 와인딩한다.

④ 우측은 플렛 핀컬로 리버스와 포워드방향을 교대로 디자인 와인딩한다.

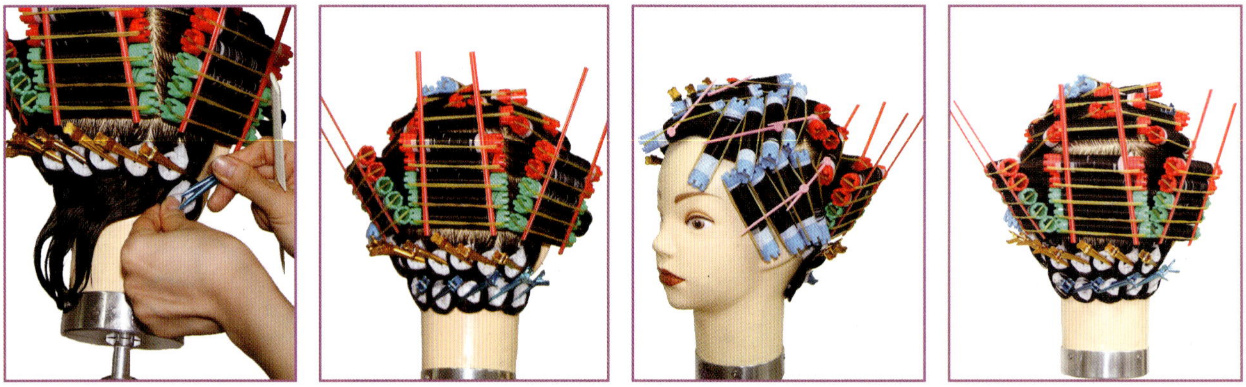

⑤ 네이프상단은 시계방향의(C컬) 플렛 핀컬 7개 정도와 하단은 시계반대방향(CC컬)으로 핀컬 고정한다. 핀컬핀 방향은 45° 사선으로 꽂는다.

7) 캔들 스틱(candle stick) / 리프트 핀컬 / 비대칭 혼합 펌 디자인

① 전체 9등분 섹션으로 나누고 전두부, 탑, 백 부분은 직사각형 파팅으로 와인딩한다.

② 전체 9등분 섹션으로 나누고 전두부, 탑, 백은 직사각형 파팅으로 와인딩한다.

③ 좌측 사이드와 크라운은 크고 작은 로드를 사용 수직으로 캔들스틱(candle stick) 와인딩한다.

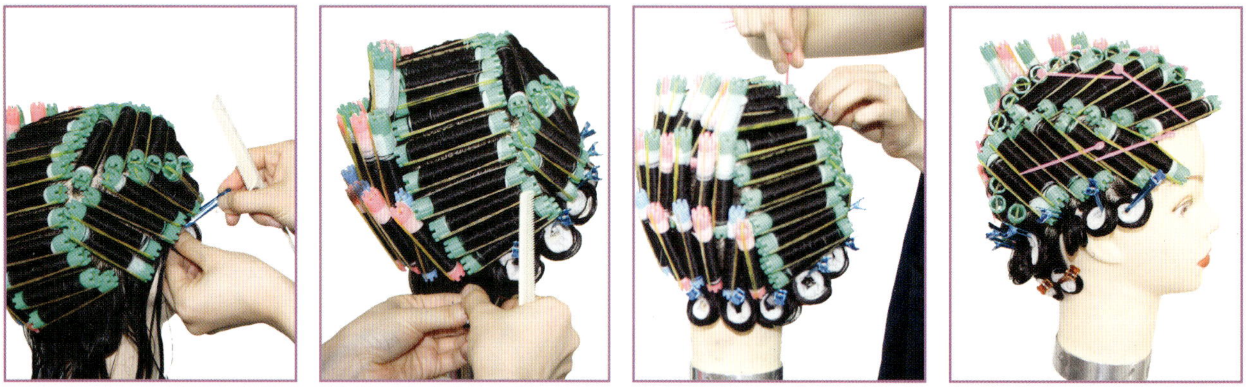

④ 우측사이드는 사선대각 방향의 교대 오블롱 기법으로 2단 와인딩한다. 남은 모발은 리프트(45°) 핀컬로 우측 사이드에서 좌측 네이프쪽으로 좌대각 와인딩하고 네이프 남은 모발은 플렛(0°) 핀컬로 마무리한다.

⑤ 전체적인 조화로움을 연출한다.

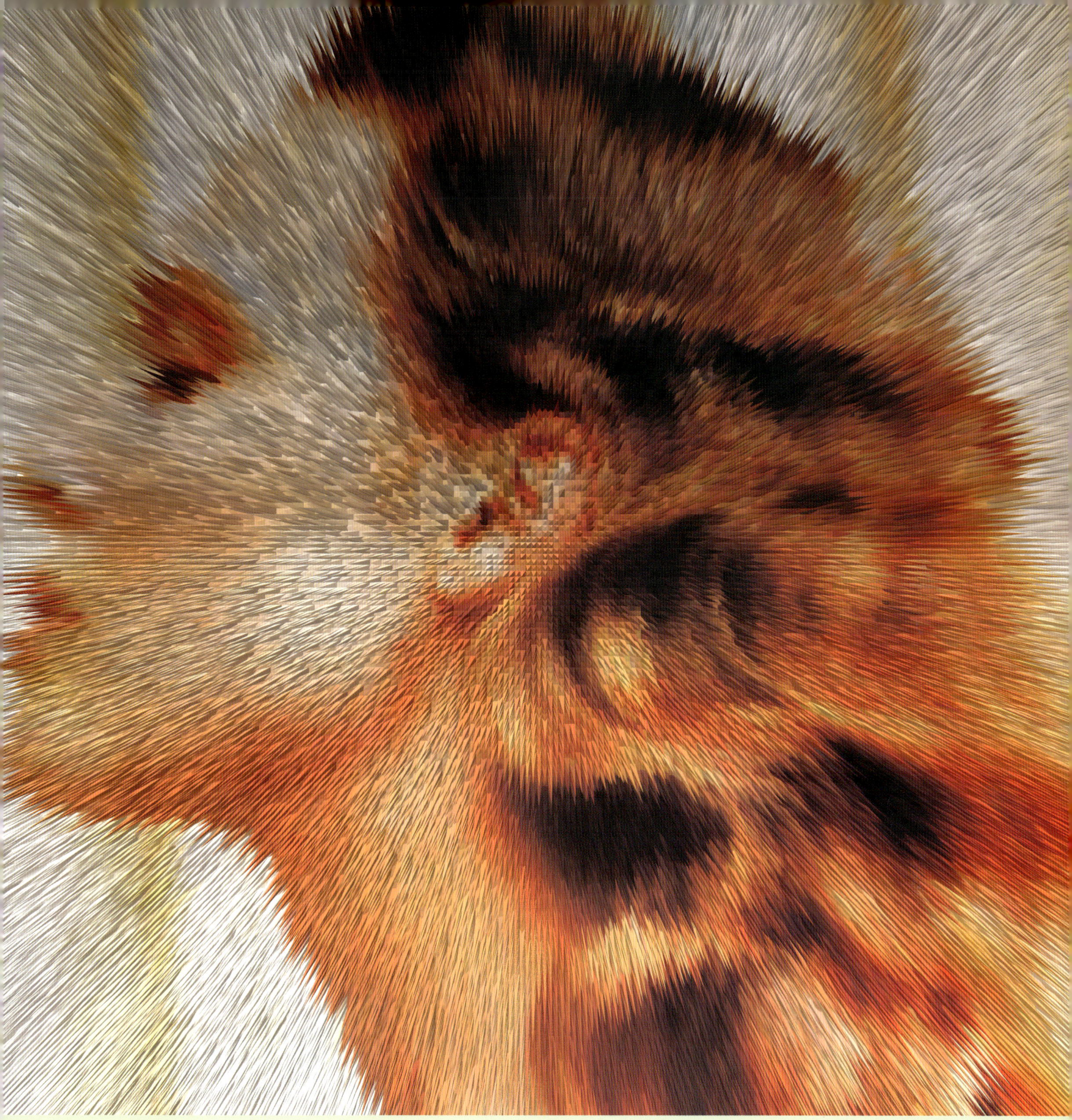

제 10장 미용용어

제 10 장 미용용어

ㄱ

- 간접적인 방법(water wrapping) : 물이나 시술 전에 모발 보호제를 도포하여 와인딩을 끝낸 후 와인딩 된 모발 위에 환원제를 도포하는 방법으로 주로 손상모에 사용.
- 겹 사용 와인딩(book end paper) : 엔드 페이퍼를 반으로 접어 모선을 감싸서 와인딩 하는 방법.
- 계면활성제(surface activity) : 분자 중에 친수기와 친유기를 가지며 액체에 녹아서 저 농도로 계면활성을 나타내는 물질.
- 교차결합(cross-bonds) : 모발에 탄력성과 견고성을 주는 화학결합.
- 교대 오블롱(alternating oblongs) : 두개 이상의 오블롱이 웨이브의 형태를 만들면서 방향과 효과를 교차하는 것.
- 그로스 디렉션 (growth direction) : 성장 방향 모발이 두피로부터 자라는 방향.
- 가온 2욕식(two step wave) : 제 1제와 제 2제를 사용하는데, 제 1제는 시술 시에 가온을 하여 퍼머넌트 웨이브를 만드는 것. 즉 제 1제가 가온 하에 쓰도록 만들어진 펌제.
- 경모(terminal hair) : 0.15~0.20㎜ 정도의 단단한 단백질이 결합된 모발로 성인모발.
- 골덴 포인트(golden point) : 턱에서 양귀를 연결한 선의 연장선이 두정부에서 만나는 지점.
- 과산화수소(H_2O_2) : 수소와 산소의 화합물로 분자식은 H_2O_2이며 무색.
- 그래쥬에이션(graduation) : 아주 약간의 단차를 주면서 변화된 모발의 길이를 연결시켜 주는 방법.
- 꼬리빗(rat-tail comb) : 빗 끝이 쥐꼬리처럼 생겨서 꼬리빗이라 하는데, 주로 파마시술을 할 때, 스타일을 만들기 위해 섹션을 뜰 때 등, 다용도로 쓰임.

ㄴ

- 나선 와인딩(spiral winding) : 스파이럴 와인딩, 길게 늘어뜨린 효과를 나타내기 위해 머리끝 쪽에서 모근 쪽으로 혹은 그 반대 방향으로 머리를 나란히 회전시키는 기술.

- 내로우 웨이브(narrow wave) : 릿지와 릿지의 폭이 좁고 커브가 급한 웨이브로 파장이 많아서 전체가 곱슬곱슬한 머리.
- 내추럴 그로스 패턴(natural growth pattern) : 자연 성장 패턴 모발이 자연적으로 자라는 방향으로, 보통 머리 꼭대기에서 원형으로 자람.
- 내츄럴(natual) : 자연분배, 모발의 자연성장 패턴과 관련된 머리의 방향.
- 네이프 라인(nape line) : 목덜미의 선, 목 뒷부분의 헤어라인 목덜미 부분. 모발이 나기 시작하는 곳의 선. 헴 라인(hem line)이라고도 함.
- 논 스템 롤 컬(non stem roll curl) : 스템이 전혀 없이 와인딩된 컬.
- 뉴 그로스(new growth) : 새로운 성장. 새로 자란 모발.
- 뉴트라이저(neutralizer) : 중화제, 다른 물질을 중화시키는 물질.
- 뉴트라이징 헤드밴드(neutralizing headband) : 중화용 머리띠. 중화 과정 시 제2액이 고객의 얼굴에 흐르는 것을 막기 위해 헤어라인 주위에 두르는 흡수성 헤어밴드.
- 뉴트럴리제이션(Neutralization) : 중화 염료나 매개체들의 작용을 무효화하거나 중화하는 것.
- 니그로 퍼머(negro permanent wave) : 흑인의 곱슬머리의 느낌을 만드는 퍼머넌트 웨이브 기법.

《 ㄷ 》

- 다공성(porosity) : 물이나 다른 액체를 흡수할 수 있는 모발의 능력.
- 다우니 헤어(downy hair) : 솜털 모발, 부드러운, 가벼운 모발, 섬세한 모발.
- 다운 스템 와인딩(down stem winding) : 두피로부터 스트랜드(strand)의 각도를 90° 이하로 하여 로드에 와인딩하는 방법.
- 다운 프로젝션(down projection) : 아래쪽으로 마는 패턴으로 적모로 남겨두는 부분을 늘려 모발길이의 축소를 감소시키는 것.
- 다이렉트 퍼머(direct perm) : 압축형 다이렉트 특수퍼머 로드를 사용하여 지그재그 웨이브를 표현하는 방법으로 볼륨감과 다양한 질감을 얻기 위해 사용하는 퍼머.
- 다이애거널 라이트 (diagonal right) : 우대각, 오른쪽으로 향하는 대각선.
- 다이애거널 레프트 (diagonal left) : 좌대각, 왼쪽으로 향하는 대각선.
- 다이애거널 웨이브(diagonal wave) : 웨이브의 릿지(단)가 그려내는 선이 비스듬하게 되도록 만들어지는 웨이브.
- 다이애거널 포워드 (diagonal forward) : 앞쪽 대각선, 모발이 얼굴 쪽으로 기울어지게 한 대각선.
- 다이애거널(diagonal) : 경사지거나 대각선을 말함.
- 댄 드러프(dandruff) : 비듬.
- 더블 와인딩(double winding) : 크기가 다른 2개의 로드를 번갈아 가면서 와인딩 하는 방법. 즉, 모근부와 모선부의 손상도가 다른 모발의 경우 일률적인 컬을 얻기 위해 사용하기도 한다.
- 더블 페이퍼(double-paper) : 두 겹말이의 종이기술. 두개의 펌 종이를 모발의 길이 방향으로 두어 모발이 기구 주위에 부드럽게 감기도록 함.

⇨ 덜 웨이브(dull wave) : 웨이브의 릿지가 희미한 웨이브.

⇨ 데미지 헤어(damage hair) : 손상된 모발.

⇨ 덴시티(density) : 밀도, 머리숱, 밀집도, 농도 등을 말하며 , 즉 1㎠(1평방 센티미터) 당 머리카락의 양.

⇨ 두피 (scalp) : 두부(head)를 보호하고 있는 부분의 피부조직(= 두개피).

⇨ 두피 마사지(scalp massage) : 두피의 혈액순환을 촉진시키기 위해 마사지 하는 것.

⇨ 드라이 와인딩(dry winding) : 건조한 모발을 로드로 마는 것. 전기 세팅기를 사용하여 모발을 와인딩 할 때는 모발을 물이나 약제에 적시지 않고 건조한 상태에서 와인딩 함.

⇨ 드라이 헤어(dry hair) : 건조한 모발.

⇨ 드레이핑(draping) : 손님의 옷을 보호하기 위하여 옷 위에 천을 둘러주는 것을 말함.

⇨ 등전점(isoelec) : 양쪽성 전해질이나 콜로이드 입자 등 전하의 대수합이 0이 될 때의 상태를 용액의 수소이온 지수 pH로 나타낸 것.

⇨ 디렉셔널 디스트리뷰션(directional distribution) : 방향분배, 머리를 천체 축과 연관 시켜 수평, 수직, 또는 대각방향으로 빗어 주는 것.

⇨ 디렉션(direction) : 방향이나 흐름이라는 뜻. 하나의 선이나 면이 가는 길.

⇨ 디스코던스(discordance) : 부조화.

⇨ 디스트리뷰션(distribution) : 분배, 빗질방향, 기본 파팅과 관련되어 머리를 빗는 방향.

⇨ 디자인 결정(design decision) : 머리의 질감, 머리길이 뿐만 아니라 고객과의 의사소통, 고객의 신체적 조건에 근거를 둔 디자인 요소들 사이에서 선택하는 과정.

⇨ 디자인 요소(design elements) : 예술 형태의 주요 구성요소들. 헤어 디자인에서 주요 구성요소들은 형태, 질감 칼라 등이 있음.

⇨ 디자인 원칙들(design principles) : 디자인에서 사용되는 배열패턴.

(ㄹ)

⇨ 라운드 파트(round part) : 곡선으로 나눈 것.

⇨ 라운드커버(round curve) : 둥근 곡선을 그리면서 와인딩.

⇨ 라인(Line) : 선. 외형 윤곽선.

⇨ 랩핑 테크닉(wrapping technique) : 와인딩 기술. 즉, 모발을 펌 로드에 감는 기술.

⇨ 레이어 커트(Layer cut) : 레이어 란 '쌓는다'. '층층이' 됨이란 뜻이다. 단차를 많이 주는 커트.

⇨ 레프트 다이애거널 웨이브(left diagonal wave) : 웨이브의 일종으로 웨이브의 릿지가 그리는 선이 왼쪽으로 기울어진 것.

⇨ 레피티션(repetition) : 전체적으로 동일한 성격을 유지, 위치를 제외하고 모든 면에서 동일한 단위, 모양과 구성의 동일함.

⇨ 로드 셀렉터 차트(rod selector chart) : 로드 선택 차트로 퍼머 로드의 적절한 크기와 두께를 선택하기 위해 고안된 차트, 로드와 웨이브가 크기별로 나열된 차트.

- 로드 오프(rod off) : 퍼머 제2액의 작용시간이 끝난 후 와인딩에 사용했던 로드를 풀어 주는 것(로드 아웃).
- 로드(rod) : 펌 할 때 사용하는 기구.
- 로우 웨이브(low wave) : 파도가 낮은 웨이브. 낮고 완만한 웨이브.
- 롤러 세트(roller set) : 롤러를 이용해 세팅하는 것. 원통형의 롤러를 주로 사용하며 웨이브의 방향에 따라 여러가지 롤러 기구들이 사용됨. 롤러 세트는 모발이 마른 상태에서 열을 이용하여 웨이브를 형성하는 것과 수분을 이용하여 웨이브를 만드는 방법 등이 있음.
- 롤러 컬(roller curl) : 롤러를 사용해서 만든 컬.
- 루프(loop) : 미용에서는 모발의 컬이나 소용돌이의 고리부분을 뜻함.
- 리드미컬(rhythmical) : 율동적인.
- 리버스 와인딩(reverse winding) : "후방으로"라는 뜻. 전방으로의 반대. 뒤쪽을 향해 로드를 말아가는 방법. 귓바퀴 반대 방향으로 와인딩 하는 방법.
- 리버스 컬(reverse curl) : 포워드 컬의 반대. 아래에서 위로 말려진 컬."리버스 롤"이라고도 함. 반대 컬: 스타일이 얼굴로부터 멀어지도록 형성된 컬.
- 리세트(reset) : 끝마무리, 콤 아웃, 브러시 아웃 등으로 불리는 기술로 최종 끝마무리 작업.
- 리컨스트럭션 펌(reconstruction perm) : 재구성 퍼머, 먼저 과도한 컬을 제거한 뒤 바람직한 컬의 형태를 재구성하는 퍼머 과정.
- 리플레이스먼트 러버(replacement rubber) : 퍼머넌트 웨이브 시술 시 와인딩 후 로드를 두피에 고정시키기 위해 사용하는 고무밴드를 말함.

(ㅁ)

- 마셀 웨이브(marcel wav) : 아이론의 열에 의해서 형성된 웨이브.
- 말기 기술(wrapping techniques)
  - 압축(compression) : 기구사이에 머리카락을 넣어 모발에 본을 만들어내는 말기 기술.
  - 나선(spiral) : 길게 늘어뜨린 효과를 내기 위해 머리끝 쪽에서 모근 쪽으로 혹은 그 반대 방향으로 머리를 나란히 회전시키는 기술.
  - 겹침(overlapping) : 머리카락이 머리끝에서 모근 쪽으로 말림에 따라 머리가 겹쳐지는 말기 기술.
- 매너(manner) : 방법, 태도, 예의, 작업.
- 머니플래이션(manipulation) : 손으로 하는 마사지.
- 머신 웨이브(machine wave) : 전기, 증기 등의 열을 기계적으로 이용해서 행하는 퍼머넌트 웨이브 기술. 알칼리성 약액을 사용하여 전기나 증기 등의 열을 사용하는 것.
- 메트리얼(Material) : 재료, 재질을 뜻한다. 미용 용어로써는 소재로 번역되며 모발을 의미하기도 함.
- 멜라닌(melanin) : 자외선을 받은 피부가 피부 스스로를 보호하기 위해 만들어 내는 색소세포로, 멜라노사이트 라는 색소 세포 안에서 티로신을 원료로 멜라닌을 생성함으로써 자외선으로부터 피부와 모발을 보호하는 것.

- 모간(hair shaft) : 모발에서 우리 눈으로 확인할 수 있는 부분으로 표면부터 표피, 피질, 수질로 구분됨.
- 모근(hair root) : 모발 중 두부 표피 밑의 모낭 안에 들어 있는 부분.
- 모수질(medula) : 모발의 가운데층.
- 모표피(cuticle) : 모발의 가장 바깥층으로 투명한 비늘 모양의 세포로 되어 있음.
- 모피질(cortex) : 모발의 색소를 함유하고 있는 층으로 펌이나 염색이 작용함.
- 무브먼트(Movement) : 움직임, 운동, 행동, 이동을 뜻하며 만들어낸 형태에 생동감을 주기 위해서는 움직임을 주는 것이 필요함.
- 미들 스템(middle stem) : 중간 정도의 볼륨을 형성된 스템.

ㅂ

- 바란스(balance) : 균형. 평균. 조화라는 의미, 헤어스타일을 창작하는데 있어서 체형, 얼굴, 복장, 분위기를 고려하는 일이 중요함.
- 바이어스(bias) : 슬라이스의 방법이며 경사를 뜻함.
- 방치시간(processing time) : 프로세싱 타임. 퍼머넌트 웨이브에서 환원제가 모발을 연화. 팽윤시키고 시스틴결합을 끊어주는데 필요한 시간.
- 백 코우밍(Back coming) : 모발을 일으켜 세우는 일. 또는 빗으로 머리끝에서 두피 모발을 되돌려 부풀음을 주는 일, 형태를 잡아주는 기법(후카시).
- 뱅(bang) : 앞머리모양.
- 버진 헤어(virgin hair) : 생머리, 한 번도 파마나 염색을 시술한 일이 없는 머리.
- 버티컬 웨이브(vertical wave) : 웨이브의 진행방향이 수평선에서 직각이 되는 웨이브. 웨이브 릿지는 수평이 되는 웨이브.
- 베이스 컨추럴(base control)
  - 하프 오프 베이스(half-off Base) : 펌 기구가 바로 아래쪽 파트에 놓여지는 베이스 처리(90°).
  - 오프 베이스(off base) : 기구가 파트 아래쪽에 평행하게 놓여지는 베이스 처리. 베이스 들림을 최소화한다(45°).
  - 온 베이스(on base) : 기구가 베이스 파트 들 사이에 놓여 들림이 최대가 되는 베이스 처리(120°).
  - 언더 디랙티드(under directed) : 아래 방향 베이스, 적어도 1.5직경 베이스 크기가 필요한 베이스 처리. 로드는 베이스 안 아래쪽에 위치. 이 베이스 처리는 특별한 효과, 특히 일반적이지 않은 머리 선을 처리할 때 사용함.
- 베이스 효과(base effects)

- 톱니모양(indentation) : 위로 향해 말은 머리가 방향에 변화를 가져오거나 평평한 베이스를 만듬.
- 볼륨(volume) : 아래로 향해 말은 머리가 디자인 내에서 풍성한 느낌을 연출.

- 베이스(base) : 와인딩이나 핀컬에 있어서 나누어 뜬 모속의 두피를 말함. 스퀘어베이스, 오블롱 베이스, 트라이앵귤러 베이스, 아크 베이스, 등이 있다.
- 벽돌 쌓기 와인딩(bricky winding): 로드나 롤을 벽돌을 쌓을 때처럼 구성하여 와인딩 하는 방법.

- 보브(bob) : 단발머리. 이집트의 여왕 클레오파트라(cleopartra)의 머리형에서도 찾아볼 수 있으며, 제 1차 세계 대전 후 여성의 사회진출이 유행의 계기가 되었음.
- 브러싱(brushing) : 빗질.
- 브런트 커트(blunt cut) : 직선 커트.
- 브레이딩 헤어(braiding hair) : 땋은 머리.
- 브롬산 나트륨(sodium bromate) : 회학식 $NaBrO_3$ 펌제 중에서 산화제(제2제)의 주성분.
- 브롬산칼륨($kBrO_3$) : 제 2제 성분 중 하나.
- 블로킹(blocking) : 한 구획을 만드는 것. 구분하는 것, 시술하기 쉽도록 모발을 몇 개의 다발로 나누는 것. 모발을 구분하는 것.
- 비기닝 포인트(Beginning point) : 웨이브가 시작되는 점. 전체적인 웨이브의 흐름. 즉 웨이브의 형성에 대한 첫방향 설정을 말하며 포워드 비기닝(forward beginning)과 리버스 비기닝(reverse beginning)으로 나눌 수 있음. 첫 시작 웨이브(wave) 또는 핀컬(pin curl)의 방향을 얼굴의 평면적 구조, 머리의 형태, 얼굴의 입체적 조건에 따라 결정됨.
- 비닐캡(vinyl cap) : 비닐 모자.

《 ㅅ 》

- 산성퍼머넌트 웨이브제(acid processing lotion) : pH 5.8~7.9의 퍼머넌트 웨이브 용제의 종류로서 티오글리콜산계의 웨이브제보다 순하다.
- 산화작용(oxidization) : 산화제를 도포하여 환원제에 의해 끊어진 시스틴 결합을 재구성시키고 본래의 견고성과 탄력성을 되찾게 하는 과정.
- 섹션(section) : 모발을 와인딩하기 위해 작게 나누는 작업, 섹션은 나누어지는 모양에 따라 수직베이스섹션(vertical base section), 수평베이스섹션(horizontal base section), 사선베이스섹션(diagonal base section), 브릭베이스섹션(brick base section), 위빙베이스섹션(weaving base section), 라운드베이스섹션(round base section)으로 구분한다.
- 센터 파트(center part) : 가운데 가르마로서 5 : 5비율의 파트.
- 숏트 헤어 : 6인치 이하의 모발.
- 스캘프(scalp) : 두피.
- 스택 와인딩(stack winding) : 로드를 겹치게 쌓아 올려 와인딩 하는 기법.
- 스템 드랙션(stem of direction) : 모발의 흐름을 퍼머넌트 웨이브로 연출하고자 할 때 스템의 각도와 스템의 방향성을 말한다.
  - 포워드(forward) 와인딩 : 전방으로 향해서 와인딩. 얼굴쪽, 앞쪽.
  - 리버즈(reverse) 와인딩 : 뒤쪽으로 향해서 와인딩. 얼굴뒤쪽.
  - 라운드(round) 와인딩 : 둥근 곡선을 그리면서 와인딩(인컬, 일반 와인딩).
  - 인덴테이션(indention) 와인딩 : 거꾸로 반대방향으로 머리단의 안쪽에 로드를 대고 와인딩하며 볼륨이 없는 겉마름(아웃 컬).

* 산성퍼머(acid permanent) : 주제는 티오글리콜산이며, 모발의 손상 원인이 되는 알칼리가 전혀 사용되고 있지 않고, 특수한 계면활성제를 첨가하여 모발분해의 pH가 4~6으로 만들어져 모발 손상의 염려가 없으며 염색모와 탈색모, 다공성모에 사용된다. 티오글리콜산은 미 산성으로 환원력이 약하기 때문에 60° 이하로 가온하여 환원력을 높여주고, 로드선정에 있어서도 평소보다 낮은 로드로 와인딩하는 요령이 필요함.

- 스템(stem) : 컬의 베이스 밑뿌리에서 컬을 말기 시작하는 곳까지 즉, 머리 줄기.
- 스트랜드(strand) : 한 가닥의 모발.
- 스트레이트 펌(straight perm) : 곱슬머리나 웨이브된 모발을 직선으로 곧게 찰랑거리게 펴는 펌.
- 스파이럴식 와인딩(spiral winding) : 로드를 수직으로 세워 나선형으로 돌려마는 기법.
- 슬라이스(slice) : 머리카락을 아주 적게 나누는 것.
- 슬리더링(slithering) : 가위를 사용해서 머리카락을 틴닝하는 것. 즉, 가위로 머릿단을 평행으로 움직이며 미끄러지면서 커트하는 방법.
- 시스테인 퍼머넌트 웨이브제(cysteine) : 모발에서 채취한 시스테인이란 아미노산을 성분으로 한 퍼머넌트 웨이브제를 사용해서 모발을 환원시켜 퍼머넌트 웨이브를 얻는 방법.
- 시스틴 결합(S-S bond) : 모발에 견고성을 주는 측쇄결합, 이황화물 교차 결합.
- 시저스(scissors) : 가위.
- 싱글 엔드 페이퍼(single end paper) : 홀겹 말이 종이기술 , 스트랜드의 아랫면에는 앤드페이퍼를 대지 않고 윗면에만 올려놓는 방법.

【ㅇ】

- 아미노기($-NH_2$) : 아미노메탄 또는 메틸아민이라 부르며 이 기를 갖는 화합물로는 아민 외에 산아미드, 설폰 아미드와 같은 유기 아미노화합물과 히드록실아민, 히드라진 등의 무기화합물 등이 있음.
- 아미노산(amino acid) : 한 분자 내에 아미노기와 카르복실기를 함께 가지는 유기화합물을 총칭함.
- 아우트라인(out line) : 윤곽, 외곽선, 외형.
- 알칼리도(alkalinity) : 제 1액에 포함되어 있는 유리 알칼리양의 정도. 예를 들어 pH가 약산 낮아도 알칼리도가 높은 것은 환원력이 크다고 볼 수 있다. 제2액의 경우 7ml 이하로 규정되어 있음.
- 알칼리성(alkalinity) : pH가 7 이상으로 12~13이면 강알칼리에 속하며, 퍼머 액과 염모제 등이 pH 9~11 사이로 강알칼리에 속함.
- 암모늄 타입의 약알칼리성(ammonium-weak alkalinity) : 퍼머넌트 웨이브 용제. 암모늄염으로 알칼리도를 맞춘 펌제.
- 애프터 커트(after cut) : 퍼머넌트 웨이브 처리 후에 하는 재 커트.
- 얼터네이션(alternation) : 교대, 연속적인 반복으로 두개 이상의 디자인 요소들이 반복되는 패턴(반대로의 연속적인 변화).

- 얼터네이트 와인딩(alternat winding) : 앞에서 뒤로 또는 위에서 아래로 번갈아 가며 와인딩 하는 방법.
- 업 스템 와인딩(up stem winding) : 두피로부터 스트랜드의 각도를 90° 이상으로 하여 로드에 와인딩 하는 방법.
- 에시드 린스(acid rinse) : 산성 린스.
- 에프리케이터(applicator) : 펌 제나 염색제 등을 담는 용기.
- 엔드 오브 컬(end of curl) : 컬의 끝부분.
- 엔드 페이퍼(end paper) : 펌 와인딩 할 때 모발의 끝에 대는 종이(습지).
- 연화작용(softening) : 부드럽게 만들어 주는 작용을 말함.
- 오리지널 세트(original set) : 스타일링의 기초가 되는 작업.
- 오버타임(over time) : 펌 시술시 1제의 시간이 많이 지나버린 경우.
- 오블롱 디자인(oblong design) : 타원형 속의 C자형, 컬의 연속적인 웨이브를 말함.
- 오블롱 베이스(oblong base) : 장방형의 베이스.
- 오일헤어(oil hair) : 기름진(유성) 모발.
- 와이드 웨이브(wide wave) : 폭이 넓은 웨이브로 릿지, 하프 웨이브가 확실히 되어 있는 웨이브이며 형성이 뚜렷하고 일반적으로 세팅이나 롤러 컬에서 많이 나타나는 컬 모양이다.
- 워터 래핑(water wrapping) : 퍼머 환원제 도포 방법 중 하나로, 모발에 적당한 수을 준 다음 와인딩한 후에 1액을 도포하는 방법. 간접 와인딩을 말함.
- 원 랭스 커트(one length cut) : 가로 일직선상에 가지런하게 커트하는 기법, 0° 커트.
- 원소(element) : 집합을 이루고 있는 개개의 대상 원(元) 또는 요소라고 함.
  - 원자(atom) : 현재 약 100여종의 각 원소에 대하여 가가 대응하는 원자가 존재, 즉 원자는 물질의 입자라는 뜻.
  - 분자(molecule) : 두 개 이상의 원자가 어떤 힘에 의해 일정한 형태로 결합한 것으로 1개의 독립된 입자로 행동한다고 볼 수 있는 원자의 결합체.
- 웨이브(wave) : S자 물결모양. 펌 웨이브, 아이론 웨이브, 핑거 웨이브, 핀컬 웨이브, 롤러 웨이브 등이 있다.
- 웨트 커팅(wet cut) : 머리카락을 젖은 상태로 커트하는 것.
- 위브 와인딩(weave winding) : 와인딩 된 모발 중간 중간에 와인딩을 하지 않고 생머리를 그대로 남겨두는 기법.
- 율동적인(rhythmic) : 규칙적으로 반복되는, 뚜렷한 율동을 가지고 움직여 줌.
- 음이온 계면활성제(anionic surfactant) : 물 속에서 이온화한 음이온 부분이 세정작용이 강하여 나타내는 계면활성제.
- 이어 투 이어 라인(ear to ear line) : 왼쪽 귀 중심에서 오른쪽 귀 중심으로 연결한 선.
- 이어 포인트(ear point) : 귀의 가장 높은 중심점.
- 이온 결합(ion bond) : 양이온과 음이온이 정전기 인력으로 결합하여 생기는 화학결합.

인덴테이션 와인딩(indentation winding) : 반대방향으로 와인딩 하는 방법. 겉말음.

인사이드(inside) : 내측, 안쪽. 헤어스타일의 볼륨감과 질감의 많고 적음을 표현.

업 스템 와인딩(up stem winding) : 두피로부터 스트랜드의 각도를 90° 이상으로 하여 로드에 와인딩하는 방법.

《 ㅈ 》

장모(long hair) : 머리카락, 수염, 겨드랑이털, 음모, 가슴털 등을 말함.

직접 와인딩 방법(direct winding technique) : 와인딩 시 모발의 중간부분과 모선에 환원제를 도포하면서 와인딩 한 후 남아있는 환원제를 도포하는 방법.

질감의 성격(texture character)

- 각진 형(angular) : 각이나 각진 형의 질감 패턴을 갖는 경우.
- 곡선형(curly linear) : 곡선, 나선 컬 혹은 웨이브들로 형성.

《 ㅊ 》

취소산 나트륨(브롬산 나트륨, sodium bromate, $NaBrO_3$) : 백색의 결정분말로서 냄새는 없다. 물에 잘 녹으며, 수용액의 pH는 6~7인 중성.

취소산 칼륨(브롬산 칼륨, potassium bromate, $KBrO_3$) : 브롬산의 수소원자가 칼륨과 치환되어 생긴 염으로 백색의 결정 또는 덩어리 모양의 물질이며, 비중 3.27, 녹는점 약 350℃, 약 370℃에서 산소를 발생하며 분해하고 브롬화칼륨 KBr으로 변함.

친수성 모발(hydrophilic hair) : 펌 제나 염색액 등이 잘 침투되어 시술하기에 적당한 모발.

《 ㅋ 》

카르복실기(carboxylic acid group) : -COOH기를 말함.

카르복실기산(carboxylic acid) : 카르복실기를 가진 유기화합물.

카우릭 파트(cowlick part) : 가르마 타는 방법의 하나로 이마위에 흐트러진 머리를 가르는 방법.

카운터 클록와이즈 와인드(counter clockwise wink) : 시계바늘 도는 방향의 반대 방향으로 형을 만들고 컬을 하였을 때의 머리카락의 흐름 방향. CC컬을 말함.

카운터 클록와이즈(counter clockwise) : 컬이 시계방향으로 말려 있는 핀컬로 그 방향을 지칭. C컬을 말함.

캔들 스틱 와인딩(candle stick winding)

- 스핀들 스틱와인딩(spindle stick winding) : 사이드나 백 등에서 머리흐름의 역행에서 로드를 세로로 나란히 해서 말아가는 기법(양초모양 or 방추형모양).
- 얼터네이트 와인딩(alternate winding) : 서로 교차시켜가면서 로드를 말아가는 기법(아래서 위로, 위에서 아래로의 방법. 하나는 겉말음 하나는 안말음 또는 큰 로드와 작은 로드, 포워드와 리버즈).

컨디셔닝 샴푸제(conditioning shampoos) : 모발의 다공성과 장력강도를 향상시키는 광물 또는 식물성, 동물성 첨가제가 조금 들어 가 있는 샴푸제.

- 컨트라스트(contrast) : 대조, 서로 다른 요소가 연결.
- 컨트라스팅 얼터네니션(contrasting alternation) : 대조교대, 매우 다른 모양이나 굵기의 기구로 연출.
- 컬(curl) : 원통형으로 머리를 마는 것. 또는 말린 머리 그 자체. 컬의 목적은 웨이브를 만드는 것과 볼륨감을 만들기 위함.
  - 스탠드업컬(stand up curl) : 루프가 세워져 있는 컬(90°~120°).
  - 리프트컬(lift curl) : 루프가 비스듬히 서 있는 컬(45°)
  - 플랫트컬(flat curl) : 루프가 편평한 컬(0°), 스컬프쳐 컬(sculpture curl, 모발끝에서 모근쪽으로 향함), 메이플 컬(mayple curl, 모근에서 모발끝으로 향함).
  - 바렐컬(barrel curl) : 통의 의미로 빗과 손가락으로 만드는 컬.
  - 클록 와이즈 컬(clockwise wind curl) : 시계 방향으로 말린 컬(C컬).
  - 카운터 클록와이즈 컬(counter clockwise wind curl) : 시계반대방향(반시계)으로 말린 컬(CC컬).
- 컬러 샴푸(color shampoo) : 일시적인 염색제로 모발을 세척하며 동시에 머리카락에 색상을 입히는 염색제.
- 컬러 코팅 퍼머(color coating perm) : 퍼머 시술시 컬러가 함유된 퍼머액을 사용하여 큐티클층과 코텍스층 사이에 색소가 침착하여 색상이 발하면서 염색과 퍼머가 되는 2중의 효과를 낼 수 있는 퍼머 방법으로서 갈색, 오렌지색, 포도주색 등이 주로 쓰임.
- 컴비네이션(combination) : 배합, 조합.
- 코움(comb) : 빗.
- 콘벡스(convex) : 볼록한, 볼록면, 철면, 볼록 곡선, 볼록하게 바깥쪽으로 쳐진, 브이라인(V line)을 의미.
- 콘케이브 로드(concave rod) : 오목 로드, 중심부가 가늘고 양 끝은 두꺼운 콜드 퍼머용 막대.
- 콘케이브(concave) : 오목한, 오목면, 요면, 오목하게 안쪽으로 파인. 천구의 안쪽처럼 구부러진. 에이라인(A line)을 의미.
- 콜드 2욕식(cold two step) : 화원작용이 있는 제1제와 산화작용이 있는 제2제를 사용하여 가온하지 않고 퍼머 하는 것.
- 콜드 웨이빙 로션(cold waving lotion) : 로드 주위에 감긴 모발 형태를 곱슬곱슬하게 하기 위해서 유황 결합을 떼어내는 화학 용해제 : 펌의 웨이브에 알칼리 타입인 pH가 8.5~9.5인 용액은 두발의 구성물질을 환원시키는 작용을 가진 환원제가 들어 있는 액을 말함.
- 콜드 웨이빙(cold waving) : 과거에는 가열해야만(104℃ 이상) 웨이브를 낼 수 있었던 방식에서 열을 이용하지 않아도 상온(약 40℃ 정도)에서 가능하다고 하여 '콜드'라는 명칭이 사용되었다. 8~40°에서 웨이브를 만들 수 있다는 의미에서 콜드 웨이브라는 명칭이 사용되어 졌다. 또한 화학약품을 사용하여 영구적인 웨이브를 만들 수 있게 되었음.

⇨ 콜드 퍼머넌트 웨이브(cold permanent wave) : 과거의 히트 퍼머(heat permanent)가 열을 이용하는 것에 대해 열을 사용하지 않는 퍼머넌트 웨이브 방식으로서 화학반응만으로 모발의 측쇄를 절단시킨 후 제2액의 취소산 나트륨 등의 산화제에 의해 재결합함으로서 웨이브를 만드는 방식.

⇨ 크로스 체킹(cross checking) : 십자형으로 교차시켜 가면서 체크 커트하는 것.

⇨ 크로키놀 와인딩(croquignole winding) : 가로말이, 모발 끝에서부터 두피 방향으로 감는 방법.

ㅌ

⇨ 타월 드라이(towel dry) : 타월을 이용해 모발에 있는 수분을 제거하는 것.

⇨ 테스트 컬(test curl) : 모발에 환원제의 작용 정도와 컬의 형성을 확인하기 위하여 실시하는 펌 시술할 때 와인딩이 끝나고 적당한 프로세싱 타임이 지난 뒤, 와인딩된 로드를 2~3군데 풀어서 텐션을 주었다가 놓았을 때 처음으로 돌아가는 강도를 체크하는 것(S자 웨이브 확인).

⇨ 테이퍼링(tapering) : 머리끝을 점차적으로 가늘게 숱을 쳐내는 것.

⇨ 텐션(tension) : 와인딩 시 스트랜드를 잡아당기는 힘, 긴장력, 신장, 장력.

⇨ 트위스트 와인딩(twist winding) : 모발을 꼬아 비틀어서 와인딩 하는 방법.

⇨ 티오글리콜산(thiogiycolic acid) : 무색의 액체로 냄새가 있으며 강한 환원작용을 한다. 모발을 연화, 팽창시키며 시스틴 결합을 환원시켜 절단하는 콜드 퍼머넌트 웨이브제 1액으로 물이나 알코올, 에테르와 섞일 수 있는 무색의 액체, 흰색 결정체로 펌제나 탈모제에 이용 됨(CH_2COOH).

ㅍ

⇨ 파우더 드라이 샴푸(powder dry shampoos) : 드라이 샴푸의 일종으로서 탄산마그네슘, 붕산, 등의 파우더가루를 사용하여 행하는 샴푸.

⇨ 파팅(parting) : 나눈다는 말. 헤어 파팅에는 16가지가 있다.
카우릭파트(cowlick part), 센터파트(center part), 사이드파트(side part), 라운드파트(round part), 업 다이아고널 파트(up diagonal part), 다운 다이아고널 파트(down diagonal part), 레탱큐러 파트(rectanqular part), 브이파트(v part), 이어 투 이어 파트(ear to ear part), 크라운 투 이어 파트(crown to ear part), 백 다이아고널 파트(back diagonal part), 센터 백 파트(center back part), 루즈 파트(roose part), 지그재그 파트(zig zag part), 스퀘어 파트(squar part), 노 파트(no part).

⇨ 패턴(pattern) : 형 유형.

⇨ 퍼룸(forum) : 소재. 질감. 양감. 움직임 등을 가미해서 만들어진 형.

⇨ 퍼머(perm) : 펌, 퍼머넌트 웨이브(permanent wave, 영구적(永久的)인 웨이브)의 준말, 크게는 웨이브 퍼머(wave perm)와 스트레이트 퍼머(straight perm)가 있다.

⇨ 퍼머넌트 웨이브(cold permanent wave) : 자연 상태의 모발에 물리적, 화학적인 방법을 가하여 모발의 구조나 형태를 변화시켜 웨이브상태를 형성시켜 그 웨이브가 오랫동안 지속시켜 주는 것.

- 퍼머넌트 웨이브 촉진기 : 적외선이나 수증기의 열을 이용하여 퍼머넌트 웨이브 시술 시 화학작용을 가속화시켜 방치시간을 단축시켜 주는 기기.
- 펌 로드(perm rod) : 퍼머로드 : 퍼머 할 때 모발을 감는 데 이용되는 기구.
- 펌 캡(perm cap) : 퍼머캡 : 퍼머가 완성되는 시간을 단축하기 위해 사용하는 전기 모자.
- 펌종이 기술(end paper techniques)
  - 책갈피(bookend) : 머리를 마는 동안 머리끝이 부드럽게 유지되도록 펌종이를 반으로 접어서 위치시킴.
  - 쿠션(cushion) : 머리카락의 길이를 따라 여분의 펌종이를 첨가. 이 기술은 머리를 말 때 짧은 머리끝을 잡아줄 수 있도록 함.
  - 두겹종이 기술(double-paper) : 두 개의 펌종이를 머리카락의 길이 방향으로 두어 머리가 기구 주위에 부드럽게 감기도록 함.
- 펌 형태(perm patterns)
  - 오블롱 형태(oblong patterns) : 일련의 평행한 C선들로 길게 늘어뜨린 형태(45°).
  - 교대 오블롱(alternating oblongs) : 두 개 이상의 오블롱이 웨이브형태를 만들면서 방향과 효과를 교차.
  - 연결 오블롱(interlocking oblongs) : 오블롱들 사이에서 베이스들을 연결하는 교대 오블롱.
  - 쌓은 벽돌(brickly patterns) : 쌓은 벽돌 형태. 수평, 수직형태가 있음.
  - 윤곽 패턴(contour pattern) : 다 방향말기 형태로 적절한 파팅으로 된 와인딩.
  - 확장 원형(expanded circle) : 커다란 곡선형태의 모양.
  - 수평 프로젝션(horizontal projection) : 머리끝에 질감을 주는 말기형태로 펌 된 머리길이와 펌 되지 않은 머리길이의 혼합이 잘 나타난다. 수평의 일자 형태.
  - 다운 프로젝션(down projection) : 아래쪽으로 마는 패턴으로 주변머리에서 직모로 남겨두는 부분을 늘려 머리길이의 축소를 감소시킨다. 아래로 내려가는 경사선의 모양.
  - 업 프로젝션(up projection) : 위쪽으로 마는 패턴으로 그래쥬에이션의 각을 따라 쌓이는 효과를 내도록 질감을 위치시킨다. 즉, 위쪽으로 돌출형태의 경사선 모양[(=에레베이션 = 스태크와인딩(stack winding)].
  - 직사각형 형태(rectangle pattern) : 주로 직사각형 모양들로 구성된 말기 패턴. 이 직사각형은 얼굴 쪽으로 혹은 얼굴에서 바깥쪽으로 말릴 수 있으며 측면과 후면의 섹션들은 아래쪽을 향함.
  - 더블 로드형태(double rod) : 하나의 베이스 안에 2개의 로드로 와인딩.
  - 피기백 형태(piggy pattern) : 로드위에 로드를 얹은 형태, 하나의 슬라이스에서 로드를 말다가 다른 로드를 넣어 같이 와인딩 해가는 모양.
  - 위빙슬라이스(weaving slice) : 한 베이스 내에 지그재그 슬라이스 하여 와인딩.
  - 머슈룸(mushroom) : 아래로 내린 헤어스타일의 보브형이나 머슈룸 와인딩, 골덴포인트에서 방사선상에 로드 벽돌쌓기 와인딩(포워드 기법).

- 캡스타일(cap style) : 자연스런 머리흐름을 살린 스타일.

- 페이스 라인(face line) : 얼굴 테두리 모발의 선(머리가 나기 시작하는 선).
- 포워드 와인딩(forward winding) : 귓바퀴 방향으로 향해 와인딩하는 방법.
- 포워드 웨이브(forward wave) : 얼굴 쪽을 향해 만들어진 웨이브.
- 포인트(point) : 점. 두상에는 15가지의 포인트가 있음.
- 폴리펩티드(polypeptide) : 사슬 모양의 펩티드 결합으로 연결된 것으로 단백질과 같은 뜻으로 쓰기도 하나 보통 분자량이 작은 단백질을 가리킬 때 쓰임.
- 프레 샴푸(pre shampoo) : 퍼머 시술을 하기 전에 행하는 샴푸.
- 프레 트리트먼트(pre treatment) : 사전조치. 예방조치. 헤어클리닉을 말함.
- 프로그래션(progression, 진행) : 규모가 커지거나 작아지면서 일어나는 점차적인 변화.
- 프로세싱 로션(processing lotion) : 퍼머넌트 웨이브제의 1제(환원제).
- 프로세싱(processing) : 모발에서의 펌1제의 작용과정.
- 프리 린스(pre-rinse) : 퍼머나 염색 시 모발에 잔류되는 먼지나 젤 그리고 스프레이의 잔유물을 물로 헹구어 내는 것.
- 프리히트 퍼머넌트 웨이브(preheat permanent wave) : 모발의 컬을 위해 가열된 큰 덮개를 사용하는 헤어 컬링 방법.
- 플레인 린스(plane rinse) : 펌1제 방치시간 후 미지근한 물로 모발에 도포된 환원제를 헹구어 주는 것.
- 피보트 포인트(pivot point) : 컬이 말려지기 시작하는 시발점.
- 피지선(sebaceous gland) : 피부의 부속선의 하나로 지선이라고도 함. 피지를 분비하여 두피와 모발을 윤택하게 하고 수분 증발을 막으며 세균의 감염을 막아주는 역할.
- 핀컬 퍼머 웨이브(pin curl permanent wave) : 펌 로드 대신 핀컬로 만들어진 웨이브.
- 핑거 웨이브(finger wave) : 세트 로션이나 물을 사용하여 모발을 손가락과 빗을 이용하여 만들러진 웨이브.

(ㅎ)

- 하모니(harmony) : 조화.
- 헤어 셰이핑(hair shaping) : 오리지널 세팅을 위한 준비 작업의 빗질로 업 셰이핑과 다운 셰이핑으로 나누어지며, 그 외에도 여러 형태의 빗질과 위트 헤어 스타일링에서의 중요한 기초 빗질 과정을 말함.
- 헤어 세팅(hair setting) : 플라스틱롤이나 찍찍이롤, 전기 세팅기를 이용하여 웨이브나 다양한 머리 스타일을 만드는 것을 말함.
- 헤어 스트레이트(hair straight) : 곱슬머리나 펌 된 머리를 곧게 풀고자 할 때 모발.
- 헤어 스티머(hair steamer) : 펌, 염색 및 두피 트리트먼트 등에 사용. 증기열에 약제의 침투를 높이는 기능.
- 헤어 틴트(hair tint) : 머리 염색.
- 헤어 밴드(hair band) : 모발에 사용된 퍼머넌트 웨이브제가 흘러내리지 않도록 얼굴 주위에 둘러주는 밴드.

- 헤어 코트(hair court) : 긴 머리의 경우 모발의 끝 부분은 유분이 부족하여 쉽게 손상되고 갈라지게 된다. 밀착성 및 내수성이 있는 고분자 실리콘을 사용하여 모발 끝의 갈라진 부위와 손상된 부위를 회복시켜 주기 위해 사용하는 제품.
- 헤어 토닉(hair tonic) : 살균력이 있어 두피나 모발을 청결히 하고, 시원한 느낌과 쾌적함을 주며, 두피에 작용하여 비듬과 가려움을 제거하며, 모근을 튼튼하게 해줌.
- 헤어 트리트먼트(hair treatment) : 일반적으로 모발이 손상되는 것을 방지하고 손상된 모발을 회복시켜 줄 목적으로 사용.
- 헴 라인(hem line) : 머리가 나기 시작한 선. 헤어스타일의 얼굴이나 사이드 네이프에 걸치는 선.
- 호리존탈 웨이브(horizontal wave) : 호리존탈은 지평선, 수평선의 의미로 웨이브의 리지가 수평으로 되어 있음.
- 환원작용(reduction process) : 산소를 빼앗는 반응 혹은 수소를 주는 화학반응으로서 그 작용에 의해 모발의 측쇄결합 중 시스틴 본드를 절단시켜 시스테인으로 만드는 작용이다. 즉, 환원제를 도포하여 모발 케라틴을 연화. 팽창시켜 시스틴 결합을 끊어주는 과정.
- 환원제(reduction agent) : 펌 1제를 말하며 시스틴의 S-S 결합을 끊는 역할을 한다. 대표적인 환원제 성분으로는 티오글리콜산(thioglycolic acid)과 시스테인(cysteine)이 있으며, 알칼리계와 산성계로 제조회사별로 수많은 종류가 있다. 즉, 모발 케라틴을 연화, 팽창시켜 시스틴 결합을 끊어주는 펌 1제를 말함.
- 휭거(finger) : 손가락.
- 히트 웨이빙(heat waving) : 열을 내기 위해 기계나 화학약품을 이용한 퍼머(열 웨이빙).
- 히팅 캡(heating cap) : 가열(假熱) 모자, 서로 얽혀 있는 전기선이 부착된 절연(節煙)된 모자, 가온식 캡으로 후드 식으로 속에 히터가 정착되어 있어 캡 안쪽은 불 투명성의 천이나 비닐로 되어 있고 캡은 일정온도가 유지. 가온 콜드퍼머, 스캘프 트리트먼트 등에 사용된다(= 헤어 스티머).

참고문헌

강영숙 외 5명,Hair Best Permanent wave, 훈민사, 2003

곽형심 외 2명, Art of Wave, 청구문화사, 2000

김명주 외 모발미용학, 훈민사, 2005

김명주 Permanent Wave Style의 시대별 변천 연구, 광주보건대학 논문 23집, 1998

김명주, 곱슬 스트레이트에 퍼머에 관한 연구, 한국인체예술학회지, 제2권 2 호 2001

김명주, Perm Rod 종류와 기구에 따른 Permanent wave style 에 관한 연구, 한국인체예술학회지, 제4권 제2호 2003

김민정 외 3명, 모발과학 및 관리학, 2007

김보경, 조미영 , the best perm 훈민사, 2003

김영미 HAIR PERMANENT WAVE, 청구문화사, 2004

김춘일 외 4명, 퍼머넌트 웨이브 디자인, 고문사, 2001

김춘일 외 4명, 퍼머넨트 웨이브디자인, 고문사, 2001

김희숙 "20세기 한국여성 Hair style 변천에 관한 연구", 한국미용학회지 제1권 1호,1995

노정애 외 6명, Permanent Wave Design, 훈민사, 2000

류은주 "한국의 수복사" 화장품신문,1995

류은주 외 4명 퍼머넨트 웨이빙 및 헤어컬러링, 청구문화사,1995

문영숙 외 4명, Perm Technician, 훈민사, 2002

민봉기 등 태평양 50년사 부록-한국생활문화 100년 도서출판 장원,1995

세기의 헤어아티스트, 현문사, 2001

써니 신, 멀티플레이 cut&perm 테크닉, 금광출판사, 2005

오영애 외 4명, hair high level 미용장, 푸른출판사, 2006

이규수, 퍼머패션, 제일출판사, 1994

이영미 외 8명, HAiR Perm ART 퍼머넌트 이론과 실기, 현문사, 2002

이원경, 모발미용학, 청구문화사, 1998

이황희 외 2명, Scalp Care & Medical Treatment, 2005

정년구 외 5명, Design of Permanent Wave, 도서출판 성화, 2002

정선정외 3명, 미용미학과 미용문화사, 청구문화사, 2001

정현진 외 5명, 미용문화사, 광문각, 2004

정현진, DESSIN DECOIFFUGE, 청구문화사, 2000

조명숙 외 6명 모발학, 훈민사, 2005.

조미영?김보경,, 모발관리학, 훈민사, 2006

최근희 외 5명, 펌 웨이브 디자인, 예림, 2004

펌 디자인 perm design, 피봇 포인트, 2000

한국모발학회, 펌 메카니즘, 이화출판사, 2006

찾아보기

INDEX

저자소개

김명주(광주보건대학)	이숙자(광주보건대학)
손복심(광주여자대학교)	강미영(대구산업정보대학)
김계순(대동대학)	김찬수(여주대학)
김춘일(제주한라대학)	배기연(진주보건대학)
윤수용(마산대학)	장경옥(김천대학)
장선하(우송대학교)	정선주(광주보건대학)

퍼머넌트 총론

2008년 2월 20일 초판인쇄
2009년 3월 10일 초판발행

지은이 : 김명주, 이숙자, 손복심, 강미영, 김계순, 김찬수
김춘일, 배기연, 윤수용, 장경옥, 장선하, 정선주
펴낸이 : 이상태
디자인 : 이헌숙
펴낸곳 : 청구문화사
주 소 : (120-831)서울특별시 서대문구 연희 1동 436-1번지
전 화 : 02-332-0541(代) FAX : 02-337-9577
등 록 : 1990년 11월 2일 제9-247호

가격 45,000원

ISBN 978-89-5616-310-9 93590